U0220456

跨学科社会科学译丛

主 编：叶 航

副主编：贾拥民
　　　　王志毅

编 委（按姓名拼音为序）：

常 杰（浙江大学生命科学院）

陈叶烽（浙江大学经济学院、浙江大学跨学科社会科学研究中心）

葛 滢（浙江大学生命科学院）

贾拥民（浙江大学经济学院、浙江大学跨学科社会科学研究中心）

罗 俊（浙江财经大学）

徐向东（浙江大学人文学院）

叶 航（浙江大学经济学院、浙江大学跨学科社会科学研究中心）

周业安（中国人民大学经济学院）

启真馆 出品

跨学科社会科学译丛

MASTERS OF THE PLANET

地球的主人

——探寻人类的起源

The Search for Our
Human Origins

［美］伊恩·塔特索尔 著

贾拥民 译

浙江大学出版社

献给

吉塞拉（Gisela）、塔特（Tat）和查布（Chub）

目录

序　幕

　　随便找一只黑猩猩，盯着它的脸仔细观察一番，然后定神与它近距离四目相投，你会有什么感想？几乎可以肯定，你将心潮如涌，你的情感和认知反应将非常复杂，而且还会泛起一些幽暗的东西。或许，在左思右想之后，你可能会像维多利亚时代的英国人那样，把这种类人猿想象为残忍野蛮的怪物，说它们时时刻刻都在令人嫌恶地提醒着人类——你们自己身上还存在着自己一直担心着，而且（通常）压抑着的阴暗一面。当然，今时不同往日，你也可能更愿意从黑猩猩身上看到积极的一面，你或许不但不会因为黑猩猩未能成功地演化成人类就说它是一个失败的物种，反而还会从它身上看到我们人类的现代文明和创造力最终所依赖的生物学基础。不过，无论你的反应到底是怎样的，它们都或多或少与你在那双眼睛里看到的你自己的形象引起的联想有关。你会设想，黑猩猩会怎样想象我们人类呢？毫无疑问，你在黑猩猩眼睛里看到的映象完全取决于你，而不是黑猩猩。

　　黑猩猩不能向我们表达它自己的心情，也不能回答我们问它的关于它自己的问题，这带来了很大的不确定性，无疑非常令人沮丧。不过不要忘记，尽管从身体上看存在着如此之多的差异，如果黑猩猩真的能说话，那么它也就可能被认为是人类社会的一员了。事实上，假设黑猩猩真想成为人类社会的成员，那么让自己会说话确实是一条最有效的途径，因为自古以来，语言能力一直被公认为人类独一无二的定义性特征，是其他动物所不可能拥有的。早在18世纪

70 年代，演化论思想的先驱、苏格兰大法官詹姆斯·伯内特（James Burnett）——也就是大名鼎鼎的蒙伯杜勋爵（Lord Monboddo）——就已经指出，语言的出现是人类演化过程中的关键因素，它是一个极其强大的杠杆，使人类远远地抛开了那些"低等"的动物。自那以后，蒙伯杜勋爵的这个非常有吸引力的思想就一直没有被遗忘，许多思想家都对它进行过修正和发展。在蒙伯杜勋爵的著作出版以来至今的 250 多年里，历代学者有关这个问题的研究已经累积成了一个不折不扣的巨大知识宝库，涉及了从语言学到基因组学再到神经生物学的诸多科学领域。而且最重要的是，在这个过程中，我们学到了很多。我们已经知道，在地球这个星球上，曾经生活着许多种人类的先驱（或前身），它们的行为极具多样性。这也使我们开始设想人类究竟是怎样、在什么时候、在什么情况下获得了非凡的头脑和心灵、形成了沟通和合作的习惯等问题的时候，充满了信心。

我们到底是怎样变成现在这个样子的？这是一个非常漫长的故事。我们在讲述这个故事时，最好从那些非常久远的起源开始讲述。但是，在这些源头刚刚出现的时候，根本没有任何线索可以暗示它们未来会变成什么。既然如此，为了给大家一些启发，我现在就再回过头去说一些有关黑猩猩和它近亲的事情——这又有何不可呢？因为这些类人猿与我们人类是如此相像——简直相像到了令人不安的地步。是的，它们确实是我们在整个生物圈中最亲密的亲戚，与我们有一个共同的祖先，这个共同祖先生活在距今大约 700 万年以前。当然，在地球生命史上，700 万年只不过是眨眼一瞬间而已。在这"短短的"700 万年的时间里，从共同祖先到今天的人类已经改变了很多，任何其他动物的"血统"变化都远远不如我们人类。而这也就意味着，尽管它们在这 700 万年里也已经改变了许多，但是我们仍然可以合理地以黑猩猩以及它们的近亲为线索，推断出我们的共同祖先的某些特征。现有的研究已经表明，如果这些灵长类动物真的可以为我们提供一个可靠的指南和参照，那么我们的共同祖先就应该是一种非常复杂的生物。黑猩猩懂得的东西已经非常多了：它们会拉帮结派，它们时而争吵、时而妥协，它们会相互欺骗、谋杀同类，它们还知道如何制造工具，它们甚至还会治病疗伤。它们所生活的是一个非常复杂的社会。它们时刻都在争取更高的社会地位；它们结成了复杂的联盟，并沉迷于尔虞我诈当中。因此，一些观察家认为，黑猩猩已经有了"政治生活"。如果地球上从未出现过人类，那么猿类几乎肯定会成为当今最复杂的有认知能力的动物。

　　然而，我们人类已经在这里了。我们究竟是怎么来的，我们为什么能够一骑绝尘，远远抛开我们的类人猿近亲（或者说，为什么它们却不得不留在树上）？这也许是我们人类这个喜欢讲故事、听故事的物种曾经讲述过的所有故事中最最迷人、最最复杂的一个故事了。但是，它同时也是一个非常难以讲述的故事。尽管将我们自己与类人猿进行比较，可以帮助我们确定一个起点，着手追溯我们漫长的演化轨迹，但是事实早就证明，我们现代人类并不是这些猿类的"改进版本"。恰恰相反，在我们这个星球上，我们人类是完全史无前例的独一无二的存在；然而，任何以解释"独一无二性"为目标的努力几乎都是注定吃力不讨好的。

　　不过，尽管解释我们自身是一项非常困难的任务，然而到了今天，我们毕竟已经有了一个坚实的基础，可以迈出第一步了。在过去的一个半世纪以来，我们发现和积累了大量的化石记录，虽然它们永远不可能是非常完整的，但是已经足以让我们看出我们的祖先和旁系亲属的外表，并且让我们能够领悟到它们之间惊人的多样性。更加重要的是，这些人类的先驱还极不寻常地为我们留下了无数弥足珍贵的考古记录，包括布满了切割痕迹的骨头、石制工具和装饰品（石器）、居住地遗址，等等。在一定意义上，这些考古记录才是最"雄辩"的，它们不仅能够告诉我们人类的先驱在某个时期日常生活的面貌，而且能够揭示出他们的所有活动是如何随着时间的推移而变得越来越复杂的。

从远古的猿类演化到现代人类，这是一个漫长的过程；将人类这个长途跋涉过程中出现的身体和技术上的变化一一叙述清楚，尽管十分繁杂，但是至少从原则上来说，还算是一个相对简单的任务。真正的困难在于如何描述心智的演化。我们人类这个物种之所以能够获得今天的成功，秘密就隐藏在我们的大脑用来处理信息的各种非常不寻常的方式上面。然而，精神状态或思维方式是无法直接从骨头化石或者物质遗迹中"阅读"出来的。至少，我们现在还没有足够的证据确定，人类是在什么时候拥有了与现代人类不相上下的智力的。唯一可以确定的一点是，这个关键点出现的时间非常晚；当然，这是相对于人类大家庭出现的时间而言，如果从现代文明史的角度来看，我们也可以说人类的智力出现得非常早。许多人可能觉得这种姗姗来迟的现象很令人惊讶，因为在传统上，我们一直被教导说，要把漫长的人类演化历史看成一个从原始到完美不断奋斗、不断进步的励志故事；而在这样一个故事中，应该能够在人类早期的经历中找到日后出现的那个"完善的现代自我"的许多先兆。然而，现实的情况恰恰相反。越来越多的证据表明，我们人类所拥有的这种独一无二的现代敏感性（modern sensibility）似乎是在最近的演化阶段才突然获得的，这是一个"突发事件"。事实上，这应该是地球进入了人类时代之后才发生的一个事件，生活在那个时代的人，看起来已经完全像现代人。而且，这种全新的敏感性的表达方式，几乎可以肯定是以语言为核心的。语言也许是最能体现我们的现代自我的本质特征的最了不起的一件事情。

而且，上面这个沟通和认知上的惊险一跃，远非人类演化故事的全部。现代人类无论是身体，还是心灵，支柱都深深地植根于久远的过去。读者现在看到的这本书的绝大部分内容都致力于研究隐藏在种种惊人的人类现象背后的深厚演化根基。如果不存在这个独一无二的演化历史，那么我们今天引以为荣的任何东西都是不可能出现的。虽然我们已经在非洲大陆发现了现代人类心灵萌发的最早的蛛丝马迹，但是从总体上看，现有的考古记录依然显得变幻莫测。

只有当我们细致地分析了欧洲大陆留存至今的惊世骇俗的冰河世纪的洞穴艺术之后，我们才能确认，那确实是现代意义上的人类存在的第一个证据。生活在那个时代的人不仅会像我们这样思考，而且留下一系列强大的证据证明了这一点。 xii

象征性符号与洞穴艺术

洞穴艺术以在西班牙的阿尔塔米拉（Altamira）、法国的拉斯科（Lascaux）和肖维（Chauvet）等地发现的岩画最为著名，它们大多以动物为主题，画在岩洞的顶上和壁上。这些古老的艺术作品非常有感染力，从技法上看，已经相当成熟；同时，由于创作它们的那些画家全都生活在久远的过去，这又进一步增大了它们的神秘色彩和冲击力。因此，即使暂且不去考虑这些岩画的绚丽色彩和高明的创意，仅仅想一想它们的创作年代就足以令我们肃然起敬了：这些非凡的作品是一些狩猎—采集者创作的，他们生活在最后一个冰河时代的高峰期，即大约距今 3.5 万年至 1 万年以前。那时，人类的生存环境非常恶劣，夏季凉爽而短暂，冬季严寒而漫长，今天树木繁盛的地区，几乎全是一片冰天雪地。这些远古时代艺术品的成就无疑是非常惊人的；当你站在它们面前的时候，你就能更好地理解毕加索当年的感叹了——他说冰河时代的画家们只给他留下了极其有限的改进空间。在遥远的史前时代，人类富有创造精神的美好心灵就已经完全成形了，这些美妙的、前所未有的艺术品无疑是最好的证明（想想毕加索的评价吧）。

当然，这种成就来之不易。至少在直觉上，19 世纪的科学家很难接受这样一个事实：在遥远的冰河时代，法国南部和西班牙北部的"原住民"就已经创造了一个完整的艺术传统，涵盖了绘画、雕刻、雕塑以及浮雕等多种艺术类型；他们遗留下来的最具代表性的作品的艺术震撼力直追甚至超过了自那以后任何一个时代的巅峰之作。第一批洞穴壁画是在 1879 年于阿尔塔米拉被发现的。当时的人们在短暂的震惊和钦佩之后，迅速提出了一个又一个疑问。远古时期的"艺术家"怎么可能创作出如此精致、如此完美的艺术作品？这些没有固定居所的"野人"怎么可能有那么多闲暇去进行创作？19 世纪，人们栖身在自己建造的坚固房屋里，在经过改良的土地上耕种，在宏伟的教堂中做礼拜；而冰河时代的人们的生存状况恰恰与此相反，他们只是一些狩猎—采集者，必须不停地在野地丛林里奔走，依靠大自然的馈赠维持生存。然而，继阿尔塔米拉之后，类似的古老艺术不断地被发现，而且都是在"文明人"从未进入过的处女洞穴中和从来没有发掘过的考古遗址中发现的。事实最终说服了世界。你不得不承认，人类确实是可以在过着原始生活的同时拥有一个"成熟"的头脑和一颗敏感的心灵的。

xiii

　　你不得不承认，这些生活在数万年以前的史前人类虽然还没有定居下来，也没有开始在土地上耕作，但是他们仍然可以创作出美妙无比的艺术作品，过着一种精致复杂而神秘迷人的生活；而且，

　　一幅彩色壁画的单色复原图。原画是一幅"创作"于距今大约 1.4 万年以前的彩色壁画，在法国冯·德·高姆（Font de Gaume）洞穴中被发现。在画中，一只雌鹿前腿蜷曲，跪坐在地，一只雄鹿身体前倾，伸出舌头温柔地舔着雌鹿的前额。现在读者看到的这幅画是由戴安娜·塞勒斯（Diana Salles）根据 H. 布勒伊（H. Breuil）的复原图绘制的。

他们的主要认知方式也可能与我们现代人完全一样。

　　当然，这些"古人"以及他们组成的社会现在早就不复存在了。尽管他们的信仰和价值观仍然在一定程度上可以通过我们在拉斯科和阿尔塔米拉等地发现的艺术品中体现出来，但是我们永远无法肯定这些信仰和价值观到底是什么。幸运的是，我们现在还可以看到这些奇迹般保存下来的、足以证明早就消失无踪的早期人类的创造精神的物证。不管他们的文化如何不同于我们，不管他们生活的时代如何遥远，我们都可以肯定，这些生活在阿尔塔米拉和拉斯科以及其他一些地方的"古人"拥有了我们人类的全部特质；他们像我们一样，也洋溢着人类精神，并创造了同样可圈可点的丰富生活。

　　还有一点也非常重要。拉斯科和其他地方洞穴壁画的主题并不仅仅限于动物。装饰这些岩壁的艺术家们无疑全都是心灵手巧的人，他们观察入微，构思巧妙，风格独特，堪称有人类历史以来最伟大的一个艺术家群体。在那些一眼就能识别出来的动物之间（以及动物的身体上面），这些艺术家还加入了许多几何图案和符号（有格子、圆点构成的线条或阴影等等）。对于创作这些作品的艺术家来说，它们肯定是有非常具体的特定含义的。遗憾的是，今天我们 xiv 已经没有办法探悉，这些艺术家本来打算表达的确切意思到底是什么；但是毫无疑问，每个图案都有自己的含义，只要把这种"特异性"与它们复杂的排列方式放在一起考虑，你很快就会意识到，这种艺术不仅仅是"表现主义"的，而且是"象征主义"的。在这些洞穴中的每幅壁画里，无论它的内容是写实的（譬如动物形象），还是抽象的（譬如几何图形），全都渗透了意义，远远超越了其单纯的形式的意义。

　　尽管我们无法确切地知道拉斯科以及其他地方的这些艺术对它们的创造者、对它们的拥有者到底意味着什么（艺术品的创作者和拥有者是不是同一个人，我们永远无法确定），但是我们同样无法否认，它们标志或意味着某种无法直接观察到的东西。而且，这也正是这些冰河时代的艺术能够令我们最深沉的心底产生强烈共鸣的最重要的一个原因。人类所走过的漫漫演化长路的最显著特征是近乎无限的文化多样性，如果非要找到某个能够把所有曾经出现过的"人"统一起来的东西的话，那只能是我们的象征能力——我们都拥有把我们周围的世界组织成一张心理表征词汇表的能力，这个词汇表可以在我们的脑海里重组，而且新的重组方式层出不穷、无穷无尽。有了这种独一无二的精神工具或心理功能，我们就能够在自己的头脑中创造出各种各样的可能世界，它们是文化多样性的根本基础，而文化多样性正是我们人类这个物种的重要标志之一。其他生活在这个星球上的生物全都只能生活在自然女神呈现给它们的世界当中，并且只能直接对这个世界做出反应，尽管它们的反应在某些特定情况下也表现出了显著的复杂性。相比之下，只有我们人类才在很大程度上生活在我们自己的大脑重新构建过的世界当中，尽管"残酷的现实世界"经常闯入这个世界。

与其他动物相比，人类的不同寻常之处非常多。事实上，无论是从身体的角度，还是从认知的角度，都可以找出许多这方面的证据。但是，与其他任何独一无二的特征相比，我们人类独特的处理信息方式无疑更有说服力；它不仅是一个可以证明我们人类与其他生物不同的重要元素，而且确实能够使我们人类觉得自己真的是独一无二的。更加重要的是，这也是我希望通过这本书能够说服你的，这种能力是完全没有先例的。不但现存的、作为我们人类最密切的近亲的猿类动物不具备象征推理或符号推理（symbolic reasoning）的能力，现在已经灭绝的那些类人猿也没有这种能力，而且甚至连那些看起来与我们非常相像的最早的人类，也缺乏这种能力。在另一方面，我们现代人类在其他方面，包括智力方面，却与这些近亲（现存的以及已经灭绝的）有很大的共同之处。而xv且更加重要的是，不管我们怎样吹嘘我们的"理性"程度，但是我们肯定不是完全理性的造物；对于这一点，任何一个认真观察过我们这个物种的人都心知肚明。之所以如此，一个主要的原因是，在经历了一个漫长而命运多舛的演化历史之后，我们人类大脑最新出现的那些组成部分——那些奇形怪状的、支配着我们行为和经验的复杂器官——全都是通过某些非常古老的结构联系和互动的。

人类大脑的特殊结构是由复杂的演化历史形塑的，与任何人体工程学成就都不具备直接的可比性。事实上，它们很可能是根本没有任何可比性的。这是因为，无论自觉或不自觉地，在他们面对某个问题的时候，工程师总是致力于找到最佳的解决方案。与此相反，在现代人类的大脑得以形塑的漫长而不平静的演化过程中，原先已经存在的那些东西对历史结果——在这里历史结果指实际发生的事件——的影响，总是会超过任何有可能在未来提高效率的新构想。而且，我们人类之所以能够走到今天，还要感谢这一点。毕竟，如果我们的大脑被设计得像一台机器，如果它们被优化为只能完成特定的任务，那么它们就将成为机器，因为那只能意味着可预测性和"无灵魂性"（soullessness），从而只能是单调乏味的、没有活力的。我们大脑的各组成部分是一步一步添附上去的，其整体结构在一定意义上甚至可以说是杂乱无章的，似乎存在着各种各样的缺陷，但是，归根结底，正是这种混乱和非定型性才使我们的大脑——以及我们自己——变成了智力最高、创造力最强、情感最丰富，因而也最有意思的实体。

这种演化观与我们大多数人在中小学读书时老师教给我们的进化论不同（如果中小学校会讲授进化论的话）。在那里，人类的演化这个最基本的生物学现象，通常被呈现为一个缓慢的、不可避免的逐步改进的过程，似乎一切都在不断地向着完美的终点行进着。所以，在我们展开讲述人类的故事之前，我们应该花一些时间来更仔细地考察一下对我们人类有如此重大意义的演化过程。说到底，尽管我们可以理直气壮地认为自己非常了不起，确实无愧于万物之灵的尊荣，但是，我们实际上却只是一个非常普通、非常平凡的生物演化过程的历史产物。

变幻莫测的演化

让我们从万物的起点，即大自然的总体格局开始讨论吧，因为它为我们提供了最清晰的线索，让我们最终能够理解隐藏在我们出现在了地球上这个事实背后的机制。很明显，生命世界是一个有秩序的世界。我们周围的动物和植物的多样性之所以通过我们目前观察到的这种方式而不是别的方式建构而成，这并不是偶然的。恰恰相反，它展现的是一种全面的类群嵌套着类群的模式。以哺乳类动物为例，与人类最相近的类群是猿类；与人类和猿类组成的类群最相近的是猴子；与猿类、人类和猴子组成的更大的类群最相近的是狐猴。从解剖结构上看，所有这些灵长类动物都相当接近，它们在哺乳动物纲（Mammalia）内构成了一个特征鲜明的类群。而哺乳动物纲则包括了所有具有下列特征的动物：温血的、身上长毛的且以哺乳方式养育后代的。更进一步，所有哺乳动物又全都属于一个更大的已知类群——脊椎动物亚门（Vertebrata）。一切有脊椎的动物（包括鱼类、两栖类、爬行类和鸟类，以及哺乳类动物）全都属于脊椎动物亚门。

所有其他生物也都是以同样的方式"嵌套"进生命世界的。如果用图形来表示，呈现这种模式的最好形式是一棵不断产生分支的"树"。到最后，数百万种生物都可以用一颗巨大的"生命之树"来表示。在这棵无比巨大的树上，生物学家先将一些最小的枝梢——即物种（species）——组合成属（genera），然后又将一些属组合成科（family），再然后又把一些科组成类（order）等等。例如，智人种（*Homo sapiens*）属于人属（genus *Homo*），后者则属于人科（Hominidae），而人科则属于灵长类（Primates）等等。假设你可以从低到高在这个巨大的"树"上攀爬，那么每爬高一级，就离开底部的共同祖先和相邻的分支越远。这棵"生命之树"的存在似乎是不言而喻的，我们可以从结构角度来研究它；不过，最有趣的问题却是：这样一棵"树"可以给我们带来什么？

对于上述相似性模式的一个解释是许多物种有共同的祖先，这是唯一能够检验的科学解释（科学家也确实已经进行过许多这样的检验了）。物种之间各种各样的相似之处提醒我们应该关注这棵"生命之树"的形状。这些特征都是从一系列共同祖先那里继承下来的，而且祖先和后代之间也会表现出许多差异。从时间上看，更接近的相似性来自某个更近的共同祖先，不那么接近的相似性则来自某个更加遥远的共同祖先，这样一来，物种之间的差异性就会随着时间的推移而逐渐积累起来。任何两个物种，甚至所有生命形式，无论在我们看来它们之间的区别有多大，在基因组层面上全部都可以追溯到一个共同祖先，一个生活在距今 35 亿年以前的共同祖先。

生活在 19 世纪的两位伟大博物学家查尔斯·达尔文（Charles Darwin）和阿尔弗雷德·罗素·华莱士（Alfred Russel Wallace）在历史上第一次通过一个令人信服的理论（进化论），解释了从一个共同的祖先分化出各种各样的物种的机制。达尔文把这一变化过程称为自然选择。被挑明之后，这个自然过程也就失去了神秘的色彩，甚至似乎变成了一个非常浅显的不言自明的道理，以至于与达尔文同时代的著名博物学家托马斯·亨利·赫胥黎（Thomas Henry Huxley）公开骂自己怎么会连这个东西也想不到！概括地说，自然选择说的无非是那些继承了父母的优点同时又能够比自己的同类更好地"适应"环境的个体将会优先生存下来并繁殖后代。在很大程度上，自然选择只是如下这个事实的"数学结果"——在所有的物种中，每一代繁殖出来的下一代的数量都会超出物种维持生存所需（即并非每个个体都有机会繁衍后代）。这里的核心思想是，因为那些拥有更加有利的遗传特性的个体繁殖成功的机会更大，所以只要时间足够长，就肯定能推动整个种群向更加适应环境的方向移动。通过这种途径，某个生物物种的成员的特征将会逐渐发生变化，最终会演化成一个新的物种。

基本理论就是这样。不过，后来人们又发现，自然选择发挥作用的主要方式可能是"守中"，即通过"剪除"所有变异中的"极端分子"，来使种群处于相对稳定的状态。此外还有另一个复杂之处。当我们想到适应性的时候，我们脑海中通常会浮现出某个单一的解剖学特征或行为特性，例如某种动物的脚、骨盆或者它的"智能"。确实，如果我们将某一个特性隔离出来并只考虑这个特性，那么就比较容易想象这个特性（身体器官）是如何随时间推移而被自然选择所改进的。然而，我们现在知道，尽管每个生命体都是极其复杂的遗传实体，拥有无数个身体组织和身体过程，但是支配这些组织和过程的结构性基因的数量却是非常小的（以我们人类为例，一个人究竟有多少结构性基因？虽然至今尚未有定论，但是绝大多数科学家都倾向于认为不会超过 23 000 个）。说到底，自然选择毕竟只能对整个个体"投赞成票或反对票"，而任何物种的个体都是一个真正意义上的基因以及基因支持的生物特性的聚合体。自然选择不可能挑选出某种特定的特性予以支持或将之否决。

问题在于，这一点会使"适合度景观"变得有些模糊。例如，假设你生活在一个天敌横行的环境中，如果你是速度最慢的一个，那么即使你是你所在的种群中最聪明的一个成员，也没有任何意义；事实上，那只能说你是最不幸的。更加重要的是，在一个冷漠的世界中，你繁衍后代的成功率可能与你是否优秀、能不能很好地适应环境中的某些方面没有多大关系。你可能厄运连连，落入了捕食者之口；也可能吉星高照，赢得了美女的青睐，但是无论怎样，这些都可能只是运气和环境使然。所有这些复杂因素的综合结果是，正如我们在化石记录中看到的那样，演化历史不是由单个个体单独的繁殖命运决定的。的确，在一个环境不断变化的世界中，在一个各种生物为了各自的生态空间而不断竞争的世界中，在更多的时候，决定我们所观察的演化模式的是整个种群和物种的命运。当我们仔细考察化石记录时，所发现的往往正是这种演化模式。

我们不应该期待演化必定会导致完美的结局。除了上述理由之外，还有其他一些理由。正如我已经指出过的，任何改变都只能建立在原先已经存在的那些东西的基础上，因为在面对环境问题或社会问题的时候，任何生物都不可能无中生有地演化出一些"从头来过"的解决方案。由此而导致的一个结果是，任何生物，包括我们人类在内，都是在古老的共同祖先提供的模板的基础上修修补补而成的一个"修正版"。对于你的未来（你最终能够变成什么），历史早就设下了重重限制，这不仅仅是因为，你必然只是以往已经出现的某个事物的某个"较新的版本"而已；而且也因为，尽管基因组"致力于"传播各种复杂得令人难以置信的系统，但是"极度抗拒"一切改变。事实上，它们的原则是"如果它没坏透，就不要去修理它"。说到底，面对任何一个像基因组这么复杂的东西的时候，如果去胡乱摆弄它，那绝对是自找麻烦。毫无疑问，对一个正在运行的如此复杂的系统而言，绝大多数随机变化根本不可能会起到作用。改变遗传密码蕴含着巨大的风险，这一事实解释了基因组的固有的"保守主义"倾向，它同时也解释了为什么一些初看上去差异极大的生物实际上却拥有惊人相似的基因。例如，一项研究表明，我们人类40%以上的基因都与香蕉相同；另外据报道，决定人类肤色的那个基因也就是调节斑马鱼身体侧面的暗条纹的那个基因。

同一个基因（或者同一族基因）可以影响许多种看上去千差万别的生物的结构——例如，某个基因既可以影响人，也可以影响某种水果，这实在令人惊讶。但是，只要你能够想到，所有生物都有一个共同的最终祖先，而且任何生命形式都不仅仅是它自己的基因结构的反映，这种现象也就显得理所当然了。事实上，在解剖台上看到的成年个体的身体结构，只是一个发展、成长过程的最终结果。这个过程不仅仅受各种基因的影响，而且还要受基因被开启和关闭的顺序、基因开启／关闭的准确时间的影响，甚至还要受处于活跃状态的基因的表达强度的影响。这是一个极其复杂的多层过程（基因、时间窗口、活跃程度等等），它可以解释如下这个明显的悖论：一方面，基因组是极端保守的；另一方面，各种生命体的解剖结构却呈现出了令人无法置信的多样性。而且，这个多层过程还限制了未来的可能性。这是因为，虽然遗传密码改变的发生率高得惊人（这是细胞繁殖过程中简单的复制错误——突变——所导致的结果），但是，这种变化很少能够反映在基因库的层面上。有些突变后的基因可能会苟延残喘一段时间，但那也只是因为它们没有造成妨碍（在遥远的将来，它们确实可能会变得相当"有用"，不过，就当下此刻而言，这并没有多大意义）；而且它们通常不能成为一个有活性的基因，更不用说成为一个有适应优势的基因了。出于以上这些原因，遗传基本结构根本性的改头换面是绝对不可能成为现实的。

偶然机会在演化中的作用

我们不应该期待演化是一个不断趋向完美的微调过程的重要理由是，并非所有的变化都是自然选择所导致的。偶然机会——更技术性的术语是遗传漂变（genetic drift）——也是一个重大的因素。这种时时刻刻都在发生的突变的其中一个后果是，属于同一个物种的、处于相互隔离或半隔离状态的若干个地方性生物种群之间的差异总会变得越来越大。即使并不存在显著的自然选择压力，这种纯粹的"抽样误差"也会使这些种群渐行渐远。当种群的规模很小的时候，这种效应尤其突出，这是因为，样本量越小，出现抽样误差的机会越高。读者不妨想象抛硬币的情景。如果只抛两次，那么两次都正面朝上的机会是相当大的；但是，如果抛十次、一百次或一千次，那么每次都正面朝上的可能性将越来越小。当组成一种种群的成员的数量非常小时，突变的结果就有点类似于只抛几次硬币的结果。

当然，另一个事实是，并非所有的突变的力量都是相等的。某些突变不会对成年生命体造成太大影响，甚至根本没有任何影响；而另外一些突变则可能对生命体的发育过程造成极大的影响，并进而对影响该生命体的最终结构。同样重要的是，基因的作用是否已经被充分地表达出来了（表达程度的高低），或者说，基因产物在决定生命体的最终身体结构和功能的过程中的活性的大小。由于如上所述的这些原因，我们也不应该期待，就身体形态方面的演化而言，所有显著的变化总会以一点一点地进步、递增式地改善的形式出现；我们甚至不应该期待通常的情况就是如此。正如我们在本书下文中将会看到的，在很多时候，基因组本身的一个非常微小的变化就可以导致影响极其深远的分枝发育情况的发生，使不同分枝的成年个体之间出现非常显著的解剖差异或行为差异。

很显然，如上所述的这些演化途径全都称不上通往适应终点的最佳的、最高效的方式。但是，伟大的"生命之树"所拥有的无比繁茂的分枝已经充分证明，只要有足够长的时间，演化必定能够起作用。它不仅可以用来对生命是如何在数十亿年的时间内变得如此多样化的这个问题给出一般性的解释，而且也有助于我们理解，那条将人类与其他所有生命体分隔开来的至深至长的认知鸿沟为什么是不可能跨越的。

这样一来，也就把我们带回到了本书的核心主题：人类是如何变成现在这个样子的？人类是最特别、最非凡的造物，无论是从肉身实体的角度来看，还是从作为一个前所未有的认知现象来看，都是如此。刚刚走出古老非洲不断扩大的林地的时候，人类还只是一种卑微的、脆弱的被捕食的猎物，到现在，人类已经牢牢地占据了地球的顶级捕食者的位置。很显然，这是一个漫长的、充满了无数重大变故的旅程（尽管从演化的角度来看，这可能也是一个"相当快捷"的旅程）。人类是怎样成为地球的主人的？这个戏剧性的故事的主要轮廓正在变得越来越清晰。令人欣慰的是，我们现在掌握的人类演化的主要线索，也与当前新兴的、用来解释演化式变化（evolutionary change）根本机制的多层次演化理论相当吻合。在这里，我们必须再重复强调一次，虽然我们可能认为人类是非常独特、非常了不起的，但是归根结底，实际上只是一个常规的生物演化过程的产物。

人类演化大事记

事件	年代
	（单位：距今万年）
生命起源	350 000
灵长类动物起源	6 000
由人类和类人猿开始从灵长类动物中分化出来	2 300
最早的原始人（两足动物）开始出现在非洲	700—600
第一只南方古猿	420
第一次运用锋利的石头进行切割	340
冰期旋回现象开始出现	260
草原动物种团在非洲大陆扩张	260
有化石记录的最早的石器制造	260—250
据称为"早期智人"的化石	250—200
第一个身体比例与现代人一样的智人出现在非洲	190—160
原始人第一次离开非洲（德玛尼斯人）	180
第一批按预先想好的形状制造的石器	176
直立人出现在亚洲	170—160
欧洲的第一个智人化石	140—120
在炉灶中使用"驯化的火"的最早证据	79
先驱人出现在欧洲	78
第一个广泛分布于旧世界的原始人种——海德堡人	60
尼安德特人在欧洲出现的最早证据	> 53

最早的切削工具出现在非洲 50

最早的木制枪矛和挖掘工具 40

建造居所的最早证据 40—35

最早的先制造出石材核心的石核工具 30—20

在非洲，解剖学上可辨识的智人的起源 ~ 20

第一个可能的珠饰 ~ 10

最早的雕刻，第一次对硅结砾岩进行热处理 ~ 7.5

非洲出现了一大批拥有认知符号的智人 7—6

澳大利亚出现了第一批现代人类 6

欧洲出现了第一批现代人类，艺术和符号也随之风行 4—3

尼安德特人、直立人的灭绝 ~ 3

弗洛勒斯人的灭绝 1.4

最后一个冰河时代结束 1.2

植物培育和动物驯化开始 1.1

第一章 古老的起源

在影响古代生物的演化以及它们的化石的保存形式的各种因素当中，地球自身的地理、地貌及其变迁无疑是最重要的因素之一。对我们人类来说是如此，对其他生物来说也是如此，因此，应该在这里简要地介绍一下人类演化的地理背景。距今大约6500万年前，在恐龙大灭绝之后，地球上随之出现了一个以哺乳动物为"王者"的时代。在这个哺乳动物时代，非洲大陆的大部分地区原本都属于一个平坦的大高原。作为地球地壳的其中一块，非洲高原就像一床巨大的厚毛毯一样，覆盖在地球内部不断翻腾搅动的熔岩之上，它的下面因而积聚了巨大的热量和能源。既然是热，就必然要向上升腾；最后，不断上升的炽热的熔岩终于使坚硬的地壳表面膨胀开裂了。

伟大的非洲大断裂带（African Rift）就这样诞生了。非洲大断裂带也被称为"非洲之脊"（"spine of Africa"），它由一系列大体上相互独立的，但从总体上看又连成一线的隆起区域组成（它们被称为"圆顶"），在非洲大陆表面上制造出了一道触目惊心的"伤疤"：从叙利亚开始，经红海，再到埃塞俄比亚往南，纵贯整个东非，最后进入了莫桑比克境内。非洲大断裂带来的最重要的产物是东非大裂谷（Great East African Rift Valley），它是一个无数凹陷区域组成的复杂的链条。在地壳大运动时期，整个区域都出现了抬升、膨胀现象，导致地壳发生大断裂，出现了许多裂谷；同时，随着抬升运动的不断进行，地下的熔岩不断涌出，形成了高大的熔岩高原。此后，在漫长的历史中，由于流水溶蚀和风力蚀刻的作用，大量沉积物沉积到了谷底。在这些沉积物当中，蕴藏着种类极其多样、数量极其惊人的化石。虽然从理论上说，作为一个至关重要的证据类别，古代生物留下的任何一种直接证据都可能成为化石，但是，现在发现的绝大多数化石都是动物的骨骼和牙齿，在被食腐动物吞食消化，或被自然环境分解破坏之前，它们非常幸运地——至少对古生物学家来说，这肯定是一件幸事——被海洋、湖泊或河流的沉积物覆盖并保存了下来。总之，也许是命运的安排吧，东非大裂谷的沉积岩蕴藏着全世界最丰富、最引人注目的化石，它们记录了我们人类以及人类的早期近亲的漫长历史。

在东部非洲，大裂谷一带的沉积岩最早是在距今大约 2 900 万年前开始在埃塞俄比亚高原形成的；在几百万年之后，即距今大约 2 200 万年以前，类似的沉积岩也开始在肯尼亚高原出现。这些都发生在地质学家所称的中新世时期（Miocene epoch）。现有的化石记录证明，在灵长类动物的演化历史上，中新世是一个非常重要的时期。我们可以将中新世称为"猿类的黄金时代"，它是人科演化的一个重要阶梯；而我们人类则是人科演化的一个结果。

今天仍然存活于世的类人猿的种类屈指可数，它们——包括黑猩猩、倭黑猩猩、大猩猩和猩猩——全都生活在森林中，活动范围仅限于非洲的某些地方和东南亚的少数几个岛屿。但是在中新世，情况则完全不同。那是猿类的鼎盛时期（而且这个时期延续的时间长达 1 800 万年之久）。根据世界各地发现的化石，科学家已经命名了 20 多个古代类人猿属（亚属），它们曾经是"旧世界"的霸主，但是现在全都已经灭绝。这些类人猿大多生活在东非。其中最早的一种古代类人猿被称为原康修尔猿（proconsuloids），它们生活在距今大约 2 300 万年至 1 600 万年前的中新世早期的东部非洲的潮湿森林里。这种古代类人猿以水果为生，整天在高大的树枝之间蹦来跳去。像今天的类人猿一样，它们没有尾巴，但是在其他许多方面，它们却更像猴子；它们的上肢也要比它们的后代笨拙得多。

到了距今大约 1 600 万年前的时候，非洲的气候似乎变得更加干燥、更加有季节性了，这就使东非森林的生态性质发生了变化。猴类开始在新的栖息地蓬勃地繁衍生息起来，而原康修尔猿则退位了，取而代之的是各种各样的古猿（hominoid）。这些古猿显然更加接近它们的现代后裔。最值得注意的是，生活在晚中新世的这些类人猿的手臂已经变得非常灵巧，可以自由地围绕肩关节转动，因此它们能够手握树枝，将整个身体悬在半空，这就给它们拥有了更大的活动空间和更高的灵活性。一般来说，这些早期的古猿全都拥有臼齿，而且牙齿表面还覆盖了一层相当厚的珐琅质；它们的下颚也非常强大，因此能够吃下各种各样的食物。这一点非常重要，因为它们已经开始跨越非洲，来到了阿拉伯地区，并且进一步扩散到了广泛的欧亚大陆，森林食物的来源更加多样化了，而且季节性的特点也越发明显了。

在欧亚大陆和非洲，古生物学家还发现了好几种（分属不同的古猿亚属的）古代类人猿的化石，它们可以追溯到距今大约 1 300万年至 900 万年前。它们可能是我们人类所属的人科（或人亚科，大多数情况下，这种区别只是名义上的）的最早成员。我们现在已经发现的这些古猿亚属都是根据它们遗留下来的牙齿以及颌骨和颅骨来辨别和相互区分的，不过其中有一个是例外，那就是生活在距今大约 1 300 万年以前的皮尔劳尔猿（*Pierolapithecus*）。这种古猿的化石是不久之前在西班牙加泰罗尼亚出土的，而且人们看到的是一具相当完整的骨架。很显然，皮尔劳尔猿仍然主要生活在树上，但是它的骨头的特点也表明，它已经养成了将身体直立起来的习惯。实际上，这种姿势——挂在树上，保持身体的直立——很可能是生活在这个时期的很多古猿最典型的姿势（正如今天的猩猩一样）。然而，皮尔劳尔猿的颅木骨和牙齿明显有别于任何科学家们根据化石推定的早期原始人类。对此，我们将在下文中进一步讨论。

最早的原始人类能站立起来吗？

　　我们人类自己的祖先最早出现在中新世末、上新世初，即距今大约 600 万年至 450 万年以前。化石记录显示，当它们出现时，正值地球上又出现了新一轮重大气候变化的端口，而且，在这个时期，以空旷的草原地带为栖息地的哺乳动物也开始大量涌现出来。海洋的温度下降了，这不仅使降雨量减少，而且导致全世界各大陆的气温都发生了变化。尤其是热带地区，气候变化的季节性特点更加显著了——这种季节性因素往往被称为季风周期。在欧洲，气温的下降导致温带草原大面积扩展；而在非洲，则使森林趋于消失——草原侵入了林地，稀树草原开始出现了。气候恶化以及随之而来的自然环境的变化，为（我们目前已知的）最早的原始人类的首次亮相设定了一个巨大的生态舞台。

　　不过，在具体描述一系列有资格竞争"最古老的原始人类"称号的候选者之前，我们或许应该先停一下，探讨一下早期人类究竟应该是什么样子的。例如，假设某个浑身长满了毛的原始人是我们所属的这个已经将类人猿排除在外的类群——或"人类种团"、"人类家庭"——的最早成员，那么我们认为它（或他／她）应该具备哪些特征？这个问题看起来简单，但是实际上却一直是一个聚讼纷纭的问题。这是因为，就"生命之树"上的若干个相关谱系——例如，我们人类的谱系与黑猩猩的谱系——的成员而言，我们越往上追溯、越接近它（或他／她）们的共同祖先所生活的那个时期，它们就应该越相似、越难区分（因为它们将重新汇聚到它们的共同祖先那里）。然而，尽管一般来说，在久远的古代，用来界定现代类群的那些特征会因"过去的迷雾"而变得不再清晰，甚至失去定义的价值，但是，稍显悖谬的是，古生物学家们在识别那些非常早的原始人类的时候，所采取的主要方法仍然是试图在它们身上找到一些可以作为它们的后代的标志性特征的东西。

　　1891 年，荷兰医生尤金·杜布瓦（Eugene Dubois）在爪哇发现了第一个真正的原始人的化石。他把他的新发现称为"爪哇直立猿人"（*Pithecanthropus erectus*）。杜布瓦选定这个名称，意在强调他发现的这个原始人的直立特征（这可以从它的股骨结构看出来）；很显然，他认为直立行走是确定一个原始人是不是一个人（或者，是不是非常接近于人）的重要标志。但是不久之后，人们强调的重点就出现了变化——至少是暂时性地出现了变化。硕大的大脑被当成了现代人最显著的标志。到了 20 世纪初期，脑容量的扩张程度取代了直立程度，成了学者们在决定是否将某些化石所代表的"人"纳入原始人类家族时考虑的关键标准。事实上，1912 年"发现"的非常著名的英国皮尔当人（Piltdown Man）之所以被认定为人类祖先，就是因为它有硕大的颅骨（"皮尔当人化石"其实是由一只猿猴的下颚骨与一颗完全发育的现代人的颅骨拼凑而成的）。这起臭名昭著的学术欺诈事件直到差不多 40 年之后才被正式揭穿，尽管许多科学家从一开始就有所怀疑。不过，在此之前，随着时间的推移，"皮尔当人化石"本身就已经在很大程度上被科学家忽视了，原因就在于，大脑容量标准也"失宠"了。取而代之的是"行为标准"（以往都是解剖学上的标准）：人的本质特征是手变得灵巧了，能够制造石器。因为"人是能够制造工具的动物"这种观念成了主流。

　　然而，这个标准也很快就遇到了挑战。最后，科学家们的注意力又不可避免地重新集中到了解剖学方面，他们提出了各种有可能用来识别古人类的形态特征标准。牙齿受到了特别的关注。因为表面覆盖着珐琅质这种最坚韧的生物材料，牙齿化石是所有化石证据中保存得最好的。许多科学家都注意到，许多有可能是早期人类留下的化石都有一个很明显的特征，即它们的臼齿（磨牙）都很大，而且覆盖着一层厚厚的珐琅质，足以说明它们的食物来源很广泛且难以消化；不过，正如我们已经看到的，这其实也是生活在中新世的类人猿的普遍特征之一。原始人类的牙齿另一个特点也一直是科学家们比较关注的，那就是，它们的犬齿的尺寸一直在不断地缩小；而且，巨大的上颌犬齿以及与之相互咬合的下颌第一前磨牙是

5

一起变小的。体型庞大的雄性类人猿通常有可怕的上犬齿，这些牙齿的边缘像刀锋一样锐利，而体型较小的雌性类人猿的牙齿则相当"讲究"一些。但是，犬齿不断趋于缩小，这同样不是原始人类独有的特征，生活在中新世的许多类人猿也是如此，其中最著名的当数"身世"相当离奇的生活在晚中新世的山猿（Oreopithecus）。山猿是一个非常独特的物种，除了犬齿较小这个特点之外，它也似乎已经开始直立行走了；而且更有甚者，最近有报告称，这种了不起的类人猿已经拥有了"精准地进行抓握的能力"——在以前，人们通常认为只有那些能够制造工具的原始人才拥有这种能力。

这种思路——试图将原始人类所特有的某些特征确定下来——之所以会遇到困难，部分原因在于演化过程本质上就是一个日益多样化的过程。当我们不断向前回望原始人类的演化历史时，任何一个可以作为现代人类标志的特征都可能变得不那么鲜明、不那么突出，都有可能让我们联想到人类近亲的特点。考虑到这一现实，找到某个"尚方宝剑"式的解剖学特征能够让我们一劳永逸地、正确无误地辨别某个古老的化石是不是原始人类化石，这种愿望注定是很难实现的。任何这种努力都只能建立在某种可置疑的"技术方案"上。在此，不妨举个例子。在 20 世纪初，英国著名解剖学家阿瑟·基思（Arthur Keith）爵士划出了一条"脑量卢比孔河界"[1]，作为判定某种像人的动物是否可以划入"人属"（genus Homo）的标准：脑容量必须等于或超过 750 毫升。基思强调，如果你的脑容量小于这个标准，那么你就不属于这个"俱乐部"。这无疑是一个很方便且很容易度量的标准；而且，在那个时代，由于被发现的人科动物化石还很少，这个标准也被许多人认为确实是一个可行的标准。但是，正如当时的有识之士所预见的，随着原始人类的化石样本的增加，问题出现了。在一个物种内部的不同个体之间，脑容量大小

---

[1] 在古罗马时代，卢比孔河是意大利和高卢之间的分界线。跨过卢比孔河意味着战事的爆发。公元前 49 年，高卢总督恺撒曾率军渡过卢比孔河，进军罗马。——译者注

的差异非常显著（现代人类大脑的脑容量的变化范围大约为从 1 000
毫升到 2 000 毫升，而且没有任何迹象表明，脑容量更大的人必然
更聪明一些），因此，基思提出的这个标准很可能会在承认一个古老
的原始人属于我们人属的同时，却把他（或她）的父母或子女排除
在外。随着化石证据的不断积累，继基思以后同样坚持以脑容量为
标准的许多科学家不得不一再将容量标准调低。直到最后，人们都
接受了这样一个越来越明显的事实：整个"脑容量"标准是站不住
脚的。

不难发现，对于任何一个用来判定某个物种是否可以归入人属
或人科的标准，都可以提出反对意见。但是，从某个关键标准来看
问题这种思维方式的吸引力是非常强大的，而且永远不会完全消失。
事实上，近年来，古人类学家在大大地兜了一圈后，又重新回到了
杜布瓦最初的立场：目前已经认定的所有"最早的原始人类"最显
著的共同特征是，它们都是用两只脚在地面上直立行走的。这个判
定某个特种是否属于人科的标准看似简单，但却非常有吸引力，这
尤其是因为，在中新世末期，非洲东部的森林已经逐渐开始退化，
一些视野更加开阔的稀树草原点缀于其间，并呈现出了扩展的趋势。
这种环境变化一定会迫使猿类种群（或者至少是其中的某些种群）
花更多的时间在地面上活动，而那些"更顽固"地坚持树栖生活的
种群显然更容易灭绝。但是，问题在于，在这种环境变化的压力下，
既然猿类的其中一个支系能够学会直立行走，为什么其他支系就不
能呢？无论如何，最终成为原始人类的祖先的只能是其中的一个
支系。

使问题变得更加复杂的还有下面这个事实：所有已知的"非常
早期的原始人类"化石所属的原始人类先驱几乎全都生活在树木繁
密的雨林环境中，或者至少是以森林—草原交错区为自己的栖息地
的。因此，最早的原始人类之所以直立行走，并不是因为它们的祖
先的栖息地彻底消失了（而不得不如此）。我们人类往往会不自觉地
受制于还原主义的思维方式，并且经常无法抗拒清晰、简单而明了

的解释的诱惑。但是，当我们在思考"大自然母亲"的诡计时，必须时刻对那些过于简单化的故事保持警觉。

早期人类演化舞台上的部分"演员"

直到 20 世纪行将结束、21 世纪渐露曙光之际，科学家们已经掌握的古人类化石记录还只能让我们往前追溯到大约 400 万年到 300 万年以前。但是，也就是在世纪之交，一系列重大的考古发现证明，有资格竞争"最早的原始人类"名号的"各路英豪"的年龄都显著地超过了上面这个数字。DNA 研究揭示，其中最古老的一个化石直接来自我们人类的祖先与最接近于我们人类的猿类近亲分道扬镳的那个时期。众所周知，我们人类最近的近亲是黑猩猩和倭黑猩猩。

"图迈"和图根原人

在今天我们已知的"最早的原始人类"当中，最古老的当数生活于距今大约 700 万年以前的乍得沙赫人（*Sahelanthropus tchadensis*，也称为"沙赫人乍得种"）。乍得沙赫人的化石标本是在 2001 年于非洲中西部国家乍得发现的（发现地点位于东非大裂谷以西）。在这次发掘中，发现的化石包括一个严重损毁接近粉碎的颅骨和一些下颌骨的局部碎片。科学家们给这个颅骨化石取了一个绰号——"图迈"（Toumaï），在当地的语言中，"图迈"的意思是"生命的希望"。"图迈"一被发现，立即就引起了巨大的轰动，因为当时没有任何人曾经预期过原始人类的祖先会是这样一个样子。无论从人的角度，还是从类人猿的角度来看，这个标本都显得非常奇怪：一方面，它的脑壳比较小，因而有点像类人猿；另一方面，它又有一张比较大且比较平的脸，明显不同于年代比它更早的、口鼻部向前突出的原始人类（或类人猿）的化石。发现者认为，"图迈"是属于原始人类的，而不是属于类人猿的。他们将这个标本归类为原始人类的理由有两个。首先，"图迈"的牙齿很像人类。它的磨牙有一层相当厚的珐琅质，同时它的犬牙则很小，而且下颚与之相互咬合的前磨牙珩磨结构（honing mechanism）也已经不复存在了。这些牙齿特征都很重要，但是正如我们已经看到的，无论是较厚的牙齿珐琅质的出现，还是犬牙—前磨牙咬合珩磨结构的消失，都同样可以在人科以外的其他动物（猿类动物）的演化过程中观察到。所以最关键的是第二个理由，这个发现来自这个标本的颅骨化石。科学家们发现，这个化石的枕骨大孔——这是颅骨下部的一个孔洞，脊髓在这里和脑部相互接续后进入脊柱——似乎在颅骨之下朝着脸面部方向移动了不少，而且开孔方向是朝下的。这个特征非常重要，因为任何一个像我们现代人类这样以双足行走的物种，都应该具有这样的解剖结构：脊椎顶上竖立着一个四平八稳的头骨。四足行走的黑猩猩的头骨挂在呈水平状的脊柱的前面，所以枕骨大孔必定位于头骨的后方，同时开孔方向是朝后的。然而不幸的是，这个乍得沙赫人的头骨曾经遭到了严重挤压，几乎完全粉碎了，所以它的枕骨大孔究竟是不是真的具有上述至关重要的解剖学特征，还是不可避免地引起了一些争议。

　　作为回应，研究者们对这个粉碎状的头骨进行了 CT 扫描，并对它进行了电脑复原和重建，制作出了一个可视的三维虚拟模型，以便消除这个标本可能受到的"污染"。当然，无论重建过程涉及了什么高科技，参与重建的研究人员自己的判断肯定是其中一个重要的因素。尽管如此，经由电脑重建得到的这个"纯净"的乍得沙赫人头骨模型还是为它的支持者们提供了相当充分的理由。他们认为，"图迈"确实非常可能——如果不是百分之百肯定的话——是一个直立行走的"两足动物"的颅骨。目前，还有一些人对此持怀疑态度。事实上，只要无法找到乍得沙赫人的身体骨骼的其他一些关键部位的化石，那么"图迈"到底是不是一个直立行走的"两足动物"的颅骨这个问题就不可能得到彻底解决。不过就目前而言，基于"疑点利益归于被告"的原则，根据"图迈"的三维虚拟模型，我们不妨暂且承认，乍得沙赫人是原始人类大家庭中的一员。

如果"图迈"真的是一个原始人的颅骨，那么关于这个原始人的生活方式，我们又知道多少？（即使"图迈"不是一个原始人的颅骨，我们也应该问一下这个问题。）在发现"图迈"的同一地区挖掘出来的化石表明，乍得沙赫人生活在一个雨水充沛、森林繁茂的环境中。这种环境信息并不能直接告诉我们太多东西，但是，这方面的信息至少可以揭示出，我们假想中的这个人类祖先有可能获得的资源的类别。结合环境信息，再考虑它的身体形态、它的栖息地的特点、它的牙齿的总体状况，我们似乎有理由认为，乍得沙赫人至少有部分时间是作为两足动物而生活的，而且它用来维持自己生存的食物的范围非常广泛，以植物性食物为主（包括水果、树叶、坚果、种子，以及根茎等等），而且还可能包括某些动物性食物（例如昆虫和像蜥蜴这样的小型脊椎动物）。就目前而言，关于乍得沙赫人的生活方式，我们还不能说太多——那也许是不明智的。不过，在下文中，当我们讨论早期人类社会的性质的时候，我们还是会提出一些有关的猜测。

几乎与"图迈"一样古老的是科学家于2000年在肯尼亚北部发现的图根原人（*Orrorin tugenensis*，也称为"原人图根种"）。由于刚好是在2000年被发现的，所以图根原人还有一个绰号叫"千禧人"（Millennium Man）。图根原人的化石并不是在同一个地点发现，而是在距今大约600万年以前的好几个地点发现的，它们是一些零碎的骨头，包括了几块下颚骨、一些牙齿，还有几根大腿骨和右肱骨。科学家们相信（而不是证明），这些骨头属于同一物种的若干个体。从这些化石来看，臼齿（磨牙）有厚厚的珐琅质，形状为方形，而且不是很大，这些牙齿特征正是我们期待在早期原始人类身上看到的。而且，更加重要的是，上犬齿显得特别小（这尤其令人鼓舞）。学者们争论的焦点集中在那几根不完整的股骨（大腿骨）上，因为非常不幸，从形态上（解剖结构上）看，它们缺少的部分正是我们所以判断图根原人是不是直立行走的两足动物最关键部分。

不过，从现在能够看到的部分大腿骨来看，它们的形态与直立行走的动物的同部位大腿骨的形态是完全一致的。此外，肱骨（上臂骨）化石显示，上面应该有一块很强健的用于攀树的肌肉；与此同时，手指指骨化石也是明显弯曲的。这两个特征表明，图根原人仍然经常攀爬、抓握树枝。在同一地区发现的其他动物化石则表明，图根原人应该是生活在略微有点干旱的常绿阔叶林环境中的，而不是生活在草原中的，因为草原反刍动物的化石明显偏少。总而言之，图根原人的化石为下面这种观点提供了相当有力的支持：两足直立行走的原始人是在距今大约 600 万年以前，随着非洲东部大森林逐渐变得干旱而出现的。对人类及其近亲的 DNA 比较研究的结果也表明，我们确实有理由期待早期人类是在这个时期出现的。

始祖地猿"阿尔迪"

"最早的原始人类"称号的第三个有力竞争者是始祖地猿（*Ardipithecus ramidus*，也称为"地猿始祖种"或"拉米达地猿"）。这个灵长类动物化石是在十几年前于埃塞俄比亚北部阿瓦什河谷（Awash River）的一个山洞中被发现的，最近才被复原，于是又引起了极大的轰动。1994 年，科学家在一个名叫阿拉米斯的地方发现了一些生活在距今大约 440 万年前的始祖地猿的化石碎片；然后到了 2009 年，科学家们终于从这些化石碎片中复原出了一个几乎完整的骨架（尽管相当破碎、扭曲）。自从被从沙漠岩石之下发掘出来之后，这些历经挤压侵蚀、变得极其易碎的化石，经过科学家们十几年的研究，进行了各种努力之后，终于恢复了它们的原始面貌。除了这个标本之外，科学家还于 2001 年命名了地猿属的另一个更早的物种——卡达巴地猿（*A. kadabba*）。卡达巴地猿生活在距今大约 580 万年至 520 万年之前，它们的化石是在几个相隔不远的地方发现的。科学家迄今发现的与卡达巴地猿有所关联的化石材料非常有限，而且零散地分布于不同时间和空间上；这些证据是否真的只与卡达巴地猿这个物种有关，仍然无法肯定（其确定程度甚至还不如图根原人）。

　　绝大多数卡达巴地猿化石都是牙齿和下颚骨。从这些化石来看，卡达巴地猿的犬齿与现代雌性黑猩猩差不多，甚至比现代雌性黑猩猩还要更钝一点；不过，卡达巴地猿的臼齿的珐琅质却非常薄（这令人有些不安）。当然，除了上述牙齿和颚骨化石之外，还有一些颅后（或者说颈部以下）骨骼化石，包括一些不完全的手臂骨、一片锁骨、两根手指骨，还有一根脚趾骨。最有意思的可能是这块脚趾骨化石，它是所有卡达巴地猿化石中最"年轻"的一块化石，其"年龄"大约为520万年。这根脚趾骨虽然弯曲得非常厉害（即类似于猿类的脚趾骨）；但是从它与它后面的骨头之间的功能衔接角度来看，这根脚趾骨又与后来的原始人类非常相似，因此也可以作为直立行走的一个证据。根据报告，卡达巴地猿的上肢比下肢更加接近于类人猿，这个特点说明它的上身要比下身更加原始，这也是早期原始人类的一个典型特征。相关的化石证据表明，卡达巴地猿生活在一个树木繁茂的环境中。

　　最近发现的一个始祖地猿的全身骨骼化石让我们有机会一窥这个推定的早期人类的身体状态的全豹。这只始祖地猿被称为"阿尔迪"。它的确是一个相当奇怪的造物。对"阿尔迪"已经严重粉碎的颅骨的虚拟重建表明，它的脑壳的体积（脑容量）大约在300毫升至350毫升之间，与今天的黑猩猩的脑容量差不多。而它的体形也与一只小黑猩猩相当，体重大约为110磅。与人类不同，各种类人猿的脑容量都很小，而且都有一张向前突出的大脸。尽管颜面部已经不像黑猩猩那么突出了，但是"阿尔迪"的颅骨也与其他推定的早期人类一样——其颅骨与脸部的比例依然大体上与猿类动物相当。它的臼齿显得不大不小，其珐琅质的厚度则比以前发现的始祖地猿的零碎牙齿化石厚一些；而它的犬齿则要比卡达巴地猿小得多，并11　且没有前磨牙咬合珩磨结构。早前在阿拉米斯发现的始祖地猿化石当中，包括一块颅底骨；根据报告，这块骨头也已经表现出了一定程度的前移倾向，同时枕骨大孔则似乎有点朝下。虽然这次发现的

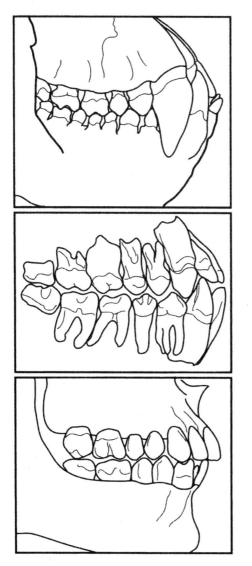

黑猩猩、始祖地猿、人类的牙齿的比较。现代类人猿（特别是雄性个体）的牙齿的特点是上犬齿非常大、非常尖利，而且与下面的前臼齿相互咬合。与此相反，现代人类的上下犬齿都已经大为缩小，只比其他稍稍尖一点。在确定一个化石是属于猿类还是原始人类时，任何一位古人类学家都必须关注的其中一项证据就是犬齿退化的程度。上面显示的是一位假想的男性（雄性）始祖地猿的牙齿侧视图（中图）与一只雄性黑猩猩的牙齿侧视图（上图）以及一个男性人类的牙齿侧视图（下图，从图中可见，这个男子与我们很多人一样，智齿没有长出来，而且有一点覆咬合——龅牙——问题）。始祖地猿的牙齿构造介于人类与黑猩猩之间，它的上犬齿和下犬齿都明显变小了，但是仍然非常尖利，并略微突出。其他"非常早期"的人科动物的牙齿构造也大致相同。这些图片是由詹妮弗·斯特菲（Jennifer Steffey）绘制的。

"阿尔迪"的骨骼仍然不完整，但是据说它也展现出了同样的趋势。这一切都说明，尽管科学家们重建出来的"阿尔迪"的颅骨并不能让大家一见到就大喊"它肯定是一个原始人类！"，但是，它至少可以保证，当部分科学家将"阿尔迪"当成人类大家庭的一个早期成员的时候，别人不会过分反感。

但是，关键是颈部以下的骨骼化石的区别！"阿尔迪"的手臂骨、手掌骨和手指骨明显是属于一只非常适应在树上攀来爬去的生活的高度树栖的动物。根据我们已经掌握的更晚一些的原始人类的身体形态的信息，"阿尔迪"这种上半身仍然保持了攀爬特征的特征，其实并不让我们十分意外。因此，更值得注意的也许是，这些骨头完全没有显示任何"阿尔迪"曾经用"指背关节着地行走"（knuckle-walking，也称"指背行走"）的迹象，这也就是说，"阿尔迪"的前臂和手的特点与我们通常所认定的人类最近的近亲黑猩猩和大猩猩不同。这两种现存的非洲类人猿基本上是树栖动物（只有成年雄性大猩猩有点例外，它们实在太重了，很难在树上攀来爬去）。当它们在地面上活动时，黑猩猩和大猩猩偶尔也会直起身来，用后肢（两脚）跳跃着实现短距离行走，前肢（双手）则可以做出某种姿势，甚至可以搬运一些东西。但是，所有的猿类仍然都属于四足动物，而且当它们从树上下来后，它们用来抓握树枝的细长、有力的手指将会成为它们在地面上活动的障碍。所以，当它们四肢着地行走时，无论是黑猩猩还是大猩猩，都会把手指卷曲起来、握成拳，用第一个指关节的背侧面支撑它们上半身的体重。通过这种方式，它们减少了它们的手臂相对于腿的有效长度，从而使它们能够更舒适地以四条腿走路，同时也可以避免让那些脆弱的长长的手指受到损害。对于黑猩猩和大猩猩等猿类动物来说，这是一种不符合"常规"的负重方式，因为它们的四肢适应的是树栖生活，通常处于"拉伸"而不是处于被"挤压"状态，所以在地上行走的结果会清楚地反映在它们的手和手腕的结构上面。

但是，猿就是猿，人就是人。为什么"阿尔迪"的骨骼没有任何"指背关节着地行走"的迹象反而令我们担忧？说到底，从来没有任何结构性的证据表明，我们智人种是某个"指背关节着地行走"的祖先的后代。问题恰恰就在这里，因为所有比较过人类和类人猿的 DNA 结构的分子分类学家都一致同意如下结论：人类与黑猩猩的关系比人类与大猩猩的关系更加密切、在 DNA 层面相似性更高。他们甚至打算冒些风险，从 DNA 分子随时间改变的速度（DNA 变异速度）大致稳定不变这个假设出发，去估计大猩猩是什么时候与人类／黑猩猩"族"分离的、黑猩猩又是什么时候与人类分离的。

不过，在许多古生物学家看来，根据这种分子测定年代技术估计出来的结果通常都显得有些"偏低"：人类与黑猩猩的分离时间是在距今大约 700 万年至 500 万年前；而大猩猩与人类／黑猩猩"族"的分离时间则还要再往前一两百万年。但是，无论大猩猩与人类／黑猩猩分离、黑猩猩与人类分离的准确时间到底是什么，这种分化顺序都意味着，只要黑猩猩和大猩猩的共同祖先是"指背关节着地行走"的，人类和黑猩猩的共同祖先就必定也是"指背关节着地行走"的。在这种情况下，"指背关节着地行走"这种特征必定是在黑猩猩与人类分离、人类独立地开创了自己的系谱之后才逐渐消失的。既然如此，你可能会希望在早期人类祖先（例如"阿尔迪"）的手腕和手指上发现一些"指背关节着地行走"的蛛丝马迹。现在，在"阿尔迪"身上却完全没有任何一丝一毫这方面的痕迹，这样一来，你就不得不心中起疑：如果不是"阿尔迪"本身有什么问题，那么就是我们目前关于人类及其最接近的近亲之间的关系的看法是经不起推敲的。

这个谜题不可能在近期很快消失。与此同时，"阿尔迪"的发现者却仍然在煞费苦心地强调，他们手中的这个标本的上肢没有任何地方像大猩猩和黑猩猩。然而他们不知道，其实根本没有人希望如此。更值得一提的是，"阿尔迪"的颅后骨骼与我们所知的任何其他原始人类（或古猿）都不相像。另外，"阿尔迪"骨盆化石也是一些碎片，为了恢复原状，他们不得不依据自己的主观判断进行了重建。

　　根据化石推测的原始人类系谱图。这幅图给出了人科各物种之间可能存在的一些关系，它还表明，一直到智人种出现之前，多个原始人种通常是同时存在的。这幅图是由詹妮弗·斯特菲绘制的，版权由本书作者拥有（©*Ian Tattersall*）。[1]

---

[1]　上图中物种分别属于沙赫人属（S.）、原人属（O.）、地猿属（Ar.）、肯尼亚猿人属（K.）以及南方古猿属（Au.）。人属各物种（"……人"）更正式的名称是"……属……种"。例如，"海德堡人"更正式的名称为"人属海德堡种"。——译者注

从重建出来的骨盆来看，它的胯骨片（即骨盆向侧后伸展的部分）比猿类短，因而稍微更像人一些。更加重要的是，在这个复原的骨盆前部，还有一条明显的"脊"。骨盆的这种结构既与有助于在直立行走过程中保持平衡的强劲的韧带有关，也与有助于伸展大腿的发达的腿直肌有关。也正因为如此，在人类的骨盆中，这条脊是很大的，而在四足行走的类人猿的骨盆当中，则要小得多。重建"阿尔迪"的这个研究团队还认为，从化石来看，它的髂骨（髂骨片）很短，而脊柱则很粗大，这表明它已经拥有了一定程度的直立行走的能力。但是，我们在前面已经看到，生活在晚中新世的山猿也拥有这些特征。更加合理的一个解释是，这些特征与它们在树上保持直立姿势的习惯有关，而与它们是不是在地面上直立行走没有什么直接关系。

只需要再看一看"阿尔迪"的脚，我们就能够更加肯定这个结论。这显然不是我们所希望看到的原始人类的脚（人类的大脚趾是向前的，与其他脚趾保持平行）。相反，这是一只攀树动物的脚：脚很长，而且是弯曲的，大脚趾向旁侧分开（用于抓握树枝）。我们在"阿尔迪"身上看到的这种足部结构即使不会让人立即联想到现代猿类动物，也肯定是不适合在地面上行走的。

那么，"阿尔迪"到底是怎样行动的？根据我们目前掌握的信息，很难做出准确的判断。它的脚明显不适于在地面行走，但是它的体型又相当庞大，作为一个攀树者，它在树上的生活也会受到很大的限制——它也许只能在那些足以支撑其体重的大树枝上面活动。在今天，身躯庞大的大猩猩处理类似的体重问题时，采取的一般方法是，让自己成为一个"四肢并用的攀树者"：当树枝足够大时，用四肢在树枝上行走；而当树枝较细小时，则悬挂在上面（摆动着到达其他树枝）。但是，"阿尔迪"研究团队却断然否认这种可能性，他们说，从解剖学的角度看，"阿尔迪"绝不可能过这种悬吊式的生活。

因此，"阿尔迪"成了一个神秘莫测的造物。它的骨架、它的

14

身体结构与任何现存的动物都不相似，而且它的颅骨的构造也相当奇怪。如果它是一个原始人类，那么肯定不可能直接属于后来的原始人类的系谱；这不仅仅是因为它的解剖学特征相当离奇，而且是因为，正如我们在下文中将会看到的，比"阿尔迪"生活的时期稍晚一点，就出现了一个比它好得多的原始人类祖先候选人。因此，即便接受"阿尔迪"是一个原始人类的看法，那么我们也必须认为，它应该是某个偏离了人类主体系谱的分支的代表，因为它生活的时间比沙赫人还要晚很多。如果事实真是如此，那么这个奇怪的生物就能够帮助我们理解人科内部的物种多样性。这种多样性从一开始就存在，一直延续到我们自己（智人种）出现为止。在当今世界，我们人类已经变成了"独孤求败"，但是一直到不久之前，仍然存在着大量的原始人种。关于这一点，我们可以从上图中看得非常清楚。

为什么要双足直立行走？

"阿尔迪"有力地提醒我们：在上新世，气候变化使地球的生态环境大大不同于以往，从而为原始人类（以及古猿）的大规模"演化实验"设置了广阔的舞台，其中就包括对地面生活方式的探索。无论迫使这些动物从树上下来的压力到底是什么，它们无疑都是非常强大的。我们永远不应该忘记，离开原本已经非常习惯的大树，来到地面生活（或部分地生活在地面上）绝对不是一件小事。事实上，这是一个巨大的飞跃，而且是在黑暗中冒险做出的。当它们以攀树老手的身份生活在自己习惯的森林中的时候（尤其是像"阿尔迪"这样体型庞大的成年个体），基本上不会受到什么捕食者的威胁。它们的食物来源虽然也会出现季节性的波动，但是基本上仍然处在可以预测的范围之内；而且它们的基本的生活方式也是数千万年的演化的结果。相比之下，在森林边缘地带、树木稀疏的林地以及开阔的草地，它们将会面临许多凶猛的"杀手"——例如狮子和剑齿虎（sabre toothed tiger）；与此同时，它们还需要学会全新的觅食策略，因为新的栖息所提供的资源也是它们不熟悉的。任何一只灵长类动物，只要进入了这样一个完全陌生的生态区、面对着这么多全新的环境因素的挑战时，都会立即陷入极大的困境；同样地，对于第一个这样做的原始人来说，这无疑是一个巨大的赌博。当然，从最终的结局来看，这个赌注无疑是下对了。

所有的灵长类动物原本都是四肢行走的，为什么其中的一个"人"会站起身来，以双足在地上直立行走？这历来是一个聚讼纷纭的问题。事实上，最少在刚刚开始双足直立行走的时候，以这种方式到处走动的好处并不明显，而缺点却非常明显，其中最大的一个缺点就是这会牺牲速度——在一个天敌跑动速度飞快的环境中，这个缺点是致命的。因此，这确实是一个很大的谜题。与他们在辨识最早的原始人类时采取的方法相呼应，古人类学家们在面对"它们为什么要双足直立行走"这个问题时，通常也会将它放在这种不寻常的行走方式的"关键优势"框架内来讨论：或许，这种行走方式本身就有一些独特的优势；或许，这种行走方式会带来一些"附带好处"。至于这里所说的优势或好处到底是什么，人们可以做出各种各样的猜测，因为双足直立行走确实为原始人类创造了无数极难得的独特的机会。

原始人类是怎样利用这些机会的？这个问题自古人类学诞生之日起，就已经引起了古人类学家们的极大关注。早在19世纪中叶，查尔斯·达尔文就指出，双足直立行走把原始人类的双手解放了出来，因此它们可以用手去改造自然事物、制造工具；后来，又有人认为，双足直立行走扩大了原始人类携带东西（包括食物）去往远方的能力。然而不幸的是，这些最初的猜想可能都是站不住脚的，因为我们现在已经知道，在原始人类开始制造工具之前很久（数百万年以前），它们就已经双足直立行走了。

人们推测的双足直立行走的其他一些优势则没有上面这几个这么明显。一个比较极端的例子是，一些科学家曾经认为行走方式的改变涉及了一个能量学问题，他们花了很大的精力对古猿双足直立行走时所消耗的能量与它们以四足着地行走时所消耗的能量进行了比较。不难预见，这种比较很难得到直接的答案。因为这取决于非常多的因素："你"打算移动得多快？"你"是走路还是跑步？"你"行经的地面是平坦的还是崎岖的？"你"的四肢的构造和移动方式究竟是怎样的？等等。如果只考虑每单位距离所消耗的能源这个指标，那么很显然，现代人类在行走时的"能效"比他们在跑动时更高效。科学家们甚至还计算出了，平均而言，现代人类在跑动时的"能源成本"比他们"四肢着地行走"时更高，而正常行走时的"能源成本"则最低。因此，只要它们通常都不处于快速奔跑的状态，并且能够避免引起那些食肉动物的注意，也许早期原始人类是能够通过运用自己的两只脚，蹒跚地直立行走来节约能源的。

然而，尽管一些研究人员坚持，人类双足直立行走时的能效明显高于四肢着地到处闲逛的黑猩猩，但是另一些研究人员却认为，总体上看，现代人类双足直立行走时节约下来的能源根本不足为道（更不用说能效比现代人还要低得多的原始人类了）。而且，那些能效更低的双足直立行走的早期原始人类面对的环境条件则比我们现代人类高得多。这种争论肯定会继续下去，不过，就目前的证据来看，早期原始人类选择双足直立行走确实不太可能是因为这是一种更加节约能源的行走方式。

事实上，如果你非要从生理学的角度来寻找原始人类双足独立行走的原因，一个更加合理的解释是这种行走方式有利于体温的调节。哺乳动物一般都需要保持一个大致恒定的体温，它们的大脑对体温过高特别敏感。大脑内部哪怕只出现过一次非常短暂的温度非常高的情况，就可能意味着不可逆转的严重损害。猿类等灵长类动物大多生活在热带，但是它们并没有某种专门用于"冷却"大脑的特殊机制，所以对于它们来说，要想在远离树荫的情况下保证脑部不过热的唯一办法就是保持整个身体的凉爽。读者不妨想象一下如下这个情景。在那空旷的热带草原中，一只四足动物站了起来，

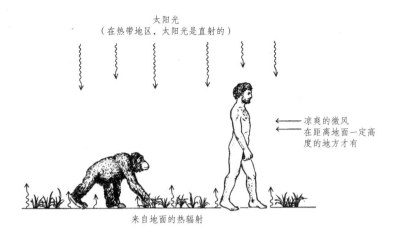

太阳光
（在热带地区，太阳光是直射的）

凉爽的微风
在距离地面一定高
度的地方才有

来自地面的热辐射

　　双足直立行走与四足着地行走对体温的影响。在没有多少东西能够遮挡毒辣的太阳的热带稀树草原，双足直立行走与四足着地行走对体温的影响有相当大的不同。与四足着地行走的猿类动物比较，双足直立行走的人不仅可以减少身体接受来自太阳光和地面的热量辐射的面积，还能够最大限度地增加能够散发体热的皮肤的面积。此外，直立行走的人类的身体的大部分都被抬离了地面，因而更加有利于通过被凉风吹拂来降低体温。这幅图是由戴安娜·塞勒斯绘制的。

于是它的身体直接暴露在直直地射下来的阳光的面积大大减小了，从而也就最大限度地减少了热量的吸收；而对于任何一种需要维持恒定体温的动物来说，减少（或增加）热量的吸收都是一个重要的考虑因素。此外，站立起来后，它的大部分身体"远远地"离开了灼热的地面，并且最大限度地暴露在了有助于降低体温的微风当中。我们知道，这一点也是非常重要的，因为在炎热的气候，人类依赖于汗水的蒸发来带走多余的热量。毫无疑问，这是一个解释原始人类之所以要双足直立行走的一个强有力理由。顺便说一下，阻碍我们汗水蒸发的浓厚的体毛的消失（这使我们人类成了一种"裸猿"），也可能与我们所采取的双足直立行走姿势有关。

　　这些元素全部加起来，完全可以构成一个伟大的"故事"。而

且，我们相信，在人类早期演化过程中，它们确实可能以某种方式
发挥过重要作用。但是，这个漂亮的理论，却无法解释原始人类为
什么会双足直立行走。唉！理论是美丽的，事实却是残酷的。一个
"讨人嫌"的简单事实就推翻了这个看似非常精巧的理论：早期原始
人类的化石通常是在森林地区，或者至少是在树木繁茂的环境中发
现的。这个事实表明，在失去或放弃树木提供的荫凉很久以前，原
始人类就已经很好地适应了双足直立行走这种行动方式。

　　在这里，还不妨顺便说一下，这个简单的事实还否定了另一
个曾经风靡一时的观点：原始人类最初之所以选择双足直立行走，
是因为当它们来到稀树草原之后，只能站起身来，才能更加有效
地发现它们的天敌。确实，如果你来到今天的塞伦盖蒂平原（the
Serengeti Plain）——绝大多数人都认为这是整个非洲最壮观的地
方——的时候，肯定会被这个无比辽阔、无比壮观的非洲大草原
"震住"。在蓝天白云的映衬之下，草原显得非常空旷，似乎直到天
际的所有东西全都一览无余。但是，回到上新世，古猿和原始人类
的生活环境却要比现在封闭得多，因为像塞伦盖蒂那样的热带稀树
草原的出现其实是相当遥远的未来的事情。有鉴于此，一些古人类
学家认为，如果站立起来，原始人类就能够摘到那些树木上挂下来
的果实（就像生活在空旷的野地里的黑猩猩所做的那样，人们已经
观察到它们会这样做），他们猜想这可能是早期原始人类选择双足直
立行走的一个诱因。但是，既然四脚着地行走的黑猩猩也能够做到
这一点（在需要的时候站起身来摘取果实），那么很显然，原始人类
并没有必要只为了这种非必需的能力而选择成为一个彻底的双足直
立行走的动物。

　　不过，双足直立行走可以带来的可能好处并不仅仅是生理方面
的，还体现在其他许多方面，例如，站起身来能够使自己显得更加
高大，从而有效地增加对掠食者的威慑性。更加重要的是，双足直
接行走还可能与早期原始人类的社会生活和社会结构有关。最近，
一些学者提出了一个猜想，认为双足直接行走涉及了"一夫一妻制"

（这个猜测在一定程度上让我们想起了达尔文最初的观察）。他们的假说是，双足直立行走的早期原始人类的男性能够到相当远的地方去收集食物，然后拿回"家里"来与自己的伴侣分享；而负责哺育后代的女性则通常会留在某个比较固定的地方。（不过，另外一种猜想则是，双足直立行走使得早期原始人类更容易携带着婴幼儿四处走动。但这个分歧无关大局。）而且，男性在双足直立行走时，生殖器是暴露在外的，这样就能够吸引女性；而女性在双足直立行走时，生殖器却是隐藏在双腿之间的，这样她们就能够掩饰，让男性无法一下子就看出自己是不是在排卵，这样一来，男性就不得不随时关注自己的伴侣的状况，变得更加忠于对方。这个假说确实非常有意思。不过还有疑问。在实行一夫一妻制的所有灵长类动物当中，两性的体型差距通常不会太大，但是我们现在已经有充分的理由相信，早期原始人类女性的体型明显比男性小得多。

双足直立行走的各种潜在优势（以及相应的对每种潜在优势的反驳）还可以继续列下去，到最后，我们将会得到一张非常长的单子。但是，不断地拉长这个单子的做法可能并没有抓住要领。在考虑为什么早期原始人类会双足直立行走这个问题的时候，我们一定要记住的最重要的事情是，一旦你站起身来，开始双足直立行走，那么这种姿势的所有的潜在优势（以及所有的可能缺点）就全部"就位"了。因此，也许我们应该放弃找出双足直立行走的关键优势的想法，回过头去思考如下这个基本问题：在面对在地面上生活所带来的种种毋庸置疑的挑战的时候（这些挑战到底是什么，可以先不考虑），为什么早期原始人类必须站起身来？对于这个问题，唯一合理的答案是，对于那些每天花很多时间在地面上活动的早期原始人类来说，直立着以双足在地面上站立和走动，原本就已经是一种最舒适的姿势了。很明显，原始人类祖先绝对不会在需要花费很大力气去维持平衡、分配体重并解决其他一系列问题的时候就采用这种困难的姿势；它们只会在这种姿势本身就是一种"自然的姿势"时才会采取这种姿势。确实，在电视上，你可以看到，那些可爱的

猫鼬"哨兵"在观察掠食者的踪迹时，会站直身子，但是，一旦它
们真的看到掠食者了，它们就会马上恢复四肢着地的姿势，快速逃
19 走；同样地，猴子和类人猿也是如此。任何一种真正的四足动物都
不可能因为现代研究者可能会想到的某种潜在好处而违背自己的本
能，采取双足直立行走的姿势。

因此，几乎可以肯定，我们人类大家庭的祖先之所以觉得用两
条腿蹒跚地到处走动是最舒适的（尽管这样也使它们易受攻击），就
是因为它们原本就已经适应了将身体直立起来的姿势。或许，它们
是从某一种远古的类人猿那里继承了这种姿势的，这种类人猿在树
木之间来回移动时，习惯于直起身来，悬挂在粗大的树枝上。例如，
正如我们已经看到的，与人类有些关系的皮尔劳尔猿和山猿显然就
已经会这样做了。而对于那些体型庞大、身躯沉重因而不是特别适
应树栖生活的动物来说，采取这种姿势当然也是非常有意义的：如
果能够利用自己的手臂悬挂在一棵树外围的树枝上，那么它们就能
够获得非常大的好处，因为大部分的果实都长在这些外围枝条上。
在今天，生活在非洲的类人猿都是指背关节着地行走的动物，因为
它们的祖先基本上都是树栖四足动物。这些树栖四足动物的身体结
构非常适应于在树上保持水平姿势，因此它们的后代无法双足直立
在林中行走较长的距离，也无法离开树林去空旷地冒险。我们可以
想见，对于早期原始人类来说，情况一定是恰恰相反的：在地面上
四足着地行走会让它们觉得不舒服。在现代世界，生活在马达加斯
加的狐猴就是这样。狐猴是一种双腿很长的灵长类动物，经常直直
地悬挂在树枝上，并在不同的树木之间跳来跳去；当它们偶尔来到
地面上活动时，它们必定会采取双足直立行走的姿势。

因此，我们有理由推测，作为一种体形庞大的攀树动物，当它
们在树木之间移动、当它们在树林中觅食时，原始人类的祖先应该
已经直起了身躯。这种姿势对它们来说意义非凡。那些喜欢悬挂在
树枝上的猩猩，当它们待在树上的时候，身体总是保持着直立的姿
势；而当它们下到地面上来的时候，就变成了两足行走的动物了。

因此，我们不妨想象，我们的祖先从身体形态上看就是一种"像猩猩的，但是又不是猩猩"的动物。不过，无论如何，要从攀树动物转变为在地面上行走的双足动物的过渡过程一定是非常困难的（即使只花部分时间在地面上活动），因为原先在攀树时便于抓握树枝的脚的结构并不适宜用来行走。很有可能，从原始人类的祖先在冒险来到地面上的那一刻起，原先的脚的结构就变了。但是，人类这双适合在地面上行走的、所有脚趾都平行的脚究竟是通过怎样一个过程、在什么情况下获得的？这仍然是一个非常引人注目的不解之谜。非常不幸，在我们目前的知识体系中，这甚至可以说是一个巨大的"赤字"，因为"从树上来到地面上"是一个决定了人类演化命运的至关重要的转变，后来所发生的一切全系于此。适合直立行走的脚是如何出现的，至今仍然是有待于我们去解决的古人类学中最根本的奥秘之一。

双足直立行走的猿

20

仅仅在十多年以前，我们已知的最早的原始人类化石还全都是属于南方古猿属（"南猿"）的。南方古猿属的第一个标本是在1924年于南非发现的；自那以后，在南非和东非的许多地方，又陆陆续续地发现了多个南方古猿化石（另外，在位于非洲西部的乍得，也发现了一个）。不过，直到1995年，这些南方古猿化石的年代才被确定为距今不到400万年至约200万年以前。之后不久，人们把此前在位于肯尼亚北部干旱地区的图尔卡纳湖边的一些地方陆续发现的一系列化石命名为湖畔南方古猿（*A. anamensis*，也称为"南方古猿湖畔种"）。这是南方古猿属的一个新物种，它名字来源于当地的语言"湖"（"anam"），根据与这些化石伴生的沉积物推断，湖畔南方古猿大约生活在距今420万年至390万年以前。这样一来，也就把南方古猿的生存时期往前推了很多年；事实上，这也就意味着，湖畔南方古猿已经基本上接近了我们在上一节中刚刚讨论过的"最早的原始人类"范围。

图尔卡纳湖盆地这些蕴藏着宝贵化石的古老岩层的年龄到底有多大？这个问题因为该地区的一个特殊情况——过去几百万年以来火山活动一直非常活跃——而变得非常容易回答。这是因为，火山岩包含着许多很不稳定（放射性）的元素，而且这些元素衰变为稳定状态的速度是固定的且已经为科学家们所掌握。当覆盖在沉积物堆顶上的火山岩刚刚开始冷却的时候（无论是火山岩是由岩浆形成的，还是由一层一层的火山灰形成的——这些火山灰会中断沉积物的积累，使最终的岩石呈现出明显的交错分层现象），它们都完全不包含任何稳定的衰变产物。因此，只要你在岩石中检测到这种物质，那么它们肯定是由其他不稳定的元素经过一定时间的衰变而产生的，而这个时间是你可以根据已知的衰变速度精确地计算出来的。这样一来，只要你知道了的某一层火山岩的年龄，你就可以推测在这一层火山岩之上或之下的沉积物以及包含在沉积物当中的化石的年龄。这些化石或者比这一层火山岩更"年轻"一点，或者更"年长"一点，但一般来说应该差别不大。当然，这只是"基本原理"，到真的需要判断火山岩石以及化石的年代的时候，肯定不会如此简单，例如，地质断层，可能会导致沉积序列倾斜、变形甚至错位。不过，在过去的半个多世纪以来，地质年代学家们已经积累了相当丰富的经验，他们不但非常擅长精确地测定年代，而且也非常清楚哪些情况下数据"不够好"、不能过分依赖之。在这里，需要提请读者注意的一点是，您在本书中读到的绝大多数关于年代的数据，包括所有与早期原始人类生活的年代有关的数据，都是对蕴藏化石的岩层进行测定的结果，而不是化石本身的"年龄"。

尽管如此，这些在肯尼亚发现的湖畔南方古猿的化石（此外还包括一些在肯尼亚的邻国埃塞俄比亚发现的距今大约412万年以前的化石）的年代还是非常可信的。它们不像"图迈"和"阿尔迪"那样惹人争议——尽管"图迈"和"阿尔迪"的标本似乎更加完整。湖畔南方古猿的化石与作为它们的后代的其他南方古猿的化石非常相似，这一点很"令人放心"。更加重要的是，湖畔南方古猿是我们目前所知的最早的已经完全双足直立行走的原始人类，而且几乎没有人对此表示过怀疑。

现有的绝大部分湖畔南方古猿化石都是牙齿和颌骨，除此之外，还有一些颅后骨骼。特别重要的线索来自一根破碎的胫骨（小腿胫骨）。这个胫骨化石的远端（脚踝端）尤其有意思：它有一个很大的表面取向的踝关节，它表明，湖畔南方古猿的体量是垂直地从膝盖向下传递到踝关节的，而不是像猿类动物那样成一定角度的。这一点非常重要，因为虽然猿类动物也能够双足着地行走一段距离，但是它们却不是像我们人类这样直立行走的。猿类动物的股骨直接从髋关节向下延伸到膝盖，然后又从膝盖延长至胫骨及以下。对于四足动物来说，这是一种非常"自然"的骨骼结构，因为它要用四条腿来支撑全身的体重，就像一张桌子的四条腿支撑着整个桌子的重量一样。但是，当四足动物站起来，用两只脚行走的时候，维持身体平衡的所有原则就都变得不同了。猿类动物的两只脚分得很开，这意味着向前走动时，每只脚都要以另一只脚为支撑点画一个半径非常大的圆圈，就像圆规有两支脚，其中一支脚固定于某一点上，而另一支则围绕着这支脚运动一样。这种走路姿势不仅非常"难看"，而且极其"浪费能源"，因此猿类动物在走了短短一段路后，很快就会变得疲惫不堪。现代人类的情况则恰恰相反。人的两条股骨角从髋关节开始，急剧地向内倾斜，使股骨的轴线与膝盖以下与地面垂直的胫骨形成了一个"承载角"。因此，当我们人类直立行走的时候，我们的两只膝盖可以靠得非常近，同时我们的脚是以直线形式向前迈步的，这样我们的身体的重心就不需要每走一步都变换一下左右位置——那是非常没有效率的。

像我们现代人类一样，湖畔南方古猿的小腿胫骨靠近膝盖的那一端也已经得到了强化，这就表明，这种早期的原始人类已经拥有了进行高效的双足直立行走的最基本先决条件。在上肢方面，科学家在肯尼亚发现的手腕骨化石表明，湖畔南方古猿的腕骨的结构比 22

猿类动物更加坚硬，而且更加接近于后来的原始人类的腕骨。不过，在牙齿化石方面，湖畔南方古猿化石则呈现出了一些比较奇怪的特点。虽然湖畔南方古猿的牙齿总体上与更晚近的南方古猿相近，特别是它们的牙齿都有较厚的珐琅质、都有很大的前臼齿和臼齿，而且都没有前臼齿珩磨结构；但是在某些方面，它们的牙齿却显出的一定的"返祖现象"——与更早的原始人类有些相像。湖畔南方古猿的门牙非常大，虽然它们与以水果为主食的类人猿并不是同类；同时它们的前下臼齿是尖尖的，而且它们的齿列（tooth row）长而平行。另外，湖畔南方古猿的（下颌骨）下巴也急剧后缩，这一点也与猿类动物相似。不过，总的来说，我们还是有充分的理由认为，湖畔南方古猿就是稍后出现的其他南方古猿的先驱。更进一步，我们看到，湖畔南方古猿令人信服地淘汰掉了只比它稍早一些的始祖地猿，成了后来的原始人类的直接祖先的最有力竞争者之一。

相关的化石证据还表明，湖畔南方古猿通常生活在靠近水源的森林—灌木过渡地带，这进一步支持了如下观点：早期原始人类刚刚开始双足直立行走的时候，肯定还没有在一望无际的大草原定居下来。事实上，即使在双足直立行走所必需的解剖结构的某些重要元素已经出现在早期原始人类身体上之后，它们也没有优先选择到更加开放的环境中生活。我们对湖畔南方古猿的描述还得到了另一个考古发现的支持。科学家们在埃塞俄比亚找到了一块手指骨化石，它细细长长，而且弯曲得非常厉害，这表明它属于一只强有力的用来抓握树枝的手。因此，我们有理由认为，在湖畔南方古猿的日常生活中，敏捷地攀树的能力肯定是它们的谋生技能的重要组成部分。

如果我们把上面所有这一切都放到一个更大的环境背景下来考虑，它们就能够告诉我们很多东西。湖畔南方古猿的平均体重大约为 110 磅至 120 磅，比始祖地猿的平均体重略高一点。尽管与一般的树栖动物相比较，湖畔南方古猿的体重已经不算小了，但是这肯定仍然不足以显著降低它们对隐蔽在树栖环境中捕食者的恐惧，对于可怕的掠食性动物来说，这些灵长类动物只是口中的美餐。因此，湖畔南方古猿很可能不仅会在危险逼近的时候，爬上树暂避一时，而且很可能会把夜间栖身的"家"安在高高的树枝上，因为晚上是它们最脆弱、最容易被捕杀的时候。

在湖畔南方古猿之后出现的南方古猿显然是原始人类家族的成员，不过，古人类学家却经常喜欢把它们称为"双足猿"。古人类学家们之所以要这样做，有好几个原因。第一个原因是，南方古猿身上结合了人类的特点和猿类的特点：它们的骨盆和腿的结构像人类，适合直立行走；而颅骨的比例则接近于猿类。南方古猿的脸部的骨骼很大，而且向前突出，它们位于小小的脑壳之上，非常显眼；这与你在现代人类的颅骨上观察到的情况恰恰相反，人类的脸部的骨髓很小，事实上，它们几乎是"藏"在巨大的球状拱顶的前面的（"球状拱顶"里面则是硕大的脑部）。另一个原因是，这些早期的原始人类的前肢和躯干仍然保留许多有助于它们在树上快速行动的特征。是的，南方古猿确实已经能够双足直立行走了，但是它们在其他一些方面却仍然非常类似于猿类。比后来这些南方古猿更早一些的湖畔南方古猿也拥有上述特征，而这些特征非常适合作为一个讲述原始人类演化的故事的开端。事实上，一些权威科学家已经在他们掌握的证据的基础上认定，继湖畔南方古猿之后出现的阿法南方古猿（*Australopithecus afarensis*），就是由湖畔南方古猿逐渐演变而来的。（阿法南方古猿是南方古猿属中最著名的一个物种。关于阿法南方古猿的特征，我们将在下文中讨论。）这些权威科学家比我勇敢得多。但是无论如何，如果只是说，在湖畔南方古猿身上，我们看到了阿法南方古猿的特征的一些先兆，那么肯定是不算过分的。

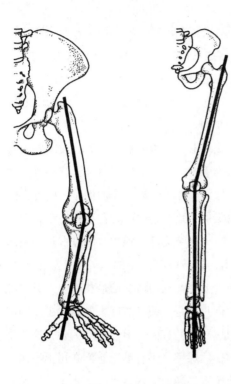

　　人体腿部的骨骼结构已经完全适应双足直立行走了，这体现在许多方面，其中最重要的是大腿骨（股骨）与小腿骨（胫骨）的轴线之间形成了一个"承载角"。股骨向内倾斜，与膝盖构成了一个角度，然后身体的重量经膝盖垂直地通过胫骨和脚踝传递到足部。由于这些骨骼之间构成了这样的几何形状，因此人类在行走和跑步时，双脚可以靠得很近。这样一来，当一个人行走或跑动时，虽然整个身体的重量会不断地从一只脚转移到另一只脚时，但是身体的重心却能一直保持在中线位置，不必交替从身体的一侧移到另一侧。此外，人类也不存在任何将身体重量横向传递到脚踝的身体结构。猿类则是四足动物，它们不拥有这些适合双足直立行走的解剖学特征。上图对现代人类的左腿骨骼（右半图）与大猩猩的左腿骨骼（左半图）进行了对比。图中的粗实线（及其交点）突出显示了这两种灵长类动物的股骨和胫骨的轴线在膝关节处形成的不同角度。还需要注意的是，这两种灵长类动物的骨盆的比例和腿部的相对长度也都存在非常显著的差别。读者需要牢记的是，如图中所示的大猩猩的骨架的姿态，足以表明它并不是专用于直立行走的（传递体重的线路基本上是从髋关节垂直向下并穿过了脚踝）。另外，需要指出的是，这幅图并不是按实际比例绘制的，在现实世界中，人类的腿要比大猩猩要长得多。这张图是由詹妮弗·斯特菲绘制的。

第二章 "双足猿"的崛起

在古人类学的发展历史上，一个略微有点讽刺意味的事实是，最主要的人类化石证据被发现的顺序正好与它们的地质年代相反。我们最近的近亲之一尼安德特人（Neanderthals）是早在19世纪中叶就被发现的，当时考古学还是业余爱好者的领域；半个世纪之后，比尼安德特人更古老的物种直立人（*Homo erectus*）也被发现了。不过，直立人的发现，却是人类历史上第一次有意识地在热带地区寻找古老的原始人类遗迹的考古发掘活动的结果。更加古老的南方古猿则是在直立人被发现半个世纪之后才发现的；也正是南方古猿的发现，才宣告了现代古人类学的正式诞生。这种发现史所导致的一个结果是，在古人类学家的心目中，他们的学科的"圣杯"就是最早的原始人类——看谁能把原始人类的历史向往前追溯得最远。

我们不妨推测一下：如果我们最先发现的是最古老的原始人类化石，然后发现的是比较古老的化石，最后发现的是最"年轻"的化石，那么我们对原始人类演化的历史的解释会不会有所不同？这是一个非常有意思的问题。当然，我们不可能确知，在那种情况下，我们会提出什么理论，但是毋庸置疑的是，我们祖先的化石被发现的次序确实深深地影响了我们对它们的解释。尽管有这个小小插曲，但是本书仍将采取"顺时叙述法"，即以时间为线索，详细地描述人类漫长得令人惊讶的演化进程——我们古老的祖先，那个不寻常的（但是也算不上"特别非凡"的）灵长类动物，是如何转变为今天

26 这个令人惊异的、前所未有的智人的。另外，如果在叙述人类演化
的故事的过程中，过多地插叙古人类学的发现和思想的话，那么故
事的流畅性将不可避免地大打折扣，因此，我将尽量设法避免这种
情况的出现。但是，我们不能忘记，我们今天认为理所当然的一切，
在某种程度上都是由我们昨天相信的那些东西决定的；而且更具现
实意义的是，目前的许多争议，都是因为有的学者不愿意放弃一些
曾经被广泛接受、但是现在很可能已经失去了价值的思想而引发的，
或者，至少是因为他们的这种心态而激化的。在这种情况下，我就
必须稍作解释，告诉读者我们当前所持的"现代观点"是如何得出
来的。围绕着南方古猿的争议就是一个很好的例子。

"露西秀"

在最近接连发现一系列"最早的原始人类"化石之前，原先被
人们认定为最古老的原始人种的发现，也是不久之前的事情，这完
全符合我在上一节中描述过的原始人类化石"发现模式"。这个一度
被认为最古老的原始人种就是我在前面已经提到过的阿法南方古猿，
它最著名的代表就是已经变成了一个传奇的"露西"（"Lucy"）。科
学家们是在 1974 年于埃塞俄比亚东北部的哈达尔（Hadar）发现
"露西"的。这是一个身材小巧玲珑的原始人，为我们留下了一幅
相对比较完整的（大约 40%）的骨架。从骨架的大小来看，"露西"
应该是一位女子。"露西"生活在距今大约 318 万年以前，她居住的
地方在今天已经变成了干旱的沙漠，是地球上生存条件最恶劣的地
区之一，但是，回到"露西"生活的年代，这里的生态环境仍然相
当"友好"。今天的阿瓦什河在几百万年前是一条宽阔的大河，哈达
尔地区位于阿瓦什河谷，它的沉积带包含着岩石和大量化石，它们
是在距今大约 340 万年至 290 万年间沉积下来的。对这里发掘出来
的化石和古土壤进行了细致的科学研究之后得到的结果清晰地表明，
在前述这个时期内，这个地区的气候出现了一定程度的波动：一方

面，从比较干燥变得更湿润了；另一方面，从比较凉爽变得更温暖了。但是，从总体上看，该地区仍然是一个草原林地，而在更加靠近河流的地方，则是茂密的森林。有些地方灌木丛很密集，有些地方则比较稀疏，但是树木之间从来不会相隔太远。"露西"的身体结构也反映了这个特点。

在"露西"被发现前一年，科学家已经在哈达尔地区发现了一个原始人的膝关节化石，它清楚地表明，这个原始人的股骨和下面的胫骨之间已经出现了"承载角"。我们知道，这个"承载角"可以告诉我们很多东西。无论这个膝关节到底是属于哪个人的，都不会影响我们得出如下结论：这个人在行走的时候，两个膝盖是靠得很近的，两只脚是向前摆动的。在当时，这是原始人类直立行走的最早的确凿证据。这个发现一下子就把双足原始人生活的时间提前了好几十万年。我们在今天仍然不难想象，到了第二年，当古生物学家们来到了哈达尔，开始实地发掘时，会是何等的兴奋和期待；当然，我们更加容易体会，在一个类似的原始人几乎完整的骨架出土的那一刻，他们又会是什么心情。是啊，一切都"太完美了，简直不像是真的"。

通常来说，古生物学家不会指望他们能够找到某种陆生脊椎动物的整个骨架（甚至部分骨架），从动物个体死去那一刻到遗体被沉积物掩埋的这段时间内，可能发生的事情实在太多太多了。而且，通常来说，以这种方式被"安葬"的遗体也只有极一小部分能够在日后的某个时刻再次暴露于地球表面，并且幸运地被人类的"收藏家"捡到（在风沙侵蚀和天气变化彻底抹去它们的痕迹之前）。所以，能够发现一具来自如此遥远年代的"基本完整"的骨架，绝对是无法想象的好运气。在 20 世纪 70 年代，除了我们的近亲尼安德特人之外，我们对更早的原始人类的骨骼结构几乎一无所知。（尼安德特人是最早想到应该将死去的人埋于地下的原始人。）可惜的是，"露西"的骨骼中，没有完整的膝盖骨（当然这种情况并不足怪）；幸运的是，膝盖上面部分和下面部分都被保存了下来——尽管它们

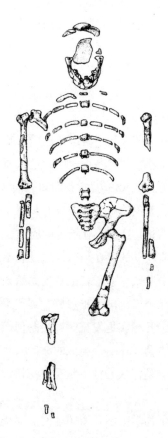

　　"露西"的骨架。"露西"是标本 NME AL188 的昵称，于 1974 年在埃塞俄比亚的哈达尔被发现。在刚被发现的那个时代，"露西"是最完整的早期人类骨骼化石。"露西"的发现，也正式揭开了一个以埃塞俄比亚为中心的壮观的古人类发现时代的序幕。这幅图是由戴安娜·塞勒斯绘制的。

属于不同的腿，而且呈现出了与此前发现膝关节一样的特征。"露西"已经直立行走了。

　　当然，化石能够告诉我们的远远不只这一点。我们不妨想象一下"露西"的生活情景。"露西"的身高是三英尺多，体重则大约为 60 磅。（阿法南方古猿的男性个体可能会比"露西"高一英尺左右，当然体重也重不少。）如果你碰巧遇到了身材矮小的"露西"（这肯定是某种神迹！），你可能很难认出她也是人类大家庭的一个近亲。但是她确实是。除了她的膝盖之外，还有许多可以证明她已经双足直立行走的证据。在这方面，最能够引起人们关注的是她的骨盆结构——"露西"的骨盆已经根据化石很好地得到了重建。生活在现代的猿类动物的骨盆很狭窄，其髂骨片位置很高、很细长，并向前倾斜。附着于这些髂骨片上的三臀肌的主要作用是负责大腿的伸缩，同时在坐下的时候支撑背部。猿类动物身上这些位置很高的髂骨片也还与另外一些强大的肌肉有关，这些肌肉一直向上伸展，穿过整个背部，最后延伸到了上臂，它们对猿类动物的强大的攀树能力非常重要。与猿类动物相反，现代人类的骨盆已经完全重构了。我们骨盆缩得更短、变得更弯了，而髂骨片则向后旋转，这样不仅能够更加有效地分配由直立姿势所产生的应力，而且能够把腹腔的脏器承载在骨盆之上。另外，人类的宽大的髂叶片还使两块"较次要的"臀肌变了个方向，让它们在双足直立行走时发挥稳定骨盆和上半身的作用。不过，人身体上这两块肌肉的作用还比不上臀大肌（或者，至少从大小上看是如此），尽管在四足动物身上，臀大肌似乎是无关紧要的。臀大肌现在是我们人类身上最大的肌肉，而且还承担了一个新的功能：当我们迈步向前时，防止身体前倾。

　　由此可见，人类与猿类动物的骨盆存在着显著的区别，它们的形态和结构与各自的行走方式紧密相关。由于"露西"生活的时间比我们人类更接近于猿类和人类的共同祖先，因此你可能会猜测，"露西"的骨盆的特征应该介于现代人类与猿类之间，例如，可能与科学家们重建出来的始祖地猿的骨盆相似。但是，令人惊讶的是，事实完全不是这样。从任何一个角度来看，阿法南方古猿的骨盆都是与猿类动物所拥有的高而狭窄的骨盆不同的。与我们现代人类相似，"露西"的髂骨很短（从上端到下端），这表明髂骨上附着的肌肉组织已经完成了重构（变得像我们现代人类一样了）。但是，"露西"的髂骨片却比我们现代人类还要"宽阔"，其横向扩展的特征非常明显。在"露西"刚被发现的那些日子里，这种非同寻常的解剖学特征曾经导致一些学者提出了这样一种解释："露西"是一种"超级双足动物"，她用于稳定骨盆的肌肉在双足直立行走时表现出来的"机械性能"甚至比我们人类所拥有的肌肉还要好。髂骨片的宽度以及这些与之相关的假想优势甚至还有可能被进一步夸大，因为"露西"的髋关节结构呈球窝状，而且将嵌入骨盆侧面的髋臼（"窝"）的股骨的头部（"球"）与股骨的主体（轴线）连接起来的那段"骨颈"，要比我们现代人类长得多。

无论如何，这种观点——两足动物的祖先比自己的后代还更加适应双足直立行走——总是显得有些怪异。但是，这种奇怪的情况可以通过骨盆的双重功能来解释：一方面，骨盆是新生命诞生的"出口"；另一方面，骨盆也为内脏提供了支持，而且还是重要的肌肉附着区域。即便到了现代，人类产妇在让新生婴儿巨大的圆形头颅通过产道时，还是经常会面临巨大的困难（这正是为什么会频繁出现难产问题的原因）。当你仔细观察"露西"张开的骨盆时，你会看到，它的轮廓是一个长长的椭圆，而且它里面的产道也是椭圆形的。

在"露西"生活的那个年代，原始人类的大脑仍然非常小，因此像"露西"的骨盆所表现出来的这样，对骨盆的解剖学结构做出一些有利于提高行走的效率的"修正"，应该不会给婴儿通过女性的产道增加太大的困难（当然，让婴儿在出生时，采取头下脚上的体位可能仍然是必要的）。事实证明，较宽阔的产道本身也会带来一些生物力学上的后果，因为它会影响髋关节的间距。当一个双足直立行走的动物走动时，它（或他／她）的骨盆会随着每只脚的向前摆动而出现水平方向的转动；臀部越大，这种效应就更加明显，从生物力学的角度来看，这无疑是一个大缺点。事实上，现代人类女性行走和跑动的速度之所以通常比男性更慢，很重要的一个原因就是她们的臀部的平均宽度更大。

虽然她的骨盆的许多特征都证明，"露西"毫无疑问是一个双足直立行走的原始人，但是，她的骨盆的另外一些特征则表明，她在双足直立行走的时候，所采取的方式与我们现代人类并不完全相同。其实，仔细观察她的腿骨化石，我们也可以得出类似的结论。"露西"的大小腿最重要特征包括以下几点：她的股骨和胫骨之间出现了一个以膝盖为中心的非常明显的"承载角"；她的踝关节显然是属于双足直立行走的原始人的；她的下肢的长度非常短。其中特别值得关注的最后一点，即与她的躯干和上肢相比较，"露西"的腿显得相当短——事实上，她的腿几乎与倭黑猩猩一样短。这种身体比例并不会给直立行走带来什么好处，但是却十分有利于攀树。后来，比"露西"更迟的原始人类的腿又变得长了起来，这被公认为他们比"露西"更加专注于地面生活的一个有力证据。同时，从生物力学的角度来看，腿的长度的增加也使后来的原始人类的骨盆与"露西"相比，变得更短了一些。

更重要的是，虽然"露西"只留下了两块足部骨头化石，但是将这两块化石与其他南方古猿的相对应的化石比较的结果表明，她的脚是相当长的，尽管她的脚趾有一点点弯曲（同时她的脚的足弓部位可能略微有些靠前）。很显然，"露西"的脚不可能是专门定位于抓握树枝和攀爬树木的。我们已经看到，现代类人猿和始祖地猿的脚趾很长，而且弯曲得很厉害，同时它们的大脚趾则与其他脚趾分隔得很开，且不在同一个方向上，所以它们的攀树能力远远高于我们人类。尽管"露西"的上肢骨骼仍然与树栖生活相适应，但是她的手臂相对于身体的其他部分的长度已经比倭黑猩猩短了不少。"露西"的胸腔呈锥形从宽阔的基部急剧上升，这导致她有些偏上的两个肩膀关节之间的间距相当紧密。这两个特征都有利于她在树上攀爬。与足部骨骼类似，"露西"留给我们的手部骨骼化石也很少，不过，在哈达尔地区发现的其他阿法南方古猿个体的手部骨骼化石表明，"露西"的手指长度应该比猿类动物短得多，不过，她的腕骨仍然带有一定的猿类动物的印记，同时她的手指骨也是有些弯曲的。 31
这些手部骨骼上还留下了曾经附着强屈肌腱的标记，这说明阿法南方古猿的手的抓握能力是很强的。把所有这些因素都考虑进去之后，我们就可以描绘出一幅完整的阿法南方古猿的图像了：这是一种尚未像我们这样完全适应双足直立行走的生物，但是它们在树上生活的能力却比我们强得多。

这种情况明显不同于我们目前已知的其他任何原始人类——当然，南方古猿属的其他物种除外。既然"露西"已经直立行走，同时又喜欢攀树并且在晚上还栖息在树上，那么对于她（以及她的同伴），无论是简单地把它们归类为一种高级的类人猿，还是简单地把它们归类于一种原始人类，都可能是不恰当的、误导性的。"露西"所属的物种，以及与这个物种相类似的近亲（物种），已经找到了一个独特的解决方案，以化解在一个全新的环境中生活和行动所带来的挑战——这种新的环境是气候变化和森林"碎片化"的结果。

但是，"露西"和她的同伴之所以通常被称为"双足猿"（当然，这种称呼本身可能是不准确的），并不仅仅是因为它们的身上表现出了一些分别接近于人类和类人猿的特征。它们的头骨结构，似乎是一种前所未有的"特性混合"的产物。我们现在看到的"露西"，只有一个下颌和颅骨的一些小碎片。但是，从同样在哈达尔地区发现的另外两个有300万年历史的南方古猿头骨化石已经无可置疑地证明，阿法南方古猿头骨的总体比例大致类似于猿类动物。这也就是说，这些颅骨结合了一个小脑壳（阿法南方古猿的大脑比体型相当的猿类动物大不了多少）和一张大而向前突出的脸。但是，那张脸却值得我们深究一番。它的双颚非常强大，牙齿与猿类动物截然不同。在上颚，你可以看到阿法南方古猿的中央门齿很大，而中央门齿两侧的牙齿则要小得多，这一点与现代非洲猿类动物类似，但是，紧接着门齿的其他牙齿却完全不同。就像我们在本书第一章中描述过的那些有机会竞争"最早的原始人类"称号的"候选人"一样，阿法南方古猿的犬齿已经变小了很多（尽管它们仍然远远称不上小巧精致）。犬齿与下前臼齿之间的珩磨结构也完全不见了（虽然曾经存在过的印记仍然依稀可辨）。其他前臼齿则很宽，更靠后的那些臼齿的齿面平坦，而且相当大（相对于颚骨的大小）。这些巨大的咀嚼齿，构成了一个"犬齿后巨型齿"结构（"postcanine megadonty"）。对于这个时期的原始人类来说，这种牙齿结构是一个标志性的特征。

这些大臼齿的存在意味着阿法南方古猿的齿列相当狭长（这与猿类动物类似），但是，因为犬齿已经小了很多，因此阿法南方古猿的牙齿排列的轮廓已经呈现出了弯曲的形状，不再像猿类动物那样平行排列。因此，阿法南方古猿的齿列会让我们同时想起猿类动物和更晚近的原始人类的牙齿。（如前所述，阿法南方古猿的颅骨亦然。）

32

在最近完成的一项非常复杂的研究中，科学家们对阿法南方古猿的臼齿因咀嚼食物而受到磨损的状况进行细致的分析，结果表明，虽然这一物种的成员可能会优先寻找柔软的肉多汁美的水果吃，但是，在无法找到这类食物的时候，它们也会去吃一些更坚硬的食物，例如坚果、种子、根块和埋藏在土下的较嫩的草茎，等等。因此，它们的"杂食性"程度大大超过了今天的猿类动物。我们看到，阿法南方古猿的牙齿通常都磨损得相当严重，原因也就在这里。这种饮食结构的好处是显而易见的：它们可以很好地适应从繁密的森林到开放性的林地等各种各样的环境。

这么多年以来，科学家们已经在哈达尔这个荒芜的沙漠地区发现了大量原始人类化石，其数量之多，简直令人难以置信。其中许多地方出土的原始人类化石都可以归类为阿法南方古猿。毫无疑问，在所有这些出土化石的遗址当中，最不寻常的是一个被称为 AL333 的地方。1975 年及以后数年内，就在这个"333 位点"，研究者们陆续发掘出了 240 个化石，它们分别属于 17 个原始人个体。关于"333 位点"最令人惊奇的一点是，在这里几乎没有发现其他化石。这些尸骨是怎么被"安葬"到了一起的？这是一个难解之谜。所有骨骼都是不完整的，这一点表明它们或许是被水流从其他地方冲过来的。但是，为什么这些骨骼会如此密集地集中于一个地点呢？它们也不可能是某种食腐动物——例如鬣狗，它们以"喜欢"把原始人类尸体搬运到自己的老窝而著名——"收集"的，因为这些骨骼虽然都呈破碎状，但是上面却没有任何啃咬的痕迹；而且"333 位点"处于一个平缓的河道上，在这里根本找不到任何鬣狗等食腐动物的窝。总而言之，这个事实确实有些神秘色彩；而且更加重要的是，如果这个问题最终能够得以解决，那么就能够告诉我们很多东西。这是因为，尽管这种情况——包含着骨骼化石的细粒沉积物出现在一条流速缓慢的河流之下——并非罕见，但是有的学者已经提出了这样一个猜测：这些化石是距今大约 322 万年至 318 万年之前的某个时间发生的一个不幸的灾难性事件——可能是山洪暴发——的遗迹。这场灾难夺走了生活在这里的原始人群体的所有人的生命。如果所有这些原始人（包括 9 名成年人、3 名青少年和 5 名儿童）都属于同一个社会群体的话，那么它们也必定属于同一个物种。

33　　　然而，这个猜测很可能是错误的。这是因为，"333 位点"出土的所有化石虽然看上去大体相同，但是它们的大小相差非常悬殊。不过无论如何，尽管这个问题——这么多化石究竟是如何聚集到同一个地点的——至今仍然悬而未决，但是古人类学家们最终还是达成了一个共识，那就是，所有在哈达尔地区发现的原始人类，全都属于同一个物种（阿法南方古猿）。"露西"当然也包括在内，尽管她的身体的大小只相当于"333 位点"发现的最小的成年个体。因此，毫无疑问，阿法南方古猿个体之间体型差异极大。对于这种现象——属于同一物种的不同成员之间在体型上存在着巨大的差异——最合理的一个解释是，该物种的雄性（男性）个体比雌性（女性）个体高大得多。在今天的猿类动物中，我们可以在大猩猩身上观察到这种现象。但是，在黑猩猩和倭黑猩猩身上则观察不到这种现象，它们的雄性个体与雌性个体的体型差距非常有限。

莱托里的脚印

正当科学家们在哈达尔地区的发掘工作开始出现重大突破的时候，另一组古生物学家也在哈达尔之南大约一千英里的莱托里（Laetoli）地区努力探索。莱托里位于东非大裂谷坦桑尼亚段，距离著名的奥杜瓦伊峡谷（Olduvai Gorge）遗址不远。这个地区的岩层的地质年代比哈达尔稍大，形成于距今大约 380 万年至 350 万年之前。从 1974 年到 1979 年，科学家们相继在莱托里的一些地方发现了 3 个原始人个体的颌骨和牙齿；不过，在莱托里，最著名的发现要数 1976 年发现的大量动物脚印的化石（其中包括不少原始人类留下的脚印的化石）。大约在 360 万年以前，一些动物、几个人在走过一层湿水泥状火山灰的时候，留下了几串脚印，这些脚印随后就变硬了，最终成了化石。这是一个非同凡响的发现。我们确信"露西"是双足直立行走的；但是我们不能忘记，这一点我们并不能直接从她的骨骼化石中观察到。相反，我们是从"露西"的解剖结构推断出她是直立行走的。脚印则全然不同，它是真正意义上的"行为的化石"。这些脚印就像现代社会中的某个人沿着湿湿的海滩散步时留下的一样，它们雄辩地证明，留下这些脚印的原始人类肯定是双足直立行走的。在其中一个地方，两行笔直向前的脚印足足延续了大约 80 英尺长的距离，这说明它们的主人是一个有明确目的地的双足独立行走的原始人。尤其值得注意的是，当这些原始人留下这些脚印的那个时期，莱托里一带的生态环境已经发生了变化，这里成了一片相当开阔的草原。我们不难想象，当这些原始人类跨越平坦但缺乏树木"掩护"的草原时，它们一定会觉得有些惊慌（因为在这种情况下，它们是最容易受到捕食者的伤害的）。但是，为了尽快抵达目的地，它们义无反顾。它们的目的地应该是区区数英里之外的奥杜瓦伊盆地（Olduvai Basin），那里有一片森林，而且周围还环绕着浅浅的湖水，能够为它们提供丰富的资源。

34

　　这些脚印本身就是某种原始人类双足直立行走的直接证据。没有任何迹象表明这些原始人会用自己的前肢去帮助维持平衡，而且它们走路的方式看起来与我们现代人类完全一样。身体重心的移动轨迹清晰地反映在了脚印上面：首先是脚后跟，接着沿着脚的一侧和足弓，最后集中到了大脚趾上。很显然，一只倭黑猩猩偶尔以双足步态蹒跚地直立行走时是不可能留下这样的脚印的。留下这些脚印的这些原始人的脚的结构与我们现代人类基本相同，它们纵向和横向都有足弓，大脚趾很短而且与其他脚趾平行。另外，这些脚印还有一个特点，前后相继的两个脚印之间的距离都很近，这就表明，这些原始人的身材相当矮小（即使是成年个体也一样）。而且，它们走动的速度似乎也不快，当然，这一点其实不足为奇，因为它们是在覆盖着火山灰的泥泞难走的地面上走动的。

　　虽然没有人怀疑这些生活在距今大约 360 万年以前的原始人类是双足直立行走的，但是，它们行走时所采用的确切步态到底是怎样的？这仍然是一个聚讼纷纭的问题。例如，它们是不是每一步都伸直了膝盖的？或者，它们会不会采用今天的猿类动物在偶尔直立行走时所采用的那种步态，即在直立行走时仍然弯曲着膝盖？在原始人类演化的某个阶段，应该曾经出现过这种步态。在最近的一项实验研究中，研究人员测量了人类被试分别在以下两种状态下走路时留下的脚印：一种是只能弯着膝盖，另一种是可以伸直膝盖（即正常状态）。结果表明，如果不能充分伸展你的膝盖，你的脚趾在湿润的沙地里留下的印痕将会比你的脚后跟留下的印痕更深。而在莱托里的那些脚印中，脚跟和脚趾留下的印痕显然是差不多深的，这就意味着，这些原始人在走路时伸直了膝盖。总而言之，这些脚印提供了坚实的证据，证明当时的原始人类已经是真正意义上的双足直立行走的动物了。

　　组织这个实验的那些科学家认为，采用双足直立行走的姿势后，居住地莱托里地区的这些原始人就可以在消耗的能量保持不变的前提下，去更远的地方寻找食物，因此，考虑到那个时期森林已经开始逐渐减少的事实，这种能力对它们来说无疑是非常重要的。不过，从实际情况来看，由于这些脚印的周边地区在那个时期的生态环境相当恶劣，相信任何原始人类都不怎么可能在这样一种条件下维持"体面"的生活，因此，更加合理的一个解释是，它们之所以会在这片湿湿的火山灰地上留下这幅珍贵的"版画"，是因为它们正准备前往距离此地只有几英里的奥杜瓦伊盆地的森林。

另一个问题是，留下了这些脚印的双足直立行走的动物到底 35
是什么？我们在前面已经提到过，就在离这些脚印不远处的岩层
中（这些岩层的地质年代与这些脚印化石差不多），也出土了一些
原始人类的骨骼化石。最终，分别以哈达尔地区和莱托里地区为
发掘根据地的这两组科学家在合作研究后认定（这种合作本身就
是非常不寻常的），他们分别研究的标本都属于同一个原始人类物
种。这个物种就是阿法南方古猿（*Australopithecus afarensis*），"阿
法"（"afarensis"）这个词指的是哈达尔所在的埃塞俄比亚阿法尔地
区（Afar）以及发现最多原始人类化石的那个地点。但是，根据标
准的动物分类学程序，每一个新物种都必须有一个"神圣代表"，即
一个可以用来与所有属于这个物种的个体进行比较的"模式标本"
（"holotype"）。为了强调他们的"合作和团结"信念，科学家们选择
了一个在莱托里地区出土的下颚更低的化石，作为阿法南方古猿的
模式标本。然而，并不是所有人都认为把所有这些标本都归入同一
个物种是一个令人满意的决定，一些科学家指出，即使只考虑在哈
达尔发现的那些化石，也有充分的证据表明它们属于不止一个原始
人类物种，更不用说分别在埃塞俄比亚和坦桑尼亚两个国家的不同
地区出土的所有化石了。

面对上述争议，整体而言，目前科学界处于一种不稳定的"停
火状态"。大多数古人类愿意接受（或者，至少是暂时地、有条件
地接受）所有这些骨骼和牙齿都可以归类为同一个物种。但是，阿
法南方古猿与莱托里的脚印之间到底有没有确切的关系？围绕着这
个问题的争论一直没有平息。多数古人类学家（愿意）相信，莱托
里的脚印就是阿法南方古猿留下的；但是，也有一些古人类学家认
为（他们虽然是少数派，但是数量也相当可观），在哈达尔发现的那
些脚骨化石表明，这些原始人的脚仍然"太原始"了，不怎么可能
留下如此"现代"的脚印。如果多数意见是正确的，那么我们将不
得不接受这样一个结论："露西"身上所有适应于树栖生活的特征，
还有她的骨盆比例，确实是与"非常像现代人类"的双足直立行走

方式完全兼容的。但这并不是定论。我们现在能够肯定的只是，在距今大约 360 万年以前，有人以非常接近现代人类直立行走的方式走过了坦桑尼亚裂谷。

迪基卡

仅仅在几年之前，迪基卡（Dikika）这个词还几乎没有人提及，但是在今天，它却成了古人类学界最热门的若干个流行词汇当中的一个。20 世纪 70 年代，在哈达尔，古人类学出现了一个"光辉岁月"；然后是 20 世纪 90 年代，古人类学又迎来了一个"光辉岁月"，所有古人类学家都把目光投向了阿瓦什河南岸的迪基卡，那里发现了大量初看起来与哈达尔地区出土的原始人类化石基本相同的化石。但是，进入新世纪之后，当科学家对迪基卡地区出土的化石以及这个地区的岩石进行了细致的研究之后，结果却发现这些化石也在叙述着动人心魄的戏剧性故事。在迪基卡，最先出土的是一些牙齿和下颚骨，它们的特征与阿法南方古猿相同。但是，与后来的一个重大发现相比，这些小发现很快就显得黯然失色了。那是一个相当完整的骨架，从化石就可以直接看到那是一个处于蹲伏着的幼年原始人——科学家们认定，这是一个三岁的女童。这个标本很快就有了一个非正式的名字——"塞拉姆"（"Selam"），在埃塞俄比亚官方语言阿姆哈拉语中，这个词的含义是"和平"。"塞拉姆"的骨架保存完好，似乎这个不幸的婴儿是在被洪水冲走之后就立即被深深地埋在了松软的泥土之下，然后过了漫长的 330 万年才第一次重见天日的。但是，作为上新世发生的一个凄惨悲剧的结果，"塞拉姆"在古生物学家眼中，却是不折不扣的"宝藏"。科学家们发现，"塞拉姆"的化石保存了阿瓦什河以北地区出土的大量阿法南方古猿化石没有体现或几乎无法体现的元素。在这些元素当中，最重要的包括一块舌骨（喉结的骨头部分），它与猿类动物相类似，而不像现代人类；一块完整的肩胛骨，它的整体形状有些出人意料，会让人们联想到大猩猩的肩胛骨。"塞拉姆"的脚踝体现出了双足直立行走的动物的特征，但是她的股骨和胫骨之间则没有形成承载角，这就表明，她还是一个仍然处于发育阶段的原始人——在现代人类中，那些自出生后不久就毕生坐在轮椅上的不幸残疾人也不会出现明显承载角。

在猿类动物和人类之间，一个很大的区别是，猿类动物发育成熟的速度远远超过我们人类，这也就使得它们在很大程度上失去了"童年"（不要忘记，童年给我们提供了多少重要的学习机会！）。单凭"塞拉姆"本身，当然无法完全说明阿法南方古猿个体的生长发育速度有多快，但是，我们有理由相当肯定地推测，她仍然近乎蒙昧，只知道模仿。"塞拉姆"的下半身还没有完全从包裹她的坚硬的岩石基体中脱离出来，不过，根据我们所看到的她的上半身骨骼结构，我们已经可以确定，她拥有以往在成人阿法南方古猿身上观察到的一般树栖特征。"塞拉姆"的肩胛骨表明，她的肩关节在很大程度上是向上伸展的，这是因为一个合格的攀树者必须经常保持手臂在头部上方的姿势；此外，她的手也表现出了一些适应于攀树生涯的特征。猿类动物和现代人类的手在表面上看起来可能有些相似，但是它们内部构造上却是完全不同的。猿类动物的拇指与其他手指相比很短，而它的整只手则很长，且手的长轴与手臂的轴线重合。因此，一只猿类动物拥有的并不是一双灵巧的操纵工具的手，而是一双强大的抓握东西的手。只有当你希望将大部分的时间都用于以上肢攀着树枝、在树木之间蹦来跳去的时候，你才会希望自己拥有一双那样的手。与此相反，现代人类的手的长轴横跨手掌，而拇指则较长，并且可以精确地与任何其他手指对扣。"塞拉姆"的手指却是又长又弯的。

很显然，"塞拉姆"属于一种没有完全生活在地面上的原始人。可以进一步证明这一点的是，对"塞拉姆"耳朵区域的骨骼 CT 扫描表明，她的内耳半规管与猿类动物以及其他南方古猿相似。内耳半规管是维持平衡的重要器官，它们的方向不仅反映了头部（被抬

"塞拉姆"的头骨。这是在埃塞俄比亚迪基卡发现的一个阿法南方古猿女童化石。虽然这个原始人在330万年前去世时只有三岁，但是她留下的这具小小的骨架已经揭示了大量关于阿法南方古猿的身体结构、个体发育以及物种发展的信息。这张照片承蒙泽拉塞奈·阿莱姆塞吉德（Zeresenay Alemseged）教授好意，允许在本书中使用。

起时）的通常姿态，而且反映了头部可以在多大程度上不受脊柱运动的影响（脊柱支撑着头部）。CT扫描结果显示，"塞拉姆"的半规管类似于猿类动物和其他早期的双足直立行走动物，这就说明，虽然她所属的物种可能是一个直立行走的物种，但是这个物种的成员仍然不适应快速跑动，因为对于那些能够快速跑动的动物来说，非

38　常重要的一点是，当头部以下的身体部位处于剧烈运动状态时，头部仍然必须保持在一个相对稳定的位置上。

　　"塞拉姆"并不是迪基卡带给古人类学家的唯一惊喜，甚至也不是最大的惊喜。2010 年，研究者在迪基卡发现了一些比"塞拉姆"更加不同凡响的东西。他们从一些距今不到 340 万年以前的岩层中找到了四块哺乳动物的骨骼化石，对这几块初看上去毫不起眼的化石用电子显微镜进行了仔细的观察后，他们发现上面留着许多痕迹，而且这些痕迹只能是用石器砍削造成的。这一发现的重要性是不言而喻的，要理解它的重大意义，你只需要记住这个事实就行了：迄今出土最早的石器只有 260 万年的历史，而这些带着石器印痕的化石却形成于 340 万年以前，这样一来就把原始人类使用石器的时间整整提前了 80 万年！事实上，我们现在知道的最早的石器也就是在距迪基卡不远的阿瓦什河谷中发现的，但是如前所述，它们的"年龄"只有 260 万年。不过，这也就带来了一些新的问题。石器是非常"经久耐用"的东西（肉食动物也不会去啃咬它们），在大多数情况下，它们是能够永久保存下来的，既然是这样，假设生活在迪基卡的原始人真的已经学会了用一块石头去砸另一块石头，然后用由此而得到的边缘锋利的石器去砍切、割削动物尸体，那么，被打下来的这些石片到哪里去了呢？剩下来的石核又在哪里？古人类学家已经在迪基卡地区和哈达尔地区发掘了很长一段时间，但是一直没有发现这个年代的石器。

　　为什么在这些地区没有发现石器？原因可能有许多。其中一种可能性是，古生物学家在探寻的时候所用的"搜索地图"本身就不对。他们可能从一开始就根本没有这种想法——在这么早的年代也能够找到石器。但是，即使是最原始的石器，只要是有意制造出来的，也必定会带着某种显著的标志，有经验的考古学家一眼就能认出。因此，如果真的存在石器，那么在这么多经验丰富的研究人员搜索了这么多年之后，应该早就被发现了。因此，这种可能性实在微乎其微。据此，在迪基卡进行搜寻的研究人员认为，第二种可能性是，在非常早的时期，原始人类只是在制造石器时，加工"强度"非常低，这就是说，他们只会从每块作为石核的砾石或石材上打下一个石片，这样一来，每块石核被"打造"的痕迹就显得非常不明显，同时被打下来的石片也会非常罕见。此外，还有一种可能性：这几块哺乳动物骨骼化石上的划痕其实是并不是石器砍削的痕迹，而是被食草哺乳动物的尖锐而坚硬的蹄踩踏之后留下骨头上的"践踏痕迹"。不过，最有可能的也许是这样一种情况，那些南方古猿直接从地上捡起了一块天然形成的边缘锋利的石头去砍削动物尸体。现代实验考古学家的研究已经证明，用一些在河水急流冲激下相互碰撞并断裂开来的石头（这种石头很常见）去肢解哺乳动物尸体，确实可以留下同样的痕迹。这种石头的边缘虽然不一定像刻意制造出来的石器工具那么锋利，但是也可以用来砍削。

39

　　尽管如此，不论在340万年前究竟发生了些什么事情，当我们在显微镜下观察这些化石中的其中两块（一块是肋骨，另一块是股骨的其中一段，前者来自一只体型与牛差不多的动物，后者来自一只体形与山羊差不多的动物）时，不仅可以看到清晰的"切痕"——这种痕迹是在这些骨骼仍然"非常新鲜"时用锋利的工具去切削而产生的；而且可以看到一些划痕和凹坑——这种痕迹是新鲜的骨骼被坚硬而尖锐的物体磨刮和撞击而形成的。因此，这些化石（以及它们上面的痕迹）有力地证明，距今大约340万年，以前生活在迪基卡的丛林中的早期原始人类（很可能就是阿法南方古猿），确实已经开始用某种工具分割动物的尸体了——尽管它们所使用的，可能还不是严格意义上的石器。

溯河而上

　　迪基卡是一个宝地，很可能还隐藏着更多令古人类学家莫名惊喜的东西。与迪基卡相比，另一个地区也毫不逊色。这个地区位于阿瓦什河上游，被称为中阿瓦什河谷（Middle Awash Valley）。这个地区在古人类学研究中拥有非常独特的地位。虽然这里出土的原始人类和古猿化石的数量比不上哈达尔地区，但是化石的时间跨度却非常大，最早的是距今大约 580 万年以前的卡达巴地猿，最迟的是距今大约 16 万年以前的最早的智人（这是我们现代人类所属的物种）。事实上，在整个地球上，再没有任何其他一个地方曾经在如此之大的时间跨度上发现过原始人物化石。距今 412 万年以前生活在埃塞俄比亚的湖畔南方古猿化石也是在中阿瓦什河谷中地区发现的。另外，在相距不远的沃兰索—米勒（Woranso-Mille）地区还发现了一个地质年代比上述湖畔南方古猿稍晚一些的阿法南方古猿化石，他生活在距今大约 358 万年以前。

在沃兰索—米勒发现的这具骨骼化石的地质年代都大大早于哈达尔出土的阿法南方古猿化石，不过与莱托里的脚印化石的年代大致相当。不过，不幸的是，这里发现的骨骼化石中缺乏头骨和牙齿，不过，根据报告，这个标本被保存下来的那部分骨骼与时间稍后且体型更小的"露西"大致相同。在这具骨骼中，有一个保存得相当完好的肩胛骨，虽然它的肩关节似乎在很大程度上仍然是朝上的，但是却与现代非猿类动物没有什么相似之处，因此明显不同于在迪基卡发现的那个孩子（"塞拉姆"）。根据这具骨骼化石下半身的特点，在中阿瓦什河谷发掘的科学家们认为，在评估阿法南方古猿到底是不是双足直立行走的动物时，他们这个体型更大的标本比身材矮小的"露西"更加有用。这是因为，较小的个体体重更轻，因此也就不需要特别"专业化"的身体结构去支持自己的体重。但是事实上，这种看法是非常值得商榷的，因为"露西"骨盆和腿部的结构已经可以充分说明她是双足直立行走的了。不过，现在又出现了一个同样能够说明这个问题的体型更大的阿法南方古猿的标本，当然也是一件好事。可惜的是，沃兰索—米勒发现的这具骨骼化石没有一条完整的腿，研究者们估计它的下肢应该比"露西"更长一些。如果事实的确是这样，那么生活在沃兰索—米勒地区的这些原始人类应该比生活在哈达尔地区的那些原始人类更有可能留下类似莱托里的脚印。然而，无奈的是，这具骨骼化石不包括任何脚部骨骼，

40

因此对于这个具体的问题，我们只能发挥想象力，尽情猜测一番了。

继续沿着阿瓦什河上溯，在中阿瓦什河谷地区还出土了其他一些距今大约 340 万年以前的原始人类的颌骨化石，它们都属于阿法南方古猿。这些化石虽然也有一定价值，但是却没有告诉我们多少新东西。然而，如果我们把时间继续往后推 100 万年，一切就会变成非常激动人心。从化石记录来看，在这个时期，哈达尔地区已经没有了阿法南方古猿的踪迹。在中阿瓦什的鲍里（Bouri）地区，科学家们在一个距今大约 250 万年以前的发掘点中发现了一些原始人类的化石，并将之命名为惊奇南方古猿（*Australopithecus garhi*，也称"南方古猿惊奇种"；在当地语言中，"garhi"表示"惊喜"的意思）。虽然这些标本其实并没有很多令人印象深刻的地方——它们主要是一些颅骨碎片，其中包括前额骨、一块上面还有牙齿的相当完整的上颚骨，还有几块颅后骨骼，但是也算一个不大不小的惊喜。在中阿瓦什地区进行科学发掘的科学家们声称，他们在这里发现的原始人的四肢很强大，下肢比"露西"更长（或者说，与后来发现的沃兰索—米勒标本的下肢差不多）。虽然这些学者没有直接地把四肢的骨骼与颅骨连接成一体，但是他们还是重建了各部分骨骼之间的比例，他们之所以认定惊奇南方古猿是一种新的、更"高级"的南方古猿物种，而且是我们人类所属的智人种的直接祖先（尽管残存于那块上颚骨化石上的牙齿显得很大，而且与哈达尔地区出土的可比标本非常相似），这可能是一个重要原因。不过，这些科学家在宣布这一结论时，给出的正式理由却是，鲍里化石"在正确的时候出现在了正确的地方"，因而很好地扮演了智人种的祖先的角色；而没有考虑解剖学上的特异性——它们是不是能够将鲍里标本与智人的某个祖先的特征一致，比如说，阿法南方古猿。

这些科学家的结论（及其理由）似乎意味着，中阿瓦什地区以某种方式保存了原始人类"稳步进步"过程中的每个阶段的化石证据。这无疑是一幅非常诱人的图景。但是不要忘记，中阿瓦什地区的化石材料的发现者们给出的这种解释，完全是建立在如下这个基本信念的基础上的,那就是,从根本上看,人类演化的故事是一个单线发展的故事。具体地说,这种观念就是:在中阿瓦什地区,存在着人类演化的一个核心系谱,即人类是从原始的地猿开始,通过自然选择由一个物种逐渐转变为下一个物种,直到最终蜕变成"百炼成钢"的智人。在这种视角下,每个化石的"年龄"的意义就显得比它的解剖特征还重要了。这种理论视角虽然也有一定合理性,但是只有当演化过程确实就表现为随着时间推移而相继更替的稳定的物种之链时,这种逻辑才可能成立。读者可能早就了解,这并不是看待演化过程的唯一视角,也无法反映人类演化过程的真实图景。但是,正如我们将在后面的章节中看到的,这种观点在一些古人类学家当中特别有市场。

且不论隐藏在上述结论背后的基本假设究竟是什么,其实中阿瓦什河谷地区真正令人惊奇的发现并不是鲍里标本。一篇考察纪录描述了在鲍里标本的出土处发现的一些哺乳动物的骨头化石,在这些骨头上面可以清楚地看到锋利的石头片留下的切痕。请不要忘记,这一发现比阿瓦什河下游地区的类似发现还要早了整整十年。在 20 世纪下半叶,"人是制造工具的动物"这一观念已经深入人心,对古人类学家也产生了强大的吸引力。许多人都认为,制造工具是一个关键,只有在开始制作石器之后,原始人类才走上了独一无二的演化路径。因此,能够制造工具是人类的定义性属性。20 世纪 70 年代以后,科学家们在肯尼亚和埃塞俄比亚南部的奥莫盆地(Omo Basin)遗址陆续发现了一些"年龄"超过 200 万年的"非常早"的石器;不久之后,"年龄"高达 260 万年的更古老的石器也在相距不远的位于中阿瓦什河谷的戈纳(Gona)被发现了。但是在鲍里标本刚刚出土的时候,那些带着切痕的哺乳动物骨骼是可以证明原始人类使用工具的最古老证据,而且,可以推断,能够做出这种行为(分割哺乳动物尸体)的原始人类应该就是惊奇南方古猿——尽管这种联系并不百分之百确定。既然原始人类在距今超过 200 万年之前就开始制造和使用石器,那么自然也可以推断,早期智人在相同的时间范围内也应该已经开始进行狩猎活动了，这样一些曾经有疑问的化石也可以正式归类为我们人属的早期成员了。但是，对鲍里标本进一步分析表明，这个原始人从解剖学的角度上看还相当原始，因此，对于上述结论，我们必须予以重新考虑。

在鲍里地区没有发现任何真正的石器，但是那些在戈纳发现的石器则类似于人们后来在其他一些地方发现的最简单的属于奥杜瓦伊文化（Oldowan Culture）的旧石器——奥杜瓦伊文化是用最早发现这类石器的坦桑尼亚的奥杜瓦伊峡谷（Olduvai Gorge）来命名的。这种石器的制造方法非常简单：用"石锤"去砸小块砾石（它们通常是纹理细密的火山岩）就行了，如果能够砸出一些边缘锋利、尖端锐利的石片，那就是原始人所用的切割工具了；同时，石核本身也会留下受到冲击的痕迹。另外，为了吃到骨髓，原始人还会用石头等硬物去砸动物的大骨头，这在使骨头断折或粉碎的同时，也会留下痕迹。这两种活动常常被联系到一起。

尽管这些属于奥杜瓦伊文化的"餐具"看上去非常粗糙，但是它们其实非常有效。例如，一些考古学家曾经按照奥杜瓦伊文化的标准技术制造出了一些长一至两英寸的石片工具，然后用它们去屠宰、分割了一整只大象。此外，以下这个事实也可以从另一个侧面证明这些非常简单的工具的有效性：在戈纳时代整整 100 万年之后（如果从迪基卡时代算起，则是差不多 200 万年之后），它们几乎没有出现过任何变化，尽管在这一两百万年的时间内，不少新的原始人类物种"你方唱罢我登场"地来了、又走了。很显然，这是一项相当成功的技术，能够完成需要它完成的一切。

说到底，无论是谁制造了戈纳工具、无论是谁在鲍里（以迪基卡）的那些哺乳动物的骨头上留下了切痕，都不影响这些事件在人类演化历史上的非同寻常的意义。这些化石、石器见证了原始人类生活中的一个革命性的创新行为。在当今世界，有一只名叫坎兹（Kanzi）的倭黑猩猩，它是猿类"语言"实验的明星，也是猿类动物认知能力最杰出的代表，但是，无论怎么教它，都无法让它学会

一件部分复原的属于奥杜瓦伊文化的石器。它包括一块纹理细密的火山岩砾石，以及几块由这块砾石上削下来的尖锐的石片。复制：彼得·琼斯（Peter Jones）；摄影：威拉德·惠特森（Willard Whitson）。

以一个适当的角度、适当的力量去用一块石头砸另一块石头（以便砸出可以当作切割工具使用的石片）。坎兹能够迅速地学会使用这种薄而锋利的石片去割断绑着食物的绳索，但是却永远不能掌握投靠石器的原则。它最终学会的最高技能是：将一块石头用力丢在地上，摔碎它，然后在石头碎片当中找出一块最尖锐的。对于坎兹来说，制造工具不仅会对它的手提出很高的要求，还会对它的大脑和学习能力提出很高的要求。确实，一个人在制作石器的时候，不仅要很好地利用自己的一双手，而且这双手还得有能力精准地握牢要处理的对象。

我们人类的双手本身就是非常理想的操控物体的工具。我们不仅有宽宽的手掌、长长的大拇指，而且能够让大拇指和任何其他手指的指尖准确相扣。这种能力需要调动一系列手掌肌肉，它强调的是微妙精细的动作，而不是力量的强度。相比之下，现代猿类动物的手则显得非常"不成比例"。它们的手长得比人的手窄，拥有强大的肌肉和筋腱，但是目的却在于为弯曲的、长长的手指提供力量——当然，如果你希望自己一生中的大部分时间也是悬挂在树枝上度过的，那么你也肯定会想要这样的一双手。此外，现代猿类动物即使在偶尔来到地面上走动的时候，也倾向于采取指背行走方式——即以手指背面关节着地行走，因此上半身的重量就完全落在了它们屈曲着的手指的外侧面上。这样一来，久而久之，现代猿类的手指的屈（收）肌的筋腱就变得比伸（直）肌的筋腱要短，从而导致它不可能同时伸直自己的手腕和手指。很显然，这样一双严重弯曲的手不可能成为制造工具的理想工具，因为制造工具需要的是手指的精细动作。

那么，那些能够制造工具的早期原始人类究竟为什么能够拥有这样一双可以用来完成这个非同寻常的任务的手？这个问题的答案仍不清楚。从理论上说，人类之所以会失去猿类动物所拥有的那种抓握树枝的"专业技能"，肯定是因为这种发展有一定演化优势。我们已经看到，哈达尔地区出土的那些原始人类的骨骼化石已经很强烈地呈现出了这种发展趋势（尽管手指骨仍然是弯曲的）。对于这些原始人类来说，它们的祖先不是指背行走的动物，这是非常重要的机运。但是毫无疑问，无论这种演化优势（它可以抵消、甚至超过了专门攀树能力的好处）是什么，也不可能体现在制造石器这种能力上，因为据我们所知，这种能力是在南方古猿——以及它们的各种身体特征，包括能够很好地控制手部运动的机能——"就位"很久之后，才出现的。不过，即使我们无法得悉当时的确切情况，我们也还是可以从人类演化历史的这个片段中得出一个非常重要的教训：在你拥有了一个（身体）结构之前，你不可能去利用它。因此，我们平时所说的绝大部分"适应"（"adaptations"）其实都是从功能变异，或者说"扩展适应"（"exaptations"）开始的，这就是说，我们在自己的遗传密码随机改变后所获得的各种功能（特性），只是在后来才被选定为特定的用途的。自然选择并不会把某种新的功能

（特性）集成到现存的功能集当中去——无论这种新功能在理论上看是多么有利。在前面，我们认为，生活在迪基卡的原始人类是用天然裂开的石头"工具"去屠宰动物的。这种解释之所以很有吸引力，原因也就在这里，因为如果不是这样的话，情况就会显得非常奇怪：在介于迪基卡年代与鲍里／戈纳年代之间的漫长地质时间里，怎么没有任何原始人类制造或使用石器的证据呢？

第三章 早期原始人类的生活方式和内心世界

对于早期原始人类来说，离开茂密的"深山老林"来到森林边缘，来到稀疏的林地和灌木林地，无异于下了一个重大的赌注。这个"决定"带来了多重后果。首先，这种"生态转移"不仅必然会导致它们的饮食结构和行动方式发生根本性的改变，而且也会使它们在面临捕食者的威胁时变得更加脆弱。更加重要的是，这个决定还奠定了我们人类的祖先与它们的近亲（古猿）之间几个根本性的差异的基础。当猿类动物"冒险"进入稀树草原环境时，它们采取的是四足着地行走的姿势，而原始人类在应对这种新的挑战时却不仅采取了双足直立行走的姿势，而且还采用了一种全新的饮食策略。随之而来的种种巨变进一步对它们的各个身体系统提出了新的要求。接下来，就让我们来看看它们是怎样进行调整并适应下来的。

如何保证营养充足？

在古人类学领域，一个很难给出准确答案的重要问题是：早期原始人类是怎样适应新的饮食结构的——它们的食物中，显然包括了动物脂肪和蛋白质。即使到了今天，我们人类已经在很大程度上变成了食肉动物，但是我们的消化道（及其消化方式）仍然更接近于我们的素食祖先，而不是那些纯粹的食肉动物。我们的牙齿已经变得相当"小巧玲珑"了，它们更像素食动物的牙齿，强调的是咀嚼研磨功能而不是撕咬切割功能。但是，在某些时候，我们的祖先——这些以素食为主的"双足猿"又会对动物的肉产生极大的兴趣，因为以动物的肉为食物可以带来很大的潜在好处。动物的肉成了一种陌生的"膳食补充剂"，但是要想处理好它，我们的祖先却必须解决好许多新问题。

如果将从动物尸体上取下来的血淋淋的"红肉"直接吃下去，那么早期原始人类就会面临非常严重的消化不良问题。他们不像现代食肉动物那样，胃里充满浓度很高的酸液，能够将骨骼和肌肉组织分解，然后再"交由"短短的肠道吸收营养。一种可能是，我们的祖先会用一些经过多次打制的石核工具不断地敲打"红肉"，以便分解其肌肉组织，令其更加容易消化。另一种可能是，它们会把肌肉组织丢在一边，只吃动物的内脏。我们知道，这种事情确实发生过（至少在非常早期的原始人类那里）：肯尼亚北部出土的一具有170万年历史的骨骼中，出现了严重的因过量摄入维生素 A 而导致的骨头扭曲，而最有可能导致原始人类过量摄入维生素 A 的，只能是吃了大量食肉动物的肝脏。但是，原始人类只对动物内脏有兴趣这种可能性似乎不太大，这不仅仅是因为内脏同样也是食肉动物和食腐动物的首选"美食"（而原始人类往往竞争不过它们），而且还因为现在发现的哺乳动物的骨骼化石上的那些切痕背后的故事。在这些切痕中，至少有一部分肯定是原始人类在从动物四肢的骨头上割取红肉的过程中留下的，因为，如果原始人类只是剖开动物腹腔、取走内脏，那么就不可能留下这类切痕。

还有一种可能性是，原始人类可能会用火把肉烤煮了再吃，这样就更容易消化了。这种观点最近得到了许多人的支持。先烹调一番，当然肯定能使营养物质更容易被胃酶分解（这一点，无论是植物性食物，还是动物性食物，都是一样）；而且已经有证据表明，现代人类如果只吃生冷食物，是很难维持体重（甚至自己的生命）的。不过，这种解释的最大困难在于，现在仍然没有有力的证据可以证明，在距今大约 80 万年以前，原始人类就已经能够很好地控制火了。事实上，现有的证据显示，原始人类是在相当晚近的时期才开始经常用火做饭的。尽管如此，一些权威学者还是强调，距今大约 200 万年以前，原始人类的平均脑容量就开始稳步增长了，而这种情况只有在它们能够获得营养质量远远高于单纯的植物性食物的其他食物（即高脂肪、高蛋白质的动物性食物）时，才有可能发生。

47 大脑是一个"能耗极高"的器官，它所消耗的热量肯定会随着它的体积的增大而增加。在不增加对大脑的能量供应的情况下，你根本无法维持一个更大的大脑。据此，有的学者认为，为了使大脑变得更大，除了原来那些营养价值有限的食物之外，原始人类必须增加其他动物性食物。

　　事实上，种种迹象表明，原始人类"吃肉"的历史其实非常悠久。略显怪异的是，其中一个线索来自对绦虫的研究。作为肠道寄生虫当中的重要一族，绦虫的种类非常多，但是它们有一个特点，那就是特定的绦虫只寄生在特定的宿主身上。在以往，人们一直认为，人类之所以会受绦虫寄生之苦，最早是从他们饲养的牛那里传染过来的（因为他们自己的家离养牛的地方很近），但是，最近在分子水平上进行的研究却表明，人类感染绦虫的历史要比我们原先想象的早很多，科学家们推测，这可能是原始人类与其他一些食肉动物（食腐动物）"共享"羚羊尸体的结果。这些动物可能是狮子、野狗或鬣狗，等等。

　　这一发现也与科学家们根据保存在南方古猿的牙齿和骨骼中的碳的稳定同位素（替代形式）进行的研究所得到的结果一致。设计这些研究是基于这样一个原则："你吃什么，你就是什么。"大多数植物固定大气中的二氧化碳都是通过所谓的 C_3 途径的，由此而导致的一个后果是，吃这些植物的动物的骨骼和牙齿中所包含的碳同位素 ^{13}C 的含量较低。而另外一些种类的植物，其中包括热带稀树草原的草类，固定大气中的二氧化碳时却是通过另一种途径，即所谓的 C_4 途径的，而吃这些植物的动物的消化组织中就会包含更多的 ^{13}C。当吃了不同植物的动物又被其他动物所吃后，相关的生化信号（它可以通过牙齿中的 ^{13}C 含量来测度）也就相应地从食肉动物的猎物身上转移了过来。这样一来，动物的牙齿等组织上的同位素的相对丰度就为我们判断某种动物的食物结构提供了有益的线索——无论它是处于食物链底端的草食动物，还是处于食物链更高位置的食肉动物。

同位素的研究证实了科学家们从行为观察中得到的结论，那就是，今天所有的黑猩猩，甚至是那些生活在空旷的野地的黑猩猩，都仍然以采取"C_3 途径"的森林植物为主要食物。与此相反，南方古猿则在很大程度上显示出了"C_4 途径"的信号；由于原始人类不可能完全靠吃稀树草原上的草维持生命，因此这种信号必定来自它们所吃的食草动物。一般推测，原始人类的"受害者"可能包括蹄兔以及幼年马羚，等等。

当然，这绝不意味着早期原始人类是以动物的肉为主食的。不过，骨骼化石中的同位素信号充分表明，它们已经放弃了它们祖先以森林植物为主的食物结构，成了明显的杂食性动物。所以，除非它们能够饲养成群的牛羊，它们就必须去打猎，或者去寻找动物尸体。而我们知道，饲养牛羊是在智人变成了文化意义上的现代人之后的事情。与早期原始人类同时的黑猩猩偶尔也会"打猎"，但是它们从来不是食腐（肉）的动物。再者，黑猩猩在"打猎"的时候大多会采取合作的方式，而且它们之所以要集体去"杀戮"，最主要的原因似乎是，这种行动有助于加强群体内部的社会纽带，而不是因为这样做可以"改善自己的食物结构"。另外，黑猩猩所猎杀的动物主要包括疣猴、蓝色小羚羊、丛猴（bushbaby）等，这些动物都以森林食物为食，因此黑猩猩的消化组织富含的主要是 C_3 信号。

因此很显然，在南方古猿身上肯定发生过一些与黑猩猩所经历的非常不同的事情。不管南方古猿是在哪里度过自己的一生的，我们都几乎可以肯定，它们是经由远离森林深处的食草动物的肉而获得大部分 C_4 成分。因为南方古猿的体型不大，而且奔跑速度也不快，所以它们非常可能是通过食腐，即从食草动物的尸体中获得 C_4 成分的。但是，在那开阔的草原上，要想食腐也并非易事，原

48

始人类面临着其他动物的残酷竞争。而且更加重要的是，动物死去后，尸体很快就会变质，产生毒素，而现在的任何灵长类动物，包括我们人类在内，都没有任何专门用来解决这个问题的消化器官（但是，"专业"的食腐动物——例如秃鹫——就有）。鲜肉（尸体）一旦开始腐烂分解（在热带地区，最初下手的那位"猎人"离开之后不久，这个过程就会开始），各种病毒、微生物、寄生虫就会大量繁殖，于是腐肉不但很快就会变得难以消化，而且可能会致人死命。所以难怪几乎所有的灵长类动物都不是食腐者。一项以乌干达的黑猩猩为研究对象的研究结果表明，平均而言，一只黑猩猩每年大约会碰到四具新鲜的动物尸体，但是它基本上都会"不屑一顾"，最多只有十分之一去试着品尝一下——或者说，平均来说，一只黑猩猩每两年半才会去碰一次其他动物的尸体。总而言之，对一般的灵长类动物来说，动物尸体并没有多少吸引力。那么，为什么早期原始人类却会"喜欢"食腐呢？这个问题的答案绝不是不言自明的。

无论如何，C_4 信号的存在已经说明了一切：原始人类是会吃动物尸体的。有些学者指出，从早期的原始人类开始花费大量的时间到远离封闭的森林活动那个时候起，它们就成了"窃肉者"了。例如，有迹象表明，自从早期原始人类的活动范围开始扩展到林地和灌木林地之后，它们与豹子之间的关系就变得"异乎寻常地密切"了（在南非出土的一个南方古猿颅骨化石上，豹子牙齿留下的咬痕清晰可见）。豹子非常担心自己已经到手的猎物被其他大型食肉（食腐）动物抢走，当它们在自己的"领地"上巡逻时，经常把猎物藏在高高的树上。南方古猿很可能会利用自己高超的攀树技能，趁豹子离开的时候偷走一些肉。毫无疑问，这种行为风险极高，如果南方古猿能够利用某种工具，快速地从豹子猎物那里切下一大块，并在豹子发现之前逃离，那么肯定有助于它们这种窃肉行动的成功。如果考虑到了这种可能性，也许我们就不会因为发现最早制造石器的并不是我们引以为傲的智人种的某个成员，而是"双足猿"而觉

原始人类与豹子。对于体型矮小、行动缓慢的原始人类来说，在开阔的林地和热带草原上走动无疑是一件危机重重的事情。这幅图描绘了一只豹子咬着一个傍人的脑袋上的情景，它是一位当代艺术家根据南非斯瓦特克朗斯（Swartkrans）出土的一个颅骨化石绘制的。这个化石上面的穿透性孔洞与豹子的犬齿的大小和间距完全匹配。本插图是由戴安娜·塞勒斯根据道格拉斯·古德（Douglas Goode）的蓝图绘制的。

得惊讶了。显然，从这个视角出发，我们可以解释，石器的使用确实能够促成原始人类食物结构的改变，而食物结构的改变则是原始人类以大脑的发展为主要标志的一系列重要发展的基础。而且，这个原始人类"偷肉"的故事也并不意味着所有其他线索的终结；恰恰相反，它打开了新的可能性。

黑猩猩可以告诉我们一些什么？

原始人类使用工具和制造工具的证据汗牛充栋，它们告诉我们，早在距今大约340万年以前（或者，至少在距今大约260万年以前），"双足猿"的智力水平已经远远超过了今天我们所知的任何一种猿类动物。作为最早的石器制造者，这些原始人类不仅自发地"沉迷"于这种需要它们预见到石材裂开方式的活动（这是今天以坎兹为代表的倭黑猩猩根本不可能掌握的），而且还在一定程度上表现出了相当了不起的先见之明，这也是今天的黑猩猩在狩猎活动中不可能具

50

备的。不过，很显然，原始人类在刚刚迈步走出森林的时候，是不可能拥有这些认知能力的；事实上，在那么早的阶段，我们的祖先甚至很可能根本不具备"容纳"这些认知能力的生物结构。我们应该站在更高的角度，更全面、更客观地看待这个问题。为此，我们不妨先看看黑猩猩的情况。首先必须记住，黑猩猩实际上是一种非常复杂的生命形式（对于这一点，我们在本书开头几段中就已经指出过了）。任何一个人，在看着一只黑猩猩时，都不可能完全不在它身上看到他（或她）自己的一些影子，尽管对方能够经历什么、感受什么，我们现在仍然不很清楚。

更能够反映黑猩猩（以及猿类动物）与人类之间的相似性的是它们掌握的"前沿技术"。有一些非常复杂的行为，大家都以为只有我们人类才能做到的行为（因为没有任何这方面的记载），其实黑猩猩同样也能做到。科学家们最近发现的一种行为是，黑猩猩会用尖锐的"木矛"去刺丛猴。不过，也许到了本书与读者见面的那一天，黑猩猩这种一度非常吸引人眼球的行为却已经不再是大家关注和热烈讨论的对象了，因为完全可能有其他更引人注目的行为又被发现了。

黑猩猩掌握了多种多样的简单技术，而且这些技术都能通过"文化"传播——模仿——的形式一代接一代地传下去，或者，至少能够在它们所在的群体内部代代相传。黑猩猩的生活环境非常多样化，它们分布在非洲中部和西部地区，这些地区的自然环境条件相差极大，有的地方是茂密的热带雨林，而有的地方则是点缀着一些树木的大草原。因此，黑猩猩所面对的"环境谱"类似于早期原始人类，不过，黑猩猩与早期原始人类之间存在着一个很大的区别：即使生活在更加干燥、更加开阔的地区，黑猩猩也仍然对食物非常挑剔，它们主要吃水果，而那是主要由森林提供的资源。出产于开阔的草原的植物块茎以及其他更硬、更有韧性的食物，是早期原始人类乐意享用的，但是黑猩猩却对它们没有什么兴趣。不过，从另一个角度来看，黑猩猩对它们周围的潜在可用资源又具有高度的敏感性。

　　在塞内加尔，有一个名叫丰戈利（Fongoli）的地方，那里的环境特点是，一片片树林镶嵌在辽阔的草原上，就像打在一幅画上的马赛克一样。在丰戈利，与黑猩猩比邻而居的是丛猴。这是一种几乎没有任何"防御能力"的小型夜行性灵长类动物，它们白天通常躲藏在深深的树洞里。很显然，丰戈利的黑猩猩把丛猴当成了"美味的小吃"，因为研究人员多次在现场亲眼看见黑猩猩用树枝制造木"矛"，然后将木矛插进树洞里，并且最终刺中了丛猴。这太残忍了。当我得知，黑猩猩这种尝试的成功率很低——每22次只有一次能够成功——时，不禁松了一口气。但是，对于科学家来说，黑猩猩这种行为最令人着迷的一点是，在进行"狩猎"的时候，它们总是遵循一套相同且显然行之有效的程序。（除此之外，另一个有趣的事实是：不仅仅成年雄性黑猩猩，而且成年雌性黑猩猩，以及"仍处于青春期"的黑猩猩都会参加这种"狩猎"活动。）

　　这套过程是这样的：首先，黑猩猩会从树上折下一根树枝；然后，它们把树枝上的小树枝、小枝杈和树叶除去，这样一来，一根木矛的雏形就出现了。（看上去，这与其他种类的黑猩猩在准备用来"钓"土墩白蚁的细枝条工具时采取的方式相同。）通常情况下，黑猩猩还会把木矛上的树皮剥掉，并进行进一步的修整；在某些情况下，这些"制矛专家"还会用自己的牙齿把木矛的顶端咬得更尖。一般来说，这种木矛的长度为18英寸至3英尺长。制成木矛之后，黑猩猩就会将它用力地捅入树洞，然后收回来，用眼睛去看有无血迹，用鼻子去闻有无异味。在研究人员直接观察到的其中一个成功的"狩猎"案例中，那个"仍处于青春期"的雌性黑猩猩猎手并不是直接将丛猴串在木矛上取出树洞的，相反，它在矛尖上看到了猎物的皮肉组织（或者闻到了猎物的气味）之后，就不停地在树枝上蹦来蹦去，将树洞打破，伸手进去掏出了丛猴。狩猎成功后，这只黑猩猩就自个儿把猎物吃光了。在另外两个案例中，研究人员也看到丰戈利的黑猩猩在吃丛猴，但是他们没有直接观察到黑猩猩是用什么方法猎取到丛猴的。这些成功的黑猩猩猎手基本上也是独自一

51

"人"享受它的美味猎物的，尽管雌性成年黑猩猩也有可能会与自己
的年幼女儿分享。

　　黑猩猩使用木矛进行狩猎的娴熟技术在令我们大开眼界的同时，
也令我们惊异不已。同样令人惊异的是，最近的一份研究报告揭示，
这些灵长类动物有破开坚硬的坚果（以便取出里面的果仁）时，会
使用石砧；而且更惊人的是，对散射出去的石头的考古学分析表明，
它们做出这种行为已经至少有 4 300 年的历史了。这也提醒我们，
黑猩猩的行为的灵活性程度之高，几乎令人难以置信。丰戈利的黑
猩猩的狩猎方式完全不同于其他地方的黑猩猩。生活在非洲西部和
东部的密林中的黑猩猩，虽然偶尔也会单独出去狩猎，但是它们通
常是合作捕猎的，而且这种活动发生的频率要比我们以往所认为的
更加高得多。红疣猴是另一种广泛分布在非洲森林的灵长类动物，
然而不幸的是，它们也是黑猩猩的猎物。研究表明，黑猩猩捕猎这
种灵长类动物的频率高达每个月四次到十次，而且它们的成功率也
达到了 50% 左右。不过，这种集体性狩猎活动通常不是事先计划好
的，而是黑猩猩们"见机行事"的结果：基本上都由捕食者和猎物
之间的纯粹偶然的相遇开始。不过，在其他一些情况下，雄性黑猩
猩却似乎是主动地在森林中"巡逻"、"搜索"红疣猴的。狩猎在很
大程度上是雄性个体的追求，而且参与合作狩猎的雄性黑猩猩的数
量越多，狩猎的成功率也往往越高。这是一个非常值得关注的过程。
红疣猴是一种群体性的树栖动物，长年生活在森林内高大的树冠上。
在狩猎活动中，一群黑猩猩会把整群红疣猴都包围起来，其中一些
黑猩猩守在地面上，一些黑猩猩则守在旁边的树上；一些黑猩猩拼
命地追逐着红疣猴，在可能的受害者身后大呼小叫，其他黑猩猩则
密切地注视着，不过很显然，所有黑猩猩都处于高度兴奋的状态。
如果树冠破了，黑猩猩们抓住了一只或几只没命逃窜的红疣猴，那
么它们就算取得了巨大的成功。可怜的受害者会立即被撕成碎片，
成为黑猩猩的口中美餐。所有参加狩猎的黑猩猩都渴望获得自己的
一份。

　　有些黑猩猩群体每年都会分享数百磅红疣猴肉。不过，尽管猴子可能是黑猩猩的一个有价值的食物来源，但是黑猩猩好像并不是特别喜欢吃它们的肉。当这两个物种相遇时，如果旁边就有许多美味多汁的水果，那么黑猩猩就很可能会完全弃红疣猴于不顾，即使是专门出来搜寻食物的雄性黑猩猩也通常会做出这样的选择。这种情况表明，尽管黑猩猩狩猎的频率不算太低，但是狩猎仍然不是黑猩猩的重要"经济活动"。事实上，最近一项旨在对生活在乌干达森林中的黑猩猩的狩猎活动进行评估的研究结果表明，黑猩猩的狩猎活动有很强的季节性，黑猩猩之所以要狩猎，并不是因为它们最喜欢的食物供应不足，需要以此来弥补。其他动物的肉可能是相当好的膳食补充剂，但是它在满足黑猩猩的营养需求时所能起到的作用似乎相当有限。既然如此，黑猩猩为什么还要去狩猎呢？那可是一件相当麻烦、相当劳累的事情。一种可能性是，成功的雄性黑猩猩猎手可以通过让其他黑猩猩分享肉食这种方式获得优先与雌性黑猩猩交配的机会，因而它们将会拥有繁殖优势。但是，这方面的证据并不充分，而且从不同的地方观察到的结果也不尽相同。以科学家们在乌干达森林中观察到的情况来看，一般而言，处于发情期的雌性黑猩猩能够成功地分享到猎物的肉的机会只有三分之一，与其他黑猩猩没有什么区别；而且，当它们真的分到了一杯羹的时候，那也更多地出现在与雄性黑猩猩交配之后，而不是交配之前。而在另一方面，另一项在非洲西部进行的一项研究则表明，从长远来看，雄性黑猩猩在让雌性黑猩猩分享了猎物的肉之后，能够获得更多的资本机会。不过，研究黑猩猩的科学家们最终还是基本上达成了以下共识：黑猩猩捕猎红疣猴至少是为了追求一个更大的社会目标，那就是，通过让大家——其中主要是雄性黑猩猩——共享猎物的肉，来建立和巩固联盟。这种观点应该是言之有理的，因为黑猩猩的社会结构的特点是等级鲜明同时流动性也很高，在某个特定的时间内，一只雄性黑猩猩的社会地位（当然，还有它的繁殖优势）不仅取决于它的力量和"气质"，还取决于它与其他个体结成的联盟的强弱。

53

"双足猿"的行为特征

狩猎是一件事，而制造工具则是另一件事情。在很久远的历史阶段，原始人类就已经开始屠宰动物尸体了，但是，它们所屠宰的动物尸体又是如何获得的呢？而且，最早的石器很明显与后来用来猎杀大型动物的那些"武器"不一致。如果肉类确实在早期原始人类的食物结构中占据了相当重要的位置，那么很可能，绝大多数可以为它们提供肉类的动物都是小动物，是它们可以追到的、堵住的，包括蹄兔以及其他小型脊椎动物（譬如蜥蜴）。另外一种可能则是（暂且先不考虑原始人类鬼鬼祟祟地窃取豹子的猎物这种可能），原始人类可能会通过某种手段，将杀死了猎物的大型肉食动物赶开，然后趁势抢下一些高蛋白的食物。由于早期原始人类的体型较小、缓慢移动，而且外表上看来也不可怕，再考虑到不新鲜的动物尸体可能含有致命的毒素这个事实，那么，要想尽快把大型肉食动物赶走，只有一种可能：原始人类已经学会了准确地投掷重物。

对我们现代人类来说，"投掷"似乎是一个很自然、很容易的动作，棒球等许多运动都以这种动作为基础。但事实上，它却是我们现代人类的另一个非同寻常的特质。今天，我们人类是地球上唯一能够准确投掷重物的"运动员"。骆驼也许有能力将唾沫吐到你的眼睛里，但是却没有能力搬起石头来砸你；黑猩猩的手臂非常有力，但是它们却不能将石头丢到很远的地方，也不能用石头击中任何一个面积小于谷仓大门的目标。在许多常去动物园的观众当中，黑猩猩有着可怕的名声——它们会将自己的粪便丢向人群，但是，它们其实并不拥有可以用于谋生（和逃脱死亡威胁）的精准投掷重物的技能。如果你是一个原始人，并试图通过投掷石块把杀死了猎物的食肉动物赶走，那么这种技能无疑正是你所需要的。古人类学家将原始人类这种行为称为"武力食腐"（power scavenging）。精确投掷不仅要求手和眼睛能够很好地协调起来，还要求投掷者根据自己对情势的直觉评估，将一系列动作连贯而准确地串联起来，然后一口

气完成。从神经——骨肉的协调角度来说，这绝对是一个不小的创举。　55
到目前为止，我们还没有任何直接的证据可以证明，在早期原始人
类制造出了可以当作"导弹"来投掷的石器之前，它们就已经掌握
了这种投掷技能。

　　不过，高度的手眼协调能力是制造石器的一个重要基础；而这
就意味着，尽管这些最早制造石器的原始人类的身材比例不算非常
理想，但是它们应该有可能锻炼出相当出色的投掷技巧，这种能力
至少可以帮助它们偶尔获得些肉食。当然，原始人类不怎么可能依
赖食肉动物杀死的猎物为主要食物来源。如果你是一个原始人，那
么你肯定得有非常强烈的推动力才会采取这种谋生方式。只要回想
一下我们前面讨论过的黑猩猩的食物结构，我们就知道，在一开始
的时候，我们的祖先不太可能是因为迫于饥饿之苦才去找寻肉食的。
不过，我们同样可以看到，一旦它们开始定期地"武力食腐"之后，
它们就可能变得在很大程度上依赖于这种做法。但是，如果它们真
的采取了这种相当危险的觅食方法——我们需要牢记的是，从很早
的时候开始，原始人类就在屠宰大型动物的尸体了，那么这就是一
个强有力的证明，表明原始人类是生活在相当大的群体当中的。这
是因为，如果只有很少几个矮小的原始人去向巨大的狮子、凶猛的
剑齿虎或者成群的大鬣狗零零落落地丢几块石头，那么肯定无济于
事。我们在下文中将会看到，还有其他一些证据也可以表明，早期
原始人类确实是生活在规模庞大的群体当中的。

　　而且，从另一个角度来看，那些被屠宰的动物尸体也可以提供
很多关于这些会制造工具的早期原始人类以及它们所拥有的认知能
力的线索。在早期原始人类活动的东非大裂谷一带，适合制作成石
器的石头并不是随处可见的。有确凿的证据表明，为了保证在宰杀
大型动物的尸体的时候，随时都可以拿到制造工具所需的材料，早
期原始人类随身携带着不少石头。从目前发现的遗迹和化石来看，
当时间的齿轮滑过了距今 200 万年这个整数点之后，以下这种情况
就变得相当常见了：在一具被屠宰的大型动物的骨骼四周，分散着

　　正在屠宰动物尸体的原始人类。这是一幅极具想象力的重建图。在这幅图中，我们看到，一群使用工具的早期原始人类正在距今大约 200 万年以前的非洲大草原上宰杀、分割动物尸体。我们不知道，这些原始人究竟是怎么得到这具哺乳动物的尸体的，但是在图的左侧中上位置，我们看到几位原始人正在投掷石块、挥舞棍棒，试图赶走一群鬣狗，这就表明，原始人类的"武力食腐"是一个充满危险的过程：它们要先把杀死这个哺乳动物的大型食肉动物赶走，然后趁机把猎物的四肢和内部器官割取下来，拿到更安全的地方再食用。安全的避难所可能是由在画中作为它们的背景的浓密森林提供的。同时，在这幅画的右侧中间位置，还有两个原始人在用木棒挖掘地下的块茎。对于那些冒险将自己的活动领域扩展到开阔的大草原的早期原始人类来说，这也是一种重要的食物。图片由 J. H. 马特内斯（J. H. Matternes）提供（© '95 J. H. Matternes）。

许多古老的石器（一些石器甚至还嵌在动物的骨骼当中）。通常而言，这些石器并不是用原始人类屠宰动物的现场或与之相邻近的地方随手可得的石块制作而成的；相反，它们取自远处，最近者也在几英里之外。因此，在这些情况下，制造工具所需要的纹理细密的细粒岩石必定是从相当遥远的地方运过来的。而且，更加重要的是，它们并不是以现在的石器或半成品的形式被带到屠宰现场的。我们之所以知道这一点，是因为我们很清楚，早期原始人类在制造石器的时候，并不是先加工好了一个再加工下一个的。有的时候，一块砾石或卵石可能可以制成两个甚至好多个切割石片，但是在这个过程中，同样也可能出现大量的"碎片"（"debitage"），即没有任何用途的"废品"。考古学家曾经多次将在同一个屠宰现场找到的有用的石片工具和没有用处的碎片重新拼成一块完整的卵石或砾石。这种重建过程非常艰苦，但是也为我们提供了明确的证据，证明这些石头是整块地从其他地方搬过来的，从而也就证明了这些原始人类有非常明确的预期——为了屠宰动物尸体，必须制造出一些工具来。原始人类不可能携带着这些重量不轻的石块走上数英里，却完全不去利用它们。

　　毫无疑问，这种预期和远见，是我们无法在黑猩猩身上观察到的。当然，黑猩猩也会"狩猎"，但是它们通常只是在特定的情境下突然决定进行狩猎活动的，或者说，它们只是一些机会主义者，看到了机会就搞点"美味的点心"吃吃。如果在狩猎时，它们需要某种工具，那么它们也会从现场找到一些材料制造工具。与黑猩猩不同，制造石器的早期原始人类，似乎从一开始就知道自己打算要做什么事情——无论是狩猎，还是"武力食腐"，抑或是其他什么行动。它们还需要知道自己要对付的是什么。此外，原始人类还了解制造工具所用的材料的性质，并知道如何利用材料的特殊性质，而这是黑猩猩不可能做到的。这些事实告诉我们，在某种意义上，早期原始人类已经实现了认知飞跃，不但远远超越了它们生活在上新世的祖先，而且远远超越了现代猿类动物。很显然，在它们生活的时代，会制造工具的南方古猿（以及它们的直接祖先），必定是当时最聪明的动物，而且肯定超出了其他所有动物一大截。

　　可惜的是，我们现在还说不准，这古老的人类祖先是不是像现代人类一样善于合作。（尽管我们可以设想他们是非常擅长合作的生物。）但是，如果你把四百只黑猩猩塞进一架大飞机，然后从纽约飞到东京，那么几乎肯定，等你到了目的地时，这些黑猩猩已经在自相屠杀过程中死伤殆尽了。从任何一个标准来看，黑猩猩都是一种社会性的动物，但是它们的社会性与人类的社会性不同，它们无法在一个像人类社会这样拥挤的世界中生存下来。当然，我们人类之所以具备这种独一无二的社会性，并不是为了应对特别拥挤的现代社会。我们人类的人口爆炸是最近才发生的事情。事实上，或者至少在过去的 200 万年的大部分时间里，存活于世的原始人类的人数一直非常少，人口密度也非常低。那么，我们或许应该到更早的演化阶段去寻找我们人类这种特殊的社会倾向的生物学基础。因此，一个直观的想法是，作为开始，我们可以先分析一下双足直立行走的早期原始人类的生物作用和环境偏好。

早期的社会

在上文中，我们讨论了很多与黑猩猩以及它们的狩猎行为有关的问题。如果我们想以我们（以及我们的祖先）关系最密切的近亲的生活状态为背景，来考虑我们的祖先的生活，那么这种做法——观察这些动物在现实世界中的"所作所为"——的合理性就是毋庸置疑的。另外，特别关注狩猎活动这种研究思路也是深深地植根于古人类学传统中的。事实上，早在 20 世纪 50 年代，雷蒙德·达特（Raymond Dart）在描述第一个南方古猿化石时（实际上，这个于 1925 年被发现的化石是一个不幸死于一只凶猛的老鹰之口的婴儿），就已经夸张地宣称，"人类演化的历史的档案渗透了鲜血，即使是屠夫也会觉得恶心"，它是人类的最早祖先的"嗜血偏好和捕食习惯"的直接反映。

然而，尽管毫无疑问，我们今天身居食物链的顶端，是世界上最高级的捕食者，但是，正如我的同事唐娜·哈特（Donna Hart）和鲍伯·萨斯曼（Bob Sussman）最近强调指出的，在考虑早期人类的演化历史的时候，片面地只看到早期原始人类作为猎人的一面，将是一个极其严重的错误。他们认为，我们的祖先并不是"超级黑猩猩"；而且，黑猩猩虽然是我们在演化上的近亲，但是它们仍然保留了森林动物的所有本能——尽管在某些地方，黑猩猩也会花大量的时间在稀疏的林地和草原活动（例如，生活在丰戈利的黑猩猩）。在哈特和萨斯曼看来，我们的古老祖先与现在的黑猩猩的最根本区别在于，与这些猿类动物不同，它们的生活方式已经发生了彻底的改变，因而能够完全适应并能够利用森林边缘地区和林地的环境。从它们双足直立行走的姿势、它们的牙齿状态、它们的地球化学特征等诸多方面都可以清楚地看到这一点。生态环境变了，原始人类来到了更加开阔的地带生活，这在给它们创造了新的机遇和无穷无尽的可能性的同时，也给它们带来了巨大的直接成本。其中最大的"惩罚"就是，它们变得很容易受到生活在开阔的稀树草原的强大捕食者的伤害。这个全新的因素的重要性怎么强调都不会过分。对于这些体型较小的双足直立行走的原始人来说，在冒险离开了它们祖先的栖息地，踏入了新的环境之后，对它们影响最大的无疑是那些几乎无处不在的食肉动物。

　　这是早期原始人类面临的现实，无法回避的现实。有鉴于此，哈特和萨斯曼认为，我们应该做的，很可能不是从作为我们最密切的近亲的那些猿类动物现在的生存状况中去寻找线索；相反，如果我们仔细观察那些生活环境与我们祖先更加接近的灵长类动物——例如，猕猴和狒狒——应对生存挑战的方式，或许可以得到更多、更好的线索。尽管与黑猩猩相比，这些灵长类动物与南方古猿的"亲缘关系"要更加疏远得多，但是它们在面对不断扩大的新的栖息地时所做出的"生态承诺"却更加相似，更加适应新的生态环境的优点和缺点。诚然，猕猴和狒狒等灵长类动物与人类的共同祖先可能必须追溯到距今大约 2 500 万年以前，但是它们和我们人类都是灵长类动物，基本的生物学结构是相似的，而且所"偏爱"的生态环境也是相似的。此外，化石记录还表明，生活在距今大约 250 万年以前的人类祖先的体型并不比现在（比较大）的狒狒大多少。不过，一个很大的区别是犬齿的形状和大小。特别是雄性狒狒，它们有非常可怕的尖利的上犬齿，这些犬齿的后边缘也极其锋利，这种防卫性的身体特征明显是我们人类的祖先所不具备的。另外，狒狒是四足着地行走的，它们在地面上跑动的速度比双足直立行走的原始人类快得多（事实上，它们的一个近亲——喜欢在地面上行动的赤猴——在需要的时候可以跑出高达每小时 40 英里的速度）。总而言之，南方古猿在开阔地面上活动时显然比猴子更容易受到攻击，因此捕食动物对它们的压力也肯定会更大。

正如你可能已经预料到的，狒狒和猕猴这样至少一部分时间生活在热带稀树草原上的动物，都是杂食性的动物，它们既能利用森林提供的资源，也能利用草原提供的资源——当然，它们还都在一定程度上依赖于水源。不过，尽管它们在白天通常在森林之外的草原活动和觅食，晚上却往往聚集到树上或悬崖峭壁上（以避开肉食动物）。同时，像其他容易受到捕食者伤害的动物一样，它们也生活在规模相当大的群体中，每个群体都有多个雄性个体和雌性个体，而且年龄结构也多种多样。毕竟，群体有了更多的成员，就有了更多的眼睛和耳朵，也就越有可能在很远的地方就能发现捕食者，并及时发出警报。因此毫不奇怪，这些猴子也是相当"吵闹"的。在出去觅食或"闲逛"的时候，它们组成的群体会把雌性成员和年轻成员围在中心，而让年轻雄性个体站在最容易遭到攻击的边缘位置——它们也可以充当哨兵。由于群体规模庞大，所以它们有相当完善的内部等级结构和内部组织体系，群体成员之间的关系也相当

59 复杂。猴群的等级秩序与我们在前面讨论过的黑猩猩的社会等级结构不同。黑猩猩生活的群体缺乏刚性的空间结构，不过虽然是那样，黑猩猩群体内部的个体之间的关系却比猴群还要复杂得多。

现在，我们已经积累了大量的证据（其中，主要是原始人类的断裂的骨骼，以及留在骨骼上面的食肉动物的齿印），它们有力地证明，早期原始人类往往是被捕食的猎物；同时，环境证据以及它们

的体型大小和身体解剖结构也间接地证明了这一点。据此，哈特和萨斯曼合乎情理地得出了这样一个结论：非常早期的原始人类身上所拥有的是作为猎物的那些物种的社会特征（而不是作为猎人的那些物种的社会特征）。因此，我们的祖先不是猎人，而是猎物！哈特和萨斯曼认为，我们现代人类的许多行为仍然反映了这一点。在本书的下文中，我们还会重新回过头来讨论人类的行为模式的代际遗传问题。不过在这里，我们不妨先分析一下哈特和萨斯曼总结的陆生猴子所用的 7 个生存策略，他们认为，那些作为被捕食的对象的脆弱的早期原始人类几乎肯定会利用这些策略：

1. 要生活在一个规模较大的群体中（通常由 25 至 75 个个体组成）。人多势众，或者，团结起来力量大。在现代人类社会中，核心家庭的规模通常很小，根据这种"社会知识"，一般人都会不知不觉地认为（由于可得的人口统计学资料的影响，古人类学家则会自觉地倾向于认为），早期人类群体的规模肯定是相当有限的。正如我们已经看到的，人们曾经把双足直立行走与一夫一妻制结合起来考虑，而且阿法南方古猿男性个体与女性个体在体型上的巨大差距，也"诱使"人们将早期原始人类与当今世界的大猩猩相类比。一个大猩猩群体通常由不足 20 个个体组成，并以一个成年雄性"银背大猩猩"为"领袖"。不过，对于比大猩猩更加"脆弱"得多的被捕食者来说，群体规模显然会更大一些。

2. 要多才多艺，掌握多种技能。永远不要把所有的鸡蛋放在一个篮子里，要利用一切可以利用的资源，适应各种环境条件。我们知道，这条规则也适用于早期原始人类，它们拥有了在地面上双足直立行走的优势，同时又保持了在树上灵活活动的能力。在一定意义上，生活在当今世界的猴子是通过维持较小的体型和身体功能的相对不专业化来实现这个"多专多能"的目标的；类似地，早期原始人类也通过将一系列看似相互矛盾的专门能力结合在一起而实现了同样的目标。现在看来似乎很清楚，原始人类所采取的"鱼和熊掌，定要兼得"的行走策略并不是一种过渡适应（transitional

adaptation），只适用于它们从树上下到地面上来的过程中。恰恰相反，它们一直采取这种策略，繁衍生息了数百万年。事实上，我们现代人类在回溯人类演化历史时所设想的一些"中间状态"在早期原始人类的日常生活中其实必定都发挥着"完整的功能"。早期原始人类的身体形态表明，它们有一种稳定的行走策略——这种策略的组成部分包括便于在陆地行走的腿和骨盆，以及适应树栖生活的肩胛带和手臂——似乎已经很好地适应了它们所在的环境，尽管在地面上行走会带来新的风险。

3. 要让你的社会组织形式保持灵活。能够躲开捕食者当然是一件好事，但是不应该付出把自己饿死的代价。尤其是在热带稀树草原这样的生存环境中，灵长类动物能够得到的各种资源往往分散于各个地方，而很少富集于某个地点。因此，为了更有效地获得稀缺的资源，较大的社会单位（大群体），应该分解成若干较小的群体；而当面临真正的危险的威胁时，各小群体必须能够随时重新凝聚成一个较大的群体。

4 和 5. 要充分发挥雄性（男性）个体的作用。首先，要让任何一个群体中都最少有一个雄性（男性）个体。尽管纯粹从繁殖的角度来看，雄性（男性）的作用似乎远远比不上雌性（女性），但是仍然必须保证任何一个群体在任何时候都有雄性（男性）的存在，即使在以规模较小的小群体形式分散采集的时候也不例外。其次，要让雄性（男性）个体充当哨兵，因为雄性（男性）个体的体形比雌性（女性）个体更大，更有能力阻遏捕食者。在这个方面，直立行走的姿势发挥了很大作用，因为这使它们看起来体型更大了，因此能够阻吓捕食者。同样一个人，在站着的时候，狮子可能不敢侵犯他，但是如果他躺着，却完全有可能引发狮子的攻击。

6. 要仔细选择你睡觉的地点。在晚上，要让整个群体都睡在树木或其他比较安全的地方；在白天，要尽量选择植被比较密集的地方。当需要通过开阔地的时候，要保持尽可能大的群体规模。

7. 一定要聪明些。你观察和理解环境的能力超强，你就会越安全；你们相互之间沟通得越好，你们的群体的所有成员就越有可能有效地避开天敌。原始人类脑容量的显著增加——以及它们的智力水平的显著提高——可能是在它们离开了茂密的森林数百万年之后才发生的，因为那应该是我们现代人类所属的智人种出现之后的事情。但是，最早的双足独立行走的原始人类的行动，以及因此而促成的环境变化，可能是一个至关重要的促成因素（enabling factor），为后来的发展和演化创造了舞台。

当然，上面这 7 个策略肯定还无法刻画出我们的远古祖先作为一种"社会经济造物"的全貌。而且，到目前为止，在上述 7 个策略当中，我们可以肯定我们的远古祖先确实采用过的策略只有其中两个，那就是，保证自己"多才多艺"和把树当成庇护所。余下的那几个策略最多只是一种猜测而已，其依据是相关的动物在类似的环境条件下采取的策略。但是，即便上述 7 个策略无法成为对原始人类的完整的"特性描述"，我们也不得不承认，作为这些策略的基本出发点，如下这个结论还是非常有说服力的：尽管现代人类可能已经成了地球这个星球上最高级的捕食者，但是也许会令人觉得羞耻的是，它们却有一个"极其卑微"的出身——在最初，人类不过是无数食肉动物的"菜单"上的其中一道很受欢迎的"美味"而已。

内心世界

到现在，读者们的脑海中应该已经有了南方古猿的初步印象，尽管整个画面还是朦朦胧胧的、不完整的。南方古猿是一种体型较小的双足直立行走的动物，同时也拥有相当高超的攀树技巧；它们生活于边缘地带，在森林和更加开阔的草原之间来回奔忙；为了寻求保护，它们生活在规模相当大的社会单位（群体）中。它们的社会生活是以密切合作的天赋和一定的社会性倾向为基础的，而这种社会性主要表现在，群体能够容纳不同性别、各种年龄的个体。南方古猿也许是一种相当"饶舌"的动物，它们的词汇表可能已经包括了几十个词语（与现在的猿类动物类似，南方古猿的语言水平可能非常接近现在的猿类动物），每个词语都能表达外界的特定事件、形势或个人内心的情绪状态。我们还可以肯定地说，我们人类的这些远古祖先是无所不吃的杂食动物，能够利用森林和热带草原可以提供的所有食物；在这一点上，它们与今天生活在热带稀树草原的现代猿类动物完全不同，后者无论在哪里活动，都只愿意搜寻森林类的食物资源。这些古老的原始人类至少有一部分时间是待在危险和充满挑战性的开阔环境中的。虽然它们的大脑容量比那些可比的猿类动物大不了多少，但是，自某个特定时刻之后，它们就开始制造石器了，并且会随身携带制造石器所需的材料，这说明它们的认知水平是任何现代猿类动物都无法企及的。它们屠宰动物尸体所用的工具（以及它们肢解后留下来的动物骨骼）为我们提供了第一手的证据，在此基础上，我们猜测它们已经开始享用动物脂肪和动物蛋白质。在利用黑猩猩的行为进行类比分析后，我们还可以提出如下一个相当合理的结论，吃肉（以及分享肉）可能是一种很久以前就存在的固定行为模式。

那么，究竟是什么东西导致早期原始人类出现了智力飞跃，使它们能够制造石器呢？就目前而言，我们还无法给出确切的答案，不过，我们至少可以指出，运动技能与高级认知功能几乎肯定是齐头并进地得到提高的。但是，更重要的可能是以下这一点。第一个石器（石器的制造，被认为是由猿变人的史诗般的演化过程的第一步）是由一种"双足猿"制造出来的，当然，我们对"双足猿"这个术语本身还有所保留，但这不是重点。重点在于，这个事实开创了一种模式，一种我们将在原始人类演化的整个历程中反复看到的模式：（反映新的，更复杂的行为的）新技术的出现，通常并不与新的原始人类物种的出现相关。是的，开始尝试做新的东西的，正是原来的原始人类物种，尽管这些新的东西似乎总是代表着人类认知复杂性的新台阶。

在本书下文中，我们将会详细地分析原始人类的创新模式。但是在这里，我们不妨先试着回答一下如下这个可能相当有趣的问题：现在，我们正在推测，这些"胆大包天的"（它们竟然敢于离开森林！）、体型娇小的（与现代猿类动物相比）的双足直立行走的生灵，对于它们周围的世界——或者，对于它们自己——有什么感受；但是，这种做法本身是不是合适？我们可以根据观察到的东西推断出它们的生活方式（或者，至少是其中的某些特征），但是，它们的内心世界、它们的内在体验真的与我们现代人一样吗？对于这个问题，我们不可能给出确切的答案，但是我们还是可以有所作为的。我们可以通过观察其他现存的生物体、探寻可能存在于我们人类与它们之间的共同之处，以此来设定一条近似的基线，然后再推广到早期原始人类。

我们可以从自我意识入手来讨论这方面的问题。在最宽泛的意义上，任何一个生物体都有"自我意识"——即对"他者 vs. 自己"的某种感觉。从最简单的单细胞生物开始，所有的生物体都拥有一些特定的机制，使它们能够检测到存在于自己周围的实体、发生在自己周围的事件，并做出反应。由此而导致的一个结果是，在某种意义上，任何一个动物都可以说是拥有自我感知能力的，无论它对来自外界的刺激的反应速度是快是慢。然而，在另一方面，人类的自我意识又可以说是我们这个物种特有的。我们人类是通过一种非常特殊的途径和方式感知自我的——据我们目前所知，这种途径和方式在生物界是独一无二的。通常来说，我们每个人都能够将自己概念化并表征为不仅独立于自然，而且独立于所有其他人的对象。我们每个人都能够明确地意识到，我们——以及我们人类中的其他人——都拥有自己的内心世界、享受着自己的内在生命。我们之所以能够掌握这些知识，是因为我们拥有智力资源，这集中体现在我们所采取符号化的认知方式上。"符号化认知"这个术语浓缩了我们所拥有的最重要的心智能力：剖析我们周围的世界，并把它们转化为一个巨大的词汇表（用没有实质形体的符号来表示）。然后，我们

63

就可以根据特定的规则，在我们自己的脑海中利用有限集合的元素组合出无限多种愿景。有了这个"词汇表"和相关的规则，我们就能够针对我们所生活的世界以及我们自己提出各种各样的解释。人类独一无二的自我意识所体现的内在世界的自我表征，就是以这种特征的符号化能力为基础的。

据此，我们可以认为，存在着一个"自我意识"光谱，它的两端分别是"原始的自我意识"和"符号化的自我意识"，这样一来，我们也就可以设想，存在着几近无限的自我认知状态。然而，"非我族类，其心必异"，别的物种的认知状态正是我们人类觉得几乎完全无法想象的几件事情中的其中一件（更不用说去体验或经历别的物种的认知状态了），因此，任何对自我认知的各种"中间状态"——例如，我们人类的远古祖先的自我认知状态——的讨论，必定隐含着巨大的"拟人化"风险。当我们试图去了解其他生物体是对特定情势的理解，或者它们在它们所属的"社会"中的地位的时候，我们往往会将我们自己的结构强加到它们身上。确实，假设属于其他物种的生物看到的、理解的世界在某种程度上和我们的世界是一样的，这确实是一个很大的诱惑。然而，真正的事实是，我们根本不知道、更加无法感觉到，不是智人种的其他任何生物的"主观"感受是怎样的。

人类所拥有的独一无二的符号化认知能力（或"认知风格"）是长期生物历史过程的产物。从一个不会进行符号化的、没有语言能力的远古祖先开始（当然，我们人类的祖先本身也是一个"宏大"的、丰富多彩的演化过程的结果），最后演化出了我们人类这种前所未有的符号化的、会语言的物种，一个拥有完全成熟的、彻底个性化的自我意识的实体。这似乎是一个奇异的事件，一个能够把深刻的认知不连续性桥接、弥合起来的事件。之所以这样说，是因为各种认知状态之间明显存在着质的区别；根据出现在我们现代人类之前的任何认知状态中做出的任何一个合乎情理的预测所能告诉我们的只是，我们之所以相信这种鸿沟必定能够得到弥合的唯一理由是，事实就是如此。而且，由于这种不同寻常的事件不证自明地确实发生了，问题也就变成它是在什么地方、什么时候发生的。不过，要回答这个问题，我们就需要明确我们分析的起点究竟在哪里，而在实践中，这绝不是一件容易的事情，学者们研究自我认知的曲折过程，就足以说明这一点。

早在 19 世纪中期，查尔斯·达尔文就在伦敦动物园进行了一个著名的实验。他在两只黑猩猩之间的地板上放了一面镜子，然后记下猩猩对自己的形象做出的各种反应，但是，他最终却没有得出什么明确的结论。过了差不多一百年之后，认知心理学家戈登·盖洛普（Gordon Gallup）才重新捡起了达尔文的研究思路。在进行了一系列控制条件更加严格的实验后，盖洛普指出，动物的通常反映是，把自己在镜子中的影像当成另一个个体。盖洛普的实验方法与达尔文基本类似：他给两只年青黑猩猩设置了全身镜，并让它们连续很多天对着镜子，自己则躲在一边仔细观察并记录黑猩猩对镜子中反射出来的影像的反应。盖洛普观察到，在这期间，黑猩猩的自我导向的行为倾向明显增强，而它们对镜子中的影像做出的社会性反应则明显下降，这就表明，这些黑猩猩已经逐渐开始认识到，镜子中的影像就是自己。然后，盖洛普把这两只黑猩猩麻醉了，在它们的脸上点上了一些小红点，然后再让它们去照镜子，结果黑猩猩的自我导向行为更加明显，它们针对自己脸上的小红点做出了许多动作（例如，马上就用手去摸自己的脸上的小红点）。作为对照，另外一些同样脸上被点上了小红点但没有"学过"怎样使用镜子的黑猩猩则无法以同样的这种方式对镜中的影像做出反应。这就表明，第一组黑猩猩确实是在训练过程中学会了识别自我的。盖洛普还以猕猴为"被试"进行了同样的实验，结果表明，经过训练的猕猴的反应与经过训练的黑猩猩相反，盖洛普认为，这说明猴子无法像黑猩猩那样学会"自我认知"。

自从盖洛普进行了这项开创性研究之后，"镜子测试"已经成了判断脊椎动物是否具有自我认知能力的标准测试，除了猴子和黑猩猩之外，还有许多其他的动物也接受了这种测试。人类也像黑猩猩一样，需要通过学习才能拥有镜像自我认知（mirror self-recognition）的能力，不过人类的学习能力显然比黑猩猩强得多。不用说，成年人自然知道镜中的那个人是就是自己；事实上，大多数人类婴儿在长大到 18 至 20 个月的时候就拥有了这种能力。通常来说，猿类动物的婴儿的发育速度要比人类婴儿更加快速，但是以盖洛普的原创研究为蓝本的一系列研究的结果表明，黑猩猩在长大到 8 岁之前，是很难学会镜像自我认知的；对于黑猩猩来说，这基本上是一种"成年人"才能拥有的能力。到现在为止，类似的研究已经证明，不仅黑猩猩拥有镜像自我认知能力，而且倭黑猩猩、猩猩和大猩猩等猿类动物也都一样，尽管具体到个体层面，并不是每个个体都能够通过测试。除了人类以及猿类动物之外，其他脊椎动物极少拥有镜像自我认知能力（不过，有迹象表明，大象、海豚以及某些鸟类可能拥有这种能力）；而且，即使当它们偶然能够认出镜子中的自我影像的时候，背后的深层机制也几乎肯定与猿类动物和人类不同。然而，尽管我们基本上可以肯定，镜像自我认知能力代表着某种人类和猿类动物特有的特性，但是不确定性依然存在：镜像自我认知能力测试究竟揭示了什么？或者，准确地说，镜像自我认知这种能力究竟代表了意识的哪些方面？

为此，灵长类动物学家罗宾·赛法斯（Robin Seyfarth）和多萝西·切尼（Dorothy Cheney）开创了另一种研究非人类灵长类动物的自我意识的方法。他们的研究思路的理论基础是心理学家威廉·詹姆斯（William James）对自我意识的如下两个组成部分的区分："精神的"（一个人的"心理能力和特质"），与"社会的"（认识到自己是一个群体的许多不同个体当中的一个）。像人类一样，猴子也是一种社会性很强的动物。赛法斯和切尼观察到的黑长尾猴和狒狒的反应模式表明，它们似乎明白它们在社会等级结构中的地位。他们的研究的基本假设是，在能够表现出对"我"（"I"）的意识之前，灵长类动物是不可能表现出对"他者"（them）的意识的。通过对猴子们对亲属关系、对它们所属的社会等级结构的反应行为的观察，赛法斯和切尼认为，猴子确实能够认识到群体的其他成员也是与自己一样的"个体"，并会以适当的方式对待它们，尊重它们的个性。这似乎表明，猴子在一定程度上拥有了"社会自我"意识。

另一方面，猴子的这种自我意识显然与人类不同。这是因为，虽然它们也能够在复杂的社会环境中做出适当的行为举止，但是很显然，黑长尾猴和狒狒并不知道它们这样做的缘由。用赛法斯和切尼的原话来说，它们自己"不知道它们知道什么，也不能对他们所知的进行反思，同时也无法成为自己关注的对象"。

没有观察者会否认，类人猿的认知能力和行为模式比猴子更加"高级"、更加复杂。但是，两者之间的"差距"到底有多大？现在仍然不清楚，尤其是在自我反思能力这个方面。在实验室环境中，一些猿类动物——例如，我们的好朋友，那只名叫"坎兹"的倭黑猩猩——能够娴熟地运用符号。它们可以听懂人类话语，并准确地做出回应，甚至能够用单词组织成句子；它们还能够熟练地在计算机屏幕上选择的视觉符号。但是，这是否意味着它们也能以同样的方式在"精神上"操纵这些符号，从而形成宾格的自我形象呢？仍然大有疑问。在通常情况下，猿类动物似乎只会一味以"加法"来运用符号，例如，它们能够把一些简短的有特定含义的字词组合起来（譬如把"take"、"red"、"ball"和"outside"这几个单词组合成"take red ball outside"），但是它们无法根据"心理规律"重组形成新的概念；它们的反应，只限于"观察到的"，而无法扩展到"可能的"。因此，黑猩猩处理符号的方式是有内在的缺陷的。只要字词串加长一些，它们组合出来的东西就会变得难以理解，甚至毫无意义。

在几年前，研究黑猩猩认知的杰出学者丹尼尔·普维内利（Daniel Povinelli）曾经指出过，黑猩猩与人类看待世界的方式之间的根本区别在于，人类能够形成关于个人以及他们的动机的抽象概念，但是"黑猩猩在形成它们的社会观念的时候，却只能严格地依赖于'他人'的可观察的特点……［它们］……不知道，除了动作、表情和行为习惯之外，'他人'所包含的东西还有很多。它们无法理解，所有'他人'都有自己的内心世界。"这同时也就意味着，黑猩猩个体对自己也没有这个方面的意识。它们感受到了产生于自己的头脑中的情绪和直觉；它们可能会随这种情绪和直觉行事，也可能会抑制它们，这取决于"社会"环境的要求（或者许可，或者禁止）。但是，正如普维内利所说，它们"不会去推理'他人'所想的、所相信的、所感受的是什么……因为它们从来就没有这种概念。"这个结论似乎完全可以推广到它们有没有自我反思能力的问题上。这是因为，既然黑猩猩缺乏想象"他人"的内心生活的能力，那么它们就很可能同样不具备洞察自己的内部世界的能力。

尽管对"我们"与对"他者"的意识可能存在着深刻的差异，但是这种差异并不一定会导致可观察的行为的根本性的不同。事实上，从行为学的角度来看，黑猩猩的行为与人类的行为在许多时候都惊人地相似。当然，我们不能人为地"拔高"这些相似之处。我们所观察到的黑猩猩与人类之间的行为相似性源于两者极其漫长的共同演化历史，以及因这种"共同经历"而导致的身体结构上的相似性。但是，正如普维内利所指出的，在这些类似的可观察的行为背后的心理过程，无论从形式上看还是从复杂程度上看，都可能是完全不同的。

67   因此，尽管黑猩猩拥有"多方面的才能"，但是它们与人类之间仍然存在着巨大的认知鸿沟。当今世界上，在我们可以研究的所有生物体当中，似乎只有现代人类拥有威廉·詹姆斯所说的"精神自我意识"；其实，甚至连他所说的"社会自我意识"，在人类与非人类灵长类动物之间也显然不可同日而语。然而，尽管现代人类与现代类人猿的认知能力存在着如此巨大的差异，尽管现代人类的祖先与现代猿类动物的祖先在数百万年前分道扬镳以来，已经分别度过了漫长的演化岁月，但是大多数权威古人类学家还是认为，我们在黑猩猩（以及其他现代类人猿）身上观察到的认知能力为我们提供一个合理的近似参照物，它使我们能够推测距今大约 700 万年前的

人类祖先的认知状态。还是用普维内利的话来说吧：我们可以合理
地假设，那些人类的祖先是"聪明的、会思考的动物，它们注意到
了并掌握了它们周围的世界的各种规律。不过……它们不会思考无
法观察的东西：它们还没有产生关于'心智'的观念，也没有形成
'因果关系'概念"。从"人之为人"的标准的角度来看，它们也没
有自我观念。对于我们人类系谱的"认知起点"的这种刻画，看上
去似乎是相当合理的。但是，这样一来，关于这个问题，我们现有
的对不同物种的认知能力的知识，我们就几乎再也"无话可说"了。

　　如果普维内利的刻画是合理的，那么接下来的问题当然是，他
这种刻画到底适用于我们已知的人类祖先当中的哪一个？放开想象
的翅膀，假设我们能够直接观察我们在本书第一章中描述过的那些
非常早的原始人类，我们就会发现，普维内利的刻画似乎已经足够
恰当；而且我们也没有多少理由认为，这种刻画不适用于最早的阿
法南方古猿。不过，如果最早开始制造石器的原始人类确实是阿法
南方古猿（或者别的非常相似的原始人类，从迪基卡以及鲍里出土
的证据来看，应该是阿法南方古猿），我们就必须设法把普维内利的
观点与这些显然已经拥有高级认知能力的最早的石器制造者的表现
调和起来。毫无疑问，这些制造了石器，并用石器去屠宰动物尸体
的早期原始人类已经在用一种全新的方式与它们周围的世界互动了。
我们没有任何理由认定，这种创新不会带来任何内化效果。这样一
来，就出现了一个明显的"不符点"；对此，一个最简单也最可能
成功的解释是，制造石器所需的认知潜力源于基因变异，而这种基
因变异必定涉及新的、完全不同的双足直立行走动物的身体形态；
同时，这种认知潜力已经"潜伏"了相当长的一段时间，直到最终
以制造石器的形式表达出来为止。

　　乍看起来，这似乎是一个相当牵强的"情节"，但是，如果我们
没有忘记，正如我在本书前面已经强调指出过的，任何创新都不是
作为一种适应（adaptation）直接实现的，而只能是作为一种扩展适
应（exaptation）逐渐产生的，而且是事后的选择的结果。在演化历

68

史上，身体方面的扩展适应导致日后出现行为模式飞跃的例子比比皆是，例如，鸟类在学会飞行以前很久就已经拥有了羽毛。类似地，陆生四足动物的祖先也是在海洋环境中生存时就获得了四肢的。

在下文中，我们还会回过头来进一步讨论这个主题，因为在原始人类的演化过程中，创新离不开扩展适应的例子还有很多。但是，与此同时，我们也得保持清醒，知道这个事实，并不能直接增进我们对于早期原始人类感知自己和周围世界的方式的潜在变化过程的理解。虽然这些石器制造者的行动表明，它们已经拥有了洞察潜力最大的改造世界方式的能力——这种改造世界的方式最终将导致一系列惊天动地的后果，但是，我们却无法确切地知道，这种新能力会对它们其他方面的行为和经验产生什么影响（或者说，这种新能力将如何反映在它们其他方面的行为和经验上）。我们所能说的只是，它们正在以前所未有的方式采取行动，这是未来一切变化的基石；但是，我们还无法看到使我们觉得自己与所有生物完全不同的其他属性的证据。

第四章 南方古猿的多样性

如果要讨论南方古猿，那么最好从阿法南方古猿入手，这样做有很多相当合理的原因。其中最主要的一个理由是，阿法南方古猿被广泛认为是更晚一些的各种南方古猿的源头——阿法南方古猿是一种"主干"物种。再者，到目前为止，阿法南方古猿也是"声誉"远高于其他早期原始人类的最知名的原始人种，因此，当我们讨论与南方古猿有关的早期原始人类的生活方式时，阿法南方古猿确实不失为一个完美的代表。但是，我们同样不应该忘记，阿法南方古猿只是生活在距今大约 380 万年至 140 万年前的许多早期原始人类物种当中的其中一个而已。原始人类种群的多样性，与我们在所有成功的哺乳动物种群内部看到的"多元化发展"模式具有一致性。事实上，在进化生物学中，学者们阐述得最充分的其中一种演化现象就是适应辐射（adaptive radiation）：当一个生物体——就像早期的双足直立行走的灵长类动物那样——进入了一个新的适应带（adaptive zone）之后，就会快速繁衍出多个新的物种，这样那个"苦命的冒险家"的后裔就能够发生分化，以充分利用所有提供给它们的新机会。尽管在生物演化的漫长历史上，适应辐射现象屡见不鲜；但是原始人类第一次来到地面上生活之后所发生的一切，却肯定是这种现象的最佳例子之一。黑猩猩可以在森林环境中生活得相当不错，而且能够用略微不同的新方法去利用环境提供给它们的资源，但是它们从来未曾像早期原始人类那样，做出彻底的改变。反过来，这种情况也有助于解释为什么当黑猩猩的活动范围扩大到了

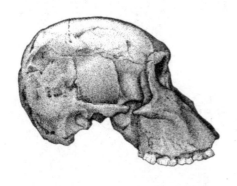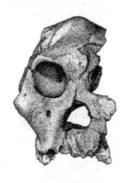

一个较"纤细"的南方古猿的头颅骨。这种南方古猿被称为非洲南方古猿（*Australopithecus africanus*），发现于南非的斯泰克方丹（Sterkfontein）。这个标本的编号是 Sts 71，它大约有 260 万年的历史。本插图由唐·麦格拉纳汉（Don McGranaghan）绘制。

热带稀树草原后，对它们的种群的多样性却没有多少影响——生活在热带草原环境中的黑猩猩仍然与生活在森林中的黑猩猩属于同一个物种。与黑猩猩不同，早期原始人类为了适应地面上的生活（或者，至少是有部分时间在地面上生活），在身体的层面上做出了反应（而没有仅仅局限于在行为的层面上做出反应）。这就打开了机会之门，而且它们也充分地利用了这些新的机会。

最早发现非洲南方古猿化石是在 1924 年，那是在南非高地草原的一个石灰矿中被发现的；从 20 世纪 30 年代后期开始，在相距不远的其他地方也陆陆续续地出土了一些类似的化石。不过很快人们就认识到，这些大脑容量较小的早期原始人类至少可以区分为两个有明显差异的物种。较纤细的化石标本属于所谓的非洲南方古猿或南方古猿非洲种（*Australopithecus africanus*，意为"非洲南部的猿"）；而头骨相对更大一些的标本则属于所谓的粗壮傍人或罗百氏傍人（*Paranthropus robustus*，意为"粗壮的接近于人的古猿"）。这两个物种的大脑容量都比较小，它们的大脑最多只比现代猿类动物大一点点（从容量与体型大小的相对比例来看）。然而，尽管非洲南方古猿的牙齿与阿法南方古猿非常相似，但是粗壮傍人的牙齿则完全不同。粗壮傍人前面的那些门牙较小，这些门牙后面的犬齿也较小；不过，前臼齿和臼齿却是很宽、很平，共同构成了一个令人印象深刻的"相当专业"的研磨机制。用来容纳所有这些牙齿的脸部从前到后的长度相对较短（这是因为门牙没有占用太多的空间的缘故），但是颚骨却显得巨大而坚固，上面长着庞大的臼齿，并且能够吸收它们所产生的应力。粗壮傍人用来牵引下巴的肌肉——咀嚼肌——非常强大，颅骨中线直至头顶出现了一条高高隆起的矢状嵴（sagittal crest）。不难想象，活着的傍人的矢状嵴上必定固定着许多粗大的颞肌，就像我们今天在雄性大猩猩身上观察到的那样。

　　由于这两类标本都缺少颅后骨骼，我们并不知道粗壮傍人的"个头"究竟有多大，但是古人类学界很快就对一个基本的"二分法"达成了基本共识："粗壮"的傍人，以及"纤细"的非洲南方古猿。另外，也没有人知道这些早期的原始人类究竟生活在多久之前，虽然根据共同出土的动物化石，有人猜测"纤细"的非洲南方古猿应该普遍早于"粗壮"的傍人。不过，到了现在，我们大体上已经知道，这些"纤细"的非洲南方古猿大约生活在距今 300 万年前至 200 万年前，而与它们相对"粗壮"的傍人则生活在大约距今 200 万年前至 170 万年前。（最近，考古学家在一个神话般的化石宝库——马拉帕〔Malapa〕——发现了一个新的、在许多方面都更加高级的物种，源泉南方古猿〔Australopithecus sediba，也称"南方古猿源泉种"〕。）

　　我们已经在好几个地方发现了"纤细"的非洲南方古猿化石，在其中的一个化石地点斯泰克方丹（Sterkfontein），有一个发现由于情况实在非常特殊，因此特别值得一提。斯泰克方丹出土的大部分原始人类化石都有大约 250 万年左右的历史，但是在位于发掘现场的地下的一些洞穴内，却发现了许多沉积物，它们的历史很可能远远超过了 300 万年。古人类学家罗恩·克拉克（Ron Clarke）在一堆

71

几十年前从这些洞穴的沉积物中收集来的骨骼化石中四处翻找的时候，发现了几块骨骼化石（踝关节的脚骨的一部分），凭借着自己久经训练的眼睛，他立即认出它们属于某个原始人类。克拉克还注意到，踝关节上部的胫骨碎片看起来相当"新鲜"，因此立即请他的同事斯蒂芬·莫特苏米（Stephen Motsumi）和奎纳·莫莱费（Nkwane Molefe）再次进入那个巨大而幽暗的洞穴，在它灰色的洞壁上寻找横断面与这块骨骼化石相吻合的骨骼化石，这不啻大海捞针。但是，奇迹出现了，这些眼睛锐利得像老鹰一样的搜索者真的在克拉克预测的地方找到了那块骨头。然后，他们就开始了长期的艰苦卓绝的发掘工作，试图把这具骨骼从像岩石一样坚硬的基质中完整地挖掘出来。这具骨骼被称为"小脚丫"，它已经被埋藏在那里超过 300 万年了。直到本书出版时为止，整个发掘过程还没有全部完成。不过，大部分的骨架已经可以看到了，从这些骨骼化石看来，"小脚丫"与斯泰克方丹年代较新的岩层中发现的非洲南方古猿不是很相似，它可能代表着一个新的物种，这个物种可能是另一个同样尚未命名的物种的祖先——这第二个物种是在斯泰克方丹年代较新的存积物中发现的。因此，仅仅在斯泰克方丹这一个地方，我们就发现了足够多的证据，它们证明，仅仅是"纤细"的南方古猿的多样性，就已经远远超出了我们事先的预料。

如果只看"粗壮"的南方古猿和"纤细"的南方古猿的牙齿，你立即就会想到，它们吃的肯定是完全不同的东西。一方面，"纤细"的非洲南方古猿的牙齿看起来可以应付多种多样的食物，就像那些以水果为主食、同时又看到什么就吃什么的机会主义者一样。而这正是你期待从两足动物祖先的近亲那里看到的。另一方面，"粗壮"的南方古猿的牙齿，看起来却像是专门为磨碎坚硬、粗糙的植物性食物而准备的研磨装置，例如根、块茎，以及其他通常会出现在开阔的稀树草原上的可供食用的植物材料。但是，对这些牙齿因咀嚼而磨损的严重程度的研究结果表明，事情可能并不是那么简单。对"纤细"者和"粗壮"者的牙齿表面的磨损状况放大很多倍后，科学家们发现，这两者的食物结构其实存在着很大的重叠。事实上，从整体上看，所有的原始人类食用的东西可能是高度重合的，任何显著的饮食差异只出现在食物特别短缺的那些年份。这就是说，只有在这种食物供给严重不足的情况下，不同种类的原始人才会退而求其次地分别食用不同种类的"后备"食物："粗壮"者吃硬而脆的食物；而"纤细"者则吃韧性更大、产量更高的食物。

碳同位素研究也得出了同样的结论——生活在南非的"粗壮"的原始人类与"纤细"的原始人类平时的饮食结构大致相同。这两类南方古猿的牙齿样本之间确实表现出了许多差异，但是其基本模式却是一样的：都存在着相当强的 C_4 信号。研究人员认为，C_4 信号主要源于诸如蹄兔、蔗鼠、羚羊幼崽等以 C_4 植物为食的动物。不过，它们也不能完全排除这种可能性：部分 C_4 源于原始人类所吃的草（最有可能的是草长在地下的根茎）。有意思的是，虽然众所周知，在南方古猿生存繁衍的那个时期，南非的气候和环境的波动非常剧烈，但是从它们的牙齿化石测量出来的碳同位素比率却没有显示出与这种波动的相关性。因此，这两种南方古猿似乎保持着多样化的饮食结构，尽管它们的栖息地的环境已经发生了重大变化。

所有这一切，都给以下这个假说提供了强烈的支持：绝大多数、甚至所有早期原始人类，之所以能够成功地生存下来，都是因为它们采取了一种"机会主义"策略：它们吃可以吃的一切，而没有把自己限定在特定的食物资源上。仅仅在面临特殊的环境压力时，它们才会依赖与原先的食物明显不同的食物。食物来源的多样性似乎是南方古猿与黑猩猩最重要的区别之一。我们已经看到，黑猩猩一贯非常偏爱来自森林的食物，即使它们的活动范围已经扩展到了稀树草原之后，也是如此。从演化的角度来看，我们在南方古猿身上观察到的食物来源的多样性，对于我们解释同样可以在它们身上观察到的物种多样性的起源，也有重要的意义：在许多情况下，或许我们应该把存在于南方古猿各物种之间的巨大的解剖学差异看成新奇变异固化的结果，而不是长期逐渐调整适应的结果。

斯泰克方丹各发掘点出土的粗糙石器出自距今略少于 200 万年前的原始人类之手；在距离斯泰克方丹不远的斯瓦特克朗斯（Swartkrans），也发现了距今大约 180 万年前的类似的石器。在斯瓦特克朗斯出土的片状石器上，也有一些划痕（在今天，如果你尝试使用类似的随手打制成的石器工具去挖掘植物根和块茎，那么石器上也会出现这种划痕）。在这两个地方还都出土了一些可以归类为人属的化石，许多人认为，他们是上述粗糙石器的制造者的后代。然而，如前所述，来自埃塞俄比亚的其他证据却又证明，无论是"纤细"的南方古猿，还是的"粗壮"的南方古猿，它们制造和使用石器和其他工具的历史至少可以追溯到距今 200 万年以前。这个结论也非常吻合对斯瓦特克朗出土的一些手部骨骼化石的一种解释，即它们几乎可以肯定是属于傍人，从解剖特征来看，这些傍人的手已经具备了相当高超的操控能力。南非出土的"纤细"的南方古猿（除了在马拉帕出土的化石之外）的颅后骨骼特征看起来非常像"露西"。（"粗壮"的南方古猿是不是与"露西"相像？我们拥有的证据太少，无法判断。）从总体上看，在南非各地新发现的南方古猿的特征大致类似于较晚期生活在埃塞俄比亚的阿法南方古猿。

74

东非

南非是全世界第一个比较集中地出土非常早期的原始人类化石的地区。但是，自从 20 世纪 60 年代初以后，南非的风头就被东非抢走了。1959 年，古人类学界的传奇人物路易斯（Louis Leakey）和玛丽·利基（Mary Leakey）宣布，他们在坦桑尼亚的奥杜瓦伊（Olduvai Gorge）峡谷发现了一个头骨化石，它属于一种"超级粗壮"的南方古猿。利基夫妇把这种古猿命名为东非人（Zinjanthropus，"Zinj"是非洲东海岸地区一个阿拉伯人统治的帝国的名称）。这种古猿还有一个更有趣的名字叫"胡桃夹子人"（Nutcracker Man），因为它们的咀嚼齿很平、非常大，相比之下，它们的门齿和犬齿则显得非常小。不过，这个标本最终被归类为鲍氏傍人（*Paranthropus boisei*，"鲍氏"系指利基夫妇的一位赞助者。）鲍氏傍人生活在大约距今180万年前。利基夫妇一直信奉"人是唯一的工具制造者"这种观点，在发现这个标本之前，他们已经在奥杜威搜寻了很多年，也找到了一些原始的石器。路易斯相信，这些原始工具一定是人属的某个早期成员制造出来的。为了找到这个"工具制造者"，利基夫妇已经花了大约30年的时间，在奥杜瓦伊峡谷毒辣辣的太阳底下来回搜索。读者或许会认为，发现了这个原始人类化石之后，他们应该非常高兴，但是事实上，他们有些失望，因为这并不是他们希望找到的"人属"生物的化石。

75

　　不过幸运的是，利基夫妇并没有等待太久。很快地，他们就发现了另一个更有希望的"候选人"，他可能真的就是他们长期搜寻的奥杜瓦伊工具制造者。1961年，路易斯·利基宣布，在奥杜瓦伊峡谷，他们又发现了一个属于更加"纤细"的原始人类的下颚，它生活的地质年代大约与鲍氏傍人差不多。在当时，大多数科学家都注意到，这个标本的牙齿与非洲南方古猿的牙齿惊人地相似；但是

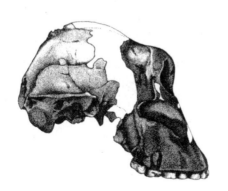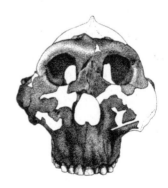

杜威瓦伊原始人类的颅骨（标本编号5）。这个标本又名"东非人"，是鲍氏傍人的一个粗壮个体，发现于坦桑尼亚奥杜瓦伊峡谷，生活在大约180万年前。本图由唐·麦格拉纳汉绘制。

利基不为所动，因为他希望找到的是早期智人。几年后，路易斯和一些同事把这个奥杜瓦伊标本认定为能人（*Homo Habilis*）的模式标本。"能人"的意思是"手巧的人"，很显然，利基夫妇认为它们"心灵手巧，敏捷能干"。这样一来，利基夫妇也就开创了一个"传统"：把东非各地发现的"纤细"的早期人科动物归类为我们人类所属的人属，而不是归类为南方古猿属。不过，这个传统在大约 15 年后就被打破了，因为科学家又在哈达尔和莱托里发现了更早、更强壮的阿法南方古猿。在古人类学的发展历史上，那 15 年堪称发现的"大爆炸期"。

为了尊重上述"传统"，在下面的第五章中，当我们开始分析与人属的起源有关的证据时，我们还会再回过头来讨论这些"纤细"的奥杜瓦伊原始人类和其他类似的化石。在这里，我们继续讨论东非地区的其他发现。事实上，继利基夫妇在奥杜瓦伊发现的那个"粗壮"的南方古猿化石只不过是科学家们陆续在坦桑尼亚、肯尼亚和埃塞俄比亚的多个地方发现的大量同类化石中的第一个。在 20 世纪 60 年代，科学探险家们在相互接壤的埃塞俄比亚南部和肯尼亚北部发现了许多距今大约 260 万年至 150 万年以前的原始人类化石，其中许多都是"超级强壮"的。在这些化石当中，最早的是埃塞俄比亚南部的奥默盆地（Omo Basin）发现的一些非常零碎的骨骼，它们属于生活在距今大约 260 万年至 200 万年以前的原始人类。这些化石尽管很不完整，但是其中的大量颚骨所包含的巨大而扁平的臼齿和细小的门牙与"胡桃夹子人"几乎完全相同，因此通常把这种原始人类归类为鲍氏傍人。不过，其中一块有大约 260 万年历史的没有牙齿的下颚骨，则被认为是属于埃塞俄比亚傍人（*Paranthropus aethiopicus*）的（这是根据它被发现的国家来命名的）。

从 20 世纪 60 年代末期开始，在奥默盆地稍南一点的地方，即在肯尼亚北部的图尔卡纳湖的东部地区，科学家们也发现了一些地质年代略晚的（距今大约 190 万年至 150 万年以前）"粗壮"的南方古猿化石。其中包括一具相当完整、但却没有牙齿的头骨化石。这种原始人类的脸更宽、更短，看起来与生活在奥杜瓦伊地区的强壮的古猿完全不同。不过，从比例来看，这两种古猿的牙齿基本上相同，因此这种古猿也被归类为鲍氏傍人。有意思的是，后来在图尔卡纳湖东部（East Turkana），又出土了一块额骨，它与奥杜瓦伊颅骨标本的对应位置的骨骼，以及肯尼亚发现的同时代的对应位置的骨骼都不相同。所以我们有理由猜测，在距今大约 190 万年以前，可能有不止一种"粗壮"的南方古猿生活在图尔卡纳盆地一带。不过无论如何，可以肯定的是，所有生活在东非这些地区的"超级粗壮"的古猿都拥有同样巨大的臼齿，而最近的同位素分析表明，古猿是用这种牙齿对付大量的低质量的植物性食物的，例如草和莎草。很显然，它们的饮食结构比它们的南非"亲戚"更加单一，因此，它们可能是南方古猿亚科动物普遍的杂食性规律的一个例外。

在图尔卡纳湖东部地区最令人兴奋的发现莫过于 1970 年出土的那块不完整的颅骨化石。与那块没有牙齿的颅骨的主人相比，这块颅骨的主人的身材要小得多，但是它们都属于同一物种。这是男性南方古猿与女性南方古猿之间存在显著的性别差异的有力证据。这个发现也正式一劳永逸地结束了其他分类思路，因为它表明，这里发现的"粗壮"的南方古猿和"纤细"的南方古猿只是同一种原始人类的男性个体和女性个体，女性"粗壮种"长得并不像"纤细种"，而像小一号的男性"粗壮种"。

20 世纪 70 年代，图尔卡纳湖东部地区的发掘工作一直在继续进行，但是到了 20 世纪 80 年代，图尔卡纳盆地考古的重心逐渐转移到了图尔卡纳湖的西边，那里的沉积岩的地质年代略微古老一些。1985 年，科学家们发现了一个后来被称为"黑头骨"的著名颅骨标本。这个标本在许多方面都接近于鲍氏傍人，但是它的脸部相对来说更长一些、轮廓也更凹一些，同时它的脑壳后部则有明显的矢状嵴。对于这个标本，科学家们很快就达成了共识：它源于一种生活时间比鲍氏傍人和南非的粗壮傍人都要更早的原始人类，从而把"粗壮种"的历史进一步往前追溯到了距今大约 250 万年以前。主要

77

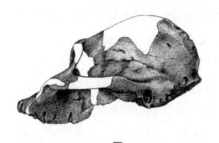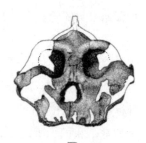

"黑头骨"（标本号 KNW-WT 17000），发现于肯尼亚的洛迈奎（Lomekwi）。这是目前最完整的埃塞俄比亚傍人颅骨化石。埃塞俄比亚傍人生活于距今大约 250 万年以前，是"粗壮"的南方古猿谱系中最早的物种。

是为了方便起见，（在奥默发现了那块下颚骨化石后）这种古猿就被称为埃塞俄比亚傍人了。而在时间轴的另一端，科学家们还在埃塞俄比亚南部一个名叫孔索（Konso）的地方，发现了一个距今大约 140 万年以前的颅骨化石，这是鲍氏傍人当中目前已知的最后一个"幸存者"。事实上，这也是一切南方古猿亚科生物中的最后一个"幸存者"。在那个时候，我们的人属的各物种已经遍布各地了。而事实上，就是在孔索（Konso）这里，也出土了不少只能与智人化石伴生的更先进的石器。

因此，尽管在历史上，对东非和南非发现的考古证据的解释曾经一度截然不同，但是现在看来，它们都是南方古猿勃勃生机的适应辐射图景的组成部分。在这个演化阶段，各种各样的双足直立行走的原始人类物种全都在积极尝试着以各种不同的方式去利用它们祖先留下来的遗产。截至目前，据我们所知，它们的祖先的基本适应模式——体重较轻、能够在树上灵活地移动；体型相当较小、骨盆较宽而腿则比较短；相当灵活的上肢；杂食；大脑容量相对较小，但手已经有点灵巧——仍然延续下来了。即使在石器被发明之后，也是如此。然而，石器的出现毕竟宣告了这些身体上依然保持了许多早期古猿的特点（与我们相比）的生物已经发展出了一种全新的感知和应对世界的方式。它们的策略无论从身体层面，还是从行为层面都非常成功，而且，虽然它们的策略能够填补祖先的森林生活与它们未来对开阔地带的"占领"之间的鸿沟，但是它们所过的生活并不能被描述为这两者之间的一种"过渡"形式。它本身就是一种生活方式。这些原始人类徘徊在我们人类人属各物种即将登上的历史舞台上。不过，南方古猿最终还是不得不屈服于那些与现代人类更接近的近亲。很显然，对于南方古猿来说，早期智人是不可战胜的竞争对手，尽管早期智人所要占据的只是南方古猿已在利用的资源中的一部分。

但是直到这个时候，人类演化过程的完整图景仍然没有呈现出来。2001 年，在内罗毕，肯尼亚国家博物馆的古人类学家们宣布，他们在图尔卡纳湖的西面发现了一个与以前的化石迥然有异的原始人类化石，年代为距今大约 350 万年至 320 万年以前。由于这块颅骨已经破碎，因此复原结果可能会有一些变形，但是尽管如此，我们还是可以清楚地看出，这种原始人类与图尔卡纳盆地任何一种已知的原始人类都不同。他的咀嚼齿覆盖着珐琅质，但是比较小；从颅骨本身来看，他的脸显得相当短，这也是发现者把他命名为肯尼亚平脸人（*Kenyanthropus platyops*）的原因。不过可惜的是，这个标本能够告诉我们的并不太多，尽管发现者认为它与图尔卡纳源东部地区发现的一个历史年代晚得多的颅骨化石有许多类似的地方。后者是一块有 190 万年历史的化石，它有一个平淡无奇的名字——KNM-ER1470，这是它的博物馆目录号。这个原始人类生活在距今大约 190 万年以前，他的脑量稍稍超出了南方古猿的脑量范围。在 20 世纪 70 年代初，这个化石被当作第一块能人颅骨化石，一度名声显赫，因为它似乎能够证实能人这个物种确实曾经存在过（这块化石看起来不像任何已知的南方石古猿化石）。然而不幸的是，这个标本也保存得非常糟糕，人们几乎不知道应该拿它怎么办。在下一章中，我们将更细致地探讨一下与这块化石有关的一些问题；在这里，我只需要指出这一点就足够了：在那个时候，把它归入肯尼亚平脸人无疑是有一定道理的，因为无论是将它归类为南方古猿还是归类为智人，都是不妥当的。

　　显然，在上新世末期，人类演化过程中发生的事情绝对不可能仅仅限于一个核心原始人类种系的逐渐"优化"。我们已经辨识出了很多种生活在上新世末期的南方古猿物种，尤其是其中的源泉南方古猿，它们在许多方面都似乎更加高级，特别是骨盆，已经完全看不出任何横向张开的特征了，而在"露西"身上，这一点却可以看得清清楚楚。源泉南方古猿生活的时候，也是我们所称的人属的第一批成员开始登上历史舞台的时候。无论人属各物种是不是真的配得上"人"这个称号，有一点是毋庸置疑的，从演化的角度来看，这个阶段确实是我们这些祖先"蓬勃发展"的时间。是的，原始人类的舞台上挤满了演员，它们互不相让、各领风骚。然而，不管怎样，我们可以肯定的唯一的事情是，在这场竞争中，南方古猿最终输掉了。

79

第五章　跨出一大步

很久之前，人类就已经把自己称为"人类"了，但是人类是在很晚的历史阶段才隐约地了解到，自己这个物种与自然界之间的联系还可以透过无数早就消失的"中间形式"的物种去观察。而且，在所有现在的生物都是相互联系着的（通过各自的祖先，以及共同祖先）这种观念得到广泛流传之前，人类似乎也没有对"人类"一词下一个精确的定义的紧迫需要。这就是为什么，在查尔斯·达尔文出版《物种的起源》这本划时代巨著一个世纪之前，当伟大的瑞典的博物学家卡尔·林奈（Carolus Linnaeus）决心要用"认识你自己"（"*nosce te ipsum*"）这句箴言来描述"智人种"的原因。林奈创立了我们今天仍在使用的生物分类体系，他最伟大的创新之一是为他命名的每个物种都提供了"诊断性的"体质特征描述。很明显，林奈和他同时代人觉得，我们这个物种与所有其他生物的区别是如此明显，因此根本不需要给出明确的正式描述。谁又能责怪他们呢？在18世纪，动物学仍然基本上处于蒙昧期，为我们人类下一个准确定义根本还不是一个实际意义上的科学问题，尽管哲学家一直都对这个问题感兴趣。

然而，到了今天，情况就全然不同了。因为我们已经知道，尽管我们人类是唯一的现在依然存活于世的"人"，但是我们还有很多"近亲"，它们（他们）接近人类的程度比现在同样生活在我们这个地球上的现代类人猿还要高得多，只不过它们（他们）都已经灭绝了。更重要的是，当我们不断往前追溯的时候，这些"化石近亲"

也越来越不像我们自己了。因此很自然地，这就引起了这样一个重

82 要的问题：我们人类的先驱究竟是在什么时候变成了"人"的。很
显然，这个问题还会导致人们提出另一个问题：它们变成"人"的
时候，究竟哪些东西发生了转变？不过，尽管这些问题都是非常明
显的、必须得到回答的问题，而且在过去一个多世纪以来，也确实
不断有人反复地提出来，但是现在仍然没有找到一个能够令所有人
都满意的答案——或者，甚至可以说，至今仍然没有找到一个能够
令任何一个人满意的答案。从不同的角度，"人"可以指完全不同的
东西，甚至当同一个人处于不同的情境下时也可能如此。举例来说，
我通常会用"人类演化"这个术语去指从人类和现代类人猿的共同
祖先发展到今天的人类的整个历史，在这个语境下，"人类"这个术
语几乎等同于"原始人类"。但是，这是否真的意味着所有的原始
人类都是"人类"呢？显然不一定。以我本人而言，我是非常不愿
意用这个词去指称生活在距今几百万年以前的所有双足直立行走的
"古猿"的。事实上，只要那位于人类演化树最顶端的那个物种，我
才愿意称之为"完整的人"。但是，我这种看法只是无数种意义当中
的一种，其他人有充分的理由不同意。因此，我对"人类"的定义
肯定不是"正式的官方定义"，甚至也算不上普遍接受的定义。在科
学史上，这确实是一个相当引人注目的现象：自从林奈的同时代人
塞缪尔·约翰逊（Samuel Johnson）在他编写的英语字典里把"人类"
定义为"拥有人之为人的品质"的造物以来，差不多两个半世纪过
去了，我们在这方面却几乎没有前进一步。不过，就算是在特别喜
欢争论的古人类学家当中（确实，古人类学家可能是我们这个星球
上最喜欢争论的一群人了），大多数人也广泛认同这样一种观点：有
资格称得上真正意义上的"人类"的最早的生物，必定是我们人属
的化石记录所代表的生物。

　　不幸的是，从根本上看，这一共识对我们解决现实问题帮助不
大。这是因为，人们仍然无法就"人的特质"究竟是什么达成一致
意见，即便是相对简单的用于判断某个化石标本是不是"人"的骨

骷和牙齿的标准，现在也依然悬而未决。这才是关键所在。由此而导致的一个后果是，我们现在对化石的归类相当混乱；某些化石究竟是否应该归入人属，学者们往往莫衷一是。为了更好地理解当前的这种状态，我们需要重新回到一些特定的历史时刻。正如我们在第四章中已经看到的，在 20 世纪 60 年代，路易斯·利基和他的同事们扩展了人属的定义，使之远远超越了原先的"直立人"，将在奥杜瓦伊峡谷底部发现的所有"纤细"的"能人"化石都包括了进来（它们生活的时间大约为距今 180 万年）。虽然被利基和他的同事们确定为能人的模式标本的那个化石的下颚骨与南非出土的"纤细"的南方古猿化石并没有多大区别，但他们还是认为，从当时发现的部分脑壳化石来看，能人的大脑比通常的南方古猿更大一些（尽管能人的脑容量仍然相当小——不足 700 毫升）。此外，利基等人还推测，那块下颚骨与一只不那么完整的脚的化石有关。那显然是一个双足直立行走的动物的脚，它的大脚趾与其他脚趾同向生长，而且有一个相当漂亮的足弓。在当时，除了这个脚化石之外，能够与它媲美的差不多同样古老的原始人类化石还未出土，而且它的特点也非常吻合利基夫妇一直以来坚持的信念，那就是，我们人属的根源在于只能从粗糙的石器出土的那些沉积物中去寻找，因为"人是工具的制造者"。这样一来，人属的形态学频谱就被拉长了，一些非常古老的形态也被包括了进来。

其他的古人类学家花了好几年时间，才逐渐接受了利基夫妇和他们的同事的观点，把古老的奥杜瓦伊原始人也归入了人属。但是，既然他们能够转变心意，认同这种看起来相当奇特的观念，即人属可以包括从现代智人到坦桑尼亚古人类的各种各样的形态，他们也就"顺理成章"地着手把来自非洲其他地方的五花八门的原始人类标本都归入能人了。这个过程开始于 1972 年，当时科学家们在图尔卡纳湖东部地区发现了一个有 190 万年历史的原始人类颅骨化石（标本编号为 KNM-ER1470）。虽然没有牙齿，但是不久之后，它就被誉为保存最完好的能人颅骨化石（到那里为止）。之所以把这个原始人类化石归入人属，很大程度上是因为它的脑容量达到了大约 800 毫升（后来又确定为 750 毫升）。但是，由于这个标本其实仍然是不完整的，因此事实上很难确定它究竟代表哪种原始人类。继 KNM-ER1470 号标本之后，东非地区又发现了一系列原始人类化石。总之，在奥杜瓦伊峡谷和图尔卡纳湖东部地区，甚至在南非发现的许多原始人类化石，尽管它们的颅骨特征和颅后特征彼此之间相距甚远，但是却都被硬塞进了"能人"这个框框。当然，由于将这些化石都包括了进来，人属的"可塑性"就显得更大了。

然而，饶具讽刺意味的是，即便是在这种随意给化石标本归类的倾向变得实在太明显，以至于任何人都可能无法熟视无睹之前，我们的老朋友 KNM-ER1470 却"自身难保"了。尽管这个模式标本是让绝大多数古人类学家把能人的存在当成一种现实接受下来的关键，但它自己却又变成了一个新的物种的"旗手"。20 世纪 80 年代中期，一位俄罗斯古人类学家把这个化石重新命名为鲁道夫猿人（*Pithecanthropus rudolfensis*，奇怪的是，他采用了尤金·杜布瓦的"猿人"这个古老的属名，而没有采用公认的"人属"）。短短几年之

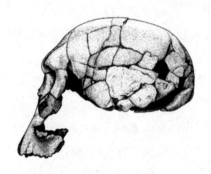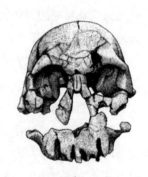

KNM-ER1470 标本的部分头骨，发现于肯尼亚的图尔卡纳湖东部地区，它有大约 190 万年的历史。据称，标本所属的这个原始人类的脑容量达到了 750 毫升，大于典型的南方古猿。它的发现使许多古人类学家相信能人确实是一个真正的物种。本图由唐·麦格拉纳汉绘制。

后，其他古人类学家就广泛使用鲁道夫人（*Homo rudolfensis*，或译为"智人鲁道夫种"）；而且，像"能人"一样，鲁道夫人这个人属的第二个原始物种也很快成了一个"大布袋"，肯尼亚各地，甚至远至马拉维（Malawi）出土的一系列新化石，都被归入了"鲁道夫人"。在这当中，最古老的化石距今大约 250 万年以前，不过大部分化石的年份都在距今大约 200 万年左右，或者还要更加晚近一点。所有这些化石全都非常零碎。

距今 250 万年至 200 万年以前，这个 50 万年的时间似乎非常重要，东非地区发现的许多化石都位于这个时期，或许出于担心能人的队伍"过于拥挤、过于混乱了"（事实上，鲁道夫人也是同样），它们的发现者更喜欢用一个更简单的词，即"早期人属"（Early *Homo*）来指称这些化石。这些化石当中，最古老的化石大约有 250 万年的历史，在迪基卡的惊人发现（上面留有明显的切割痕迹的骨头化石）之前，这个事实也与当时可以证明原始人类已经在使用石器的最早的证据的年代相吻合。而这又有力地支持了"早期人属"和"人是工具制造者"这两个观念。然而，无论怎么说，仅仅根据一些解剖学上的特征，就把这些化石归入我们人属，这种做法总是显得相当牵强。而且，更加重要的是，随着新的化石证据的不断积累，人们终于发现，以这种巧合为基础那种自我实现的预言，已经把许多古人类学家带进了死胡同。

幸运的是，我们不需要再等上 200 万年，才能找到与我们现代人类有许多共同特点、确实可以归入人属的化石。在下文中，我们将会描述一些这样的化石；不过，在这里，我要先指出一个令人不安的事实，即到目前为止，我们还很难确切地判断这些惊人的、新颖的、创新的化石究竟是从哪里来的。这些化石与我们上面讨论过的"早期人属"几乎没有什么关系；同时，虽然我们已经知道，南方古猿种类繁多（并且毫无疑问，最终演化出人属动物的肯定是这些早期的双足行走的动物的某个支系），但是我们仍然无法确定，我们人属究竟起源于何处。用一句话来总结这种状况，就是：在我们现在已经发现的距今大约 200 万年前的所有化石中，没有一个可以作为那极其引人注目的新原始人类的直接祖先的有说服力的候选人。现在我们只能泛泛而谈地下这样一个结论：距今大约 250 万年至 200 万年前的这个时期，是原始人类演化实验蓬勃发展的一个时期。在持续不断地进行的生存实验中，原始人类的各种潜力逐渐发挥出来，并体现在了我们现在所看到的化石的多样性上面。而且，关于这种多样性，我们现在所掌握的，还只能算是冰山一角而已，这当然更进一步增加了不确定性。

这种不确定性的部分原因是证据本身的零碎性。除此之外，另外一个可能的原因是，许多古人类学家普遍不愿意接受（甚至不愿意在原则上同意）这种多样性。而这些古人类学家之所以会表现出这种倾向，其中一个原因是，很难对我们现在所拥有的虽然数量丰富，但却令人沮丧地特别不完全的证据给出合理的解释。从化石样本中梳理出物种的结构，这是古生物学家最基本的科学任务，但是即便化石保存得相当完整，这项任务也极其繁难。当你盯着铺了满满一桌子的化石碎片，最简单、最容易浮现在你的脑海中的工作假说肯定是——它们属于同一个易变的物种。如果是这样，你就不必去判断任何可能的分界线在哪里了。不过，这仅仅是一个因素；在很大程度上，许多古人类学家之所以不愿意去试图理解和接受多样性，原因还在于他们对演化模式的根本判断。要理解近几十年来，在判断某个原始人类化石标本是不是我们人属的成员的时候，古人类学家为什么倾向于采取这种不同寻常的包容态度，我们需要先回顾一下历史。

在第二次世界大战以前的半个世纪中，古人类学在很大程度上是人类解剖学家主导的一个领域，这些科学家接受的训练主要是如何识别人类身体的最细微变化，他们不需要直接面对其他博物学家不得不面对的物种多样性的挑战。这个学科这种独特的发展历史带来的一个副产品是，在那个时期，很少有古人类学家拥有系统的关于人类演化过程的知识，他们还很少有人曾经接受过专门的训练，洞悉命名一个新物种所必需的程序和要求。这样一来，就出现这样一种状况：对新出土的原始人类的化石，古人类学家们几乎可以完全"自由"地来描述它们的属和种，似乎每一个新化石一出现，就必须立即让它"受洗"，让它拥有自己的属名和种名一样——就像在西方，每个人都拥有家族的名字（姓）和自己的名字（名）。到了第二次世界大战爆发的时候，古人类学家经常使用的人科属名至少达到了 15 个，而他们使用的种名就更加数不胜数了；而事实上，当时所有的原始人类化石的总数并不大。

从长远来看，这种状况是注定不可能一直维持下去的。特别是，当综合进化论（Evolutionary Synthesis）运动兴起之后，很快就得到了演化生物学领域大部分学者的坚定支持，这样一来，上述"乱象"就更加没有"可持续性"了。综合进化论统合了遗传学、系统分类学和古生物学等多门学科，而在以往，这些学科对演化过程的解释是全然不同的。一方面，综合进化论强调种群内部的变异和现存的物种的重要性；另一方面，它又强调演化过程的基本连续性。根据综合进化论，生物的演化谱系的分裂是可能的。（如果从来不会出现这种分裂，那么我们今天所看到的大自然的极度丰富的多样性就永远不可能实现。）但是与此同时，综合进化论也强调，演化意义上的变化是在"自然选择之手"的指导下，发生在现有的演化谱系内部的基因频率缓慢改变的结果。因此，从综合进化论的视角出发，所谓"物种"，其实只是不断变化的演化谱系的一个"任意区分"出来的片段而已，它只是一个暂时性的单元，在任何一个时间点上都有很大的可变性。而且，根据综合进化论，任何一个物种，都有望经过缓慢的演化而变成灭亡——即变成别的什么物种。放在 20 世纪 20 年代后期至 40 年代中期那个特殊的时代背景下，综合进化论传递的渐变论信息非常引人注目，而且显得特别有说服力，因此在英语世界里，它很快就成了演化生物学的中心范式。事实上，由于古人类学发展历史的特殊性，可以说它是抵抗综合进化论的最后一个堡垒，但是这种抵抗并没能坚持多久。

综合进化论最有影响的倡导者和"设计师"可能是遗传学家狄奥多西·杜布赞斯基（Theodosius Dobzhansky）。1944年，杜布赞斯基宣称，从化石证据判断，在任何一个给定的时间点上，从来没有超过一个（高度可变）原始人类物种同时存在过。1950年，在长岛冷泉港实验室（Cold Spring Harbor Laboratory）举行的一次非常有影响的会议上，杜布赞斯基的同事、鸟类学家恩斯特·迈尔（Ernst Mayr）也加入了他的阵营，而且对杜布赞斯基的命题做了进一步的发挥。迈尔认为，文化极大地拓展了人类的生态位（ecological niche），以至于我们可以在理论上断定，在任何一个时间点上，永远只可能存在一个人类物种。值得注意的是，在这一点上，对于那些试图讲述人类演化的故事的人来说（他们也恰好是当今世界上唯一仍然存活着的"人类"的成员），迈尔的观点构成了一个直觉上非常有吸引力的命题。在揭示人类演化的故事的奥秘的时候，应该将我们人类这个物种投射回过去，这种思路确实有某种内在的吸引力，因为我们愿意相信，人类就像一些传说中的史诗英雄一样，一心一意地挣扎着摆脱了原始性，一步步地走向了完美的顶峰。

虽然他很可能一生中都从来没有见过一块原始人类化石，但是迈尔却毅然决然地把所有使原始人类化石记录看上去显得杂乱无章的属名，统统缩减为一个：人属。而且更加重要的是，他还把人属下面的物种也缩减到了三个。这样一来，就形成了一个单一的承继序列：特兰斯瓦人（*Homo transvaalensis*，又称"人属特兰斯瓦种"，就是南方古猿）演化出了一个过渡性的物种（即我们所称的直立人），并最终转化为智人（其中甚至也包括尼安德特人）。迈尔在冷泉港发表的这番言论就像一个重磅炸弹，极大地震动了整个古人类学界。没过多久，由于新发现了"粗壮"的南方古猿化石，迈尔被迫承认，除了原始人类演化的主流之上，确实有可能存在至少一个旁支。尽管如此，迈尔针对原始人类化石记录的"简约主义原则"仍然继续主导了古人类学界整整几十年。稍显悖谬的是，综合进化论之所以能在突然之间就完全支配古人类学，也许正是因为古人类

学家在此之前从来没有真正重视过演化论的结果。迈尔的"告诫" 88
事实上已经成了一种禁忌，它对古人类学的影响是如此之大，以至
于在整个 20 世纪 50 年代和 60 年代，许多古人类学家甚至根本不敢
根据通常的动物命名规则来命名自己发现的化石（而宁愿采用化石
发现地的地名）。因为，这样一来，他们就不会被同行指责"对生物
学的了解不够全面了"。

随着时间的流逝，这种状况逐渐得到了改变，最后，古人类学
家又能自信地使用动物学名称了，但是，就在这个时候，又兴起了
一股分类学包容主义（taxonomic inclusiveness）风潮。古人类学家
的主流倾向似乎又变成了：即使我们要使用动物学名称，也要尽可
能地少用一些。而且，即使在层出不穷的新化石使任何人都无法忽
视原始人类的多样性的情况下，大多数古人类学家也仍然摆出了一
个"誓将简约主义进行到底"的姿态，并且在这样的氛围下培养出
了下一代古人类学家（在今天，他们已经成了这个领域的"领军人
物"）。当然，古人类学家也不是傻子，他们当中没有人会公开否认，
人类演化树看起来更像是一丛枝杈纵横的灌木，而不像一株苗条挺
直的向日葵。而且，更加重要的是，学界已经广泛接受了历史上曾
经存在过大量原始人类物种的事实（请参阅本书第二章的插图）。然
而，尽管古人类学家普遍同意，演化过程非常复杂，绝非仅仅限于
自然选择条件下的简单的种系内修正，但是，由于渐进主义心态作
怪，除非迫不得已，很多古人类学家仍然不愿意承认人类演化树上
的分支不止一个。也许，只有当这种不情愿的情绪消退之后，我们
的很多古人类学家才能够以更加现实主义的眼光去看待"早期人属"
化石的多样性，并在它们当中找到我们人属真正的源头。

尽管我们至今才刚刚在这个方向上起步，不过，值得欣慰的是，
我们确实已经走出了重要的每一步。1999 年，英国古人类学家伯纳
德·伍德（Bernard Wood）和马克·科拉德（Mark Collard）在对他
们的同行以往将各种非常早期的原始人类化石归入人属时所依据的
标准进行了全面分析之后，很快就得出了一个结论：这些标准都是

有缺陷的。他们没有过多地纠缠已经被前人归入我们人属的那些化石本身的"质量"，更加没有像路易斯·利基和他的后继者那样，为将这些化石归入人属的做法提供合理化解释；恰恰相反，伯纳德·伍德和马克·科拉德决定从另一端，即从人属最关键的物种智人着手，从内向外扩展，确定早期人类化石是否可以归入人属的标准。他们

89 最终得出的结论是，任何一种原始人类，要想成为从形态学的角度来看内在一致的人属的一个成员，都必须符合一套标准（包括体型大小和身体形态方面的要求，还包括更短、更小的下颚和牙齿，以及更长的发育成熟时间，等等）。根据这套标准，所有的南方古猿全都被排除在了人属之外。更加重要的是，根据这套标准，所有以往被归入了能人、鲁道夫人和其他"早期人属"的原始人类化石也全都被排除在外了。

然而不幸的是，伍德和科拉德又建议，所有这些被"开除出人属"的化石都应该归入南方古猿属，这样一来，南方古猿属就比以前更加"拥挤"、更加"凌乱"了。不过，这种情况后来在一定程度上得到了改善，因为两三年之后，米芙·利基（Meave Leakey）和她的同事建议，把 KNM-ER1470 归入一个新的属，即肯尼亚平脸人（Kenyanthropus）；他们还进一步把所有鲁道夫人也归入了肯尼亚平脸人属，理由是从脸部来看，它们与图尔卡纳湖西部出土的头骨化石很相似。以这种方式直接创设一个新的属名（而不仅仅限于创设一个新的物种名），对于古人类学家来说，无疑是勇敢的一步，特别是考虑到这个事实：他们所依据的模式标本远远称不上完整。但这确实是非常必要的一步，如果幸运女神眷顾的话，它甚至可能预示着未来的研究人员都会在给原始人类分类时采取更加现实的方法。同时，将相当一部分化石从人属这个"乾坤袋"中清理出去后，我们人属的概念也可以变得更加清晰、更加"整洁"，尽管目前的"人属"依然涵盖了很长的历史时期和非常多的具体形态。

"全职"的双足直立行走动物

　　1894 年，尤金·杜布瓦描述过一种古老的原始人类，直立（爪哇）猿人（即现在的直立人）。这种原始人类的化石是在爪哇的特里尼尔（Trinil）发现的。在发掘现场，尤金·杜布瓦就很清楚，那是集中了很多古老的动物的化石，它们来源于不同的种，甚至来源于不同的属，而且其中有一些是现在已经灭绝了的动物。至于他所说的这种原始人类（爪哇猿人）本身，则只有几个牙齿、一块颅骨和一些大腿骨而已。事实上，时至今日，古人类学家还在争论，那些大腿骨和那片看上去更加原始一些的颅骨之间是否真的存在着某种关联。这块颅骨看起来长而低平，根据估计，它所包含的大脑的体积大约为 950 立方厘米。它的形状让我们想起多年之后出现在地球上的尼安德特人。在爪哇猿人被发现之前，尼安德特人是人类唯一已知的已经灭绝的原始人类，不过，爪哇猿人的脑容量比尼安德特人小得多。尼安德特人有一个硕大的脑袋，他们脑容量与现代人不相上下，或者，甚至比我们还要更大一些（我们现代人类的脑容量的平均值大约为 1 350 毫升）。这块颅骨与现代人明显不同，在前面，它的眉骨非常强大，突出在（已经失踪不见的）眼窝上面；而在后面，则呈现出了一个独特的坡度。相比之下，这些腿骨则非常类似于人类，明显呈现出了直立的姿势，这也正是杜布瓦将这个物种命名为"直立猿人"的原因。

　　利用先进的年代测定技术，我们断定，特里尼尔出土的化石大约有 170 万年历史，在爪哇其他地区的后续考古发现表明，特里尼尔直立人属于一个地方性的原始人类种群，著名的北京人（Peking Man），也是其中的一个支系。这个地方性的原始人类种群繁衍生息于距今 180 万年至 40 万年以前之间，他们生活在亚洲东部，一度变得非常"强盛"。虽然不同的群体留下来的化石标本有一些不同，但是把他们全部纳入直立人的范围似乎是一个合乎情理的做法，因为他们都有共同的地域特征，与同一时期生活在非洲和欧洲的其他原始人类有明显的差异。

尽管如此，恩斯特·迈尔还是坚持认为直立人只是一个过渡物种，是从南方古猿到智人的不间断的演化过程中的一个中间阶段的产物。许多古人类学家也都同意他这种说法。由此而导致的一个后果是，地质年代介于距今 190 万年至 40 万年之前的五花八门的原始人类化石都被归入了这个物种。但是，这种归类方法的主要根据是这些化石的时间，即它们都是所谓的"中间阶段"的产物，而不是它们自身的具体性质（它们实际上是什么样子的？）。虽然现在人们普遍认为，在欧洲并没有出现过"直立人"，但是许多科学家仍然喜欢用"早期非洲直立人"这个术语来指称一些早期原始人类化石。这种做法很可能会导致"直立人"的概念超出合理的限度。事实上，这些早期的非洲原始人类早就有了一个更好的名字，就是匠人（*Homo ergaster*）。匠人的字面含义就是"工作的人"，是恩格斯所说的能够制造工具的人。匠人的模式标本是 1975 年于图尔卡纳湖东部地区发现的一个距今大约 150 万年前的下颌骨化石。说实在的，即便是匠人，其实也是由一系列相当多样化的分支组成的；但是它的成员们似乎确实属于一个形态和特征相当一致的更大的群体。从我们现在已经了解到的具体细节来看，把它们归入到匠人这个物种中是有理由的。

"图尔卡纳男孩"

直到 20 世纪 80 年代中期以前，一个标本编号为 KNM-ER3733 的颅骨化石一直是匠人的标志。这个模式标本是 1975 年在图尔卡纳湖东部地区的一个具有 180 万年历史的沉积带中被发现的。尽管这个化石也相当古老，但是却与当时人们所知的所有更早的原始人类化石都不相似。虽然位于略微有些膨胀的颅骨前部的脸的轮廓仍然非常粗犷，但是已经不像类人猿那样强烈向前突出了。而且，这种原始人类已经拥有了一个有点隆起的鼻子，因此他们的脸部中间不再是扁平的一块了，从而明显区别于现代类人猿和南方古猿。从这个颅骨化石的颅顶来看，这种原始人类的脑容量大约为850毫升，这远远大于以 KNM-ER1470 号标本为模式标本的肯尼亚平脸人的脑容量，与更晚期的特里尼尔标本相比，也相差不远。总之，KNM-ER3733 号标本有一个以往的标本完全不同的物质：它是第一个预示着未来（而不是让人回想起过去）的原始人类颅骨标本。这个标本代表的原始人类可不可以归入人属，这至少是一个值得认真考虑的问题。KNM-ER3733 号标本虽然是一个颅骨标本，但是却只有一颗牙齿，不过这无伤大雅。将这个标本与图尔卡纳湖东部地区出土的距今大约 180 万年以前的其他头骨和牙齿化石结合起来考虑，我们就可以清楚地看到，在那个时期，东非原始人类的演化已经进入了一个全新的稳定期。许多古人类学家认为，原始人类已经"成功升级"了。直立人也属于这个舞台。

不过，直到1984年以前，与以往的原始人类相比，这个"新等级"究竟有哪些与众不同之处仍然不甚清晰。1984年，科学家们在图尔卡纳湖西部地区发现了一具相当完整的少年男子的骨骼化石，它的标本编号是 KNM-WT15000，不过它的另一个名字——"图尔卡纳男孩"（"Turkana Boy"）更加广为人知。在这个伟大发现之前，图尔卡纳湖东部地区已经出土了相当多的原始人类的颅后骨骼化石，但是除了一个明显病态的不完整的骨架之外，所有在图尔卡纳湖东部地区发现的化石都是相互独立的，科学家们无法确定，它们究竟属于哪一种原始人类。而 KNM-WT15000 号标本则是一个几乎完整的骨架。那是一个生活在距今大约 160 万年前的不幸的男孩，他在未成年前就死去了，脸朝下躺在了湖边沼泽地里。然而，对我们来说幸运的是，他的遗体很快就被松软的沉积物覆盖起来了，因此没有遭到食腐者的破坏。对于古人类学家来说，这个标本绝对是一个富矿。有史以来第一次，一个几乎完好无缺的匠人化石呈现在了人们面前，默默地诉说着他们的故事。

不过，也有一个小小的不便之处。因为"图尔卡纳男孩"是在　92

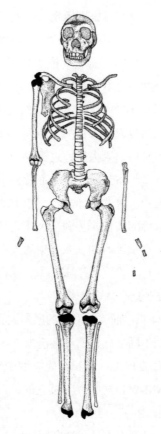

　　KNM-WT 15000 号标本（"图尔卡纳男孩"）的骨架。这个标本是在肯尼亚北部的纳利奥克托米（Nariokotome）发现的。这个男孩大约生活在距今 160 万年以前。该标本是目前为止发现的唯一一基本完整的东非匠人骨架。从标本来看，虽然这个男孩的大脑容量并不算很大，但是他的身体各部分的比例却非常适中，与现代人类基本一致。本图由唐·麦格拉纳汉绘制。

　　长大成人之前就不幸去世的，这就给我们重建成年匠人的日常生活带来了一些困难。就现代人类而言，孩子成长和发育成熟的速度非常缓慢（与现代猿类动物及南方古猿相比）；此外，他们还会经历一个"青春期急速发育期"，这个发育阶段恰恰开始于"图尔卡纳男

孩"去世的年龄。现在一般估计，"图尔卡纳男孩"是在长到了大约
5英尺3英寸高的时候突然去世的，而且，如果他的生长发育过程
与现代人类差不多，那么他最终长大成人时，身高应该会达到大约
6英尺1英寸左右。因此，"图尔卡纳男孩"成年之后，很可能是一 93
个身材高挑、稍显瘦削的男子，体重大约为150磅左右，这个形象
与他的祖先——身材矮小但体型敦实的双足猿——完全不同。

　　但是另一方面，"图尔卡纳男孩"的不成熟，也给我们进行科学
研究带来了一个重大的好处。我们从标本中可以清楚地看出来，这
个男孩的发育过程也与我们现代人类有所不同。从他的牙齿的完整
程度，以及他的骨骼之间的接合程度来看，他所处的发育阶段似乎
类似于一个12岁的现代男孩。但是，如果将他的牙齿放到高倍显微
镜下，仔细观察它们的微观增量，就可以发现他实际上只活了大约
八年。因此很显然，"图尔卡纳男孩"的发育速度非常快，而且更接
近于现代猿类动物而不是现代人类（尽管已经开始向更接近于人类
的方向调整了，或者说，他的发育速度已经比现代猿类动物慢不少
了）。而这反过来也就意味着，当他死去的时候，"图尔卡纳男孩"
的发育过程大部分都已经完成了。因此，即使他健健康康地活到成
年，他的身高也很可能达不到6英尺。

　　当然，大多数现代人成年后的身高也达不到6英尺。不过，即
使我们不考虑发育速度这个问题，"图尔卡纳男孩"也非常值得我们
关注。事实上他最显著的一个特点是，他的整个骨架与"露西"以
及其他双足猿形成了鲜明的对比。"图尔卡纳男孩"之所以显得身材
高大，很大一个原因是他有一双"长腿"。他的腿长与身高的比例已
经接近了我们现代人类。当然，"图尔卡纳男孩"身上仍然存在着一
些令我们想起更早的双足猿的东西，但是从根本上看，他的身体结
构与我们现代人类的距离已经不是非常大了，尤其是脖子以下的部
分。通过"图尔卡纳男孩"，我们看到了一个适应了热带稀树草原的
原始人，他已经离开了森林提供的天然庇护所，大步走在了辽阔的
土地上。双足猿似乎既想获得稀树草原上的食物，又不放弃森林，

因此它们的骨骼结构隐含了因"鱼和熊掌兼得"而导致的含糊性。但是"图尔卡纳男孩"则完全不同。他是一个"全职"的双足直立行走者，而不是像双足猿那样，有时在地面上双足直立行走，有时又回到森林过树栖生活。他的身体，就是一个将双足直立行走当作自己的生活方式的人的身体，而不是一只把直立行走当成一个可选的行动方式的双足猿的身体。

换言之，"图尔卡纳男孩"以及其他与他相似的原始人类已经把稀树草原当成自己的家园了。在距今大约 160 万年以前，草原已经遍布非洲各地；而且这些辽阔的、类似于今天位于坦桑尼亚北部的塞伦盖蒂草原（Serengeti）的稀树草原的基本形貌，在未来几十万年时间内都不会出现明显的改变。这些匠人生活的环境在很大程度上仍然与过去类似，即仍然是马赛克式的，面积或大或小的草原之间点缀着成片的或零星的树林。在洼地上以及河道两边，也分布着一些真正意义上的森林；而在湖泊的边上，则会出现湿地或沼泽94（"图尔卡纳男孩"就是死在一块沼泽地上的）。尽管环境变化不是太大，但是"图尔卡纳男孩"化石表明，匠人肯定采取了全新的利用环境的方法，其重心则放在了更加开放的草原地带能够提供的资源上面。

"图尔卡纳男孩"的骨骼表明，匠人确实已经"义无反顾"地放弃了森林。例如，"露西"身上"过分"宽阔的骨盆已经消失不见了，取而代之的是一双更长的腿。"露西"需要一个更宽阔的骨盆，因为当她每次摆脚向前时，骨盆的水平旋转可以防止她的身体重心过度下沉；有了一双长腿之后，"图尔卡纳男孩"就可以通过另一种方式实现同样的目的。与我们现代人类相比，"图尔卡纳男孩"的胳膊显得稍长了一些，但是与现代猿类动物相比，却要短得多了。就像你和我一样，"图尔卡纳男孩"两只手臂的上端也很完美地融入了肩膀，他的肩关节是正面向外的，而不是像猿类动物那样正面向上的。不过与此同时，它也比我们更加朝前倾，有的科学家据此认为，"图尔卡纳男孩"的投掷能力可能会比我们弱一些。可惜的是，这个骨架几乎没有包括手部或脚部的骨骼。然而不管怎样，像"图尔卡纳男孩"这样的、生活在距今大约 150 万年以前的原始人已经开始大步行走在图尔卡纳盆地上，这个事实是毋庸置疑的。近来，在图尔卡纳湖东岸地区，还发现一些原始人类留下的大脚印，它们证实，那些原始人类的步态、步幅，以及他们的足部解剖结构，都已经与现代人类基本相同了。

剧烈的变化

"图尔卡纳男孩""全新"的骨骼结构和身体形态表明，在成为"完全的人类"的道路上，匠人已经迈出了一大步。而且，无论这一步是如何走出去的，从更早时期的化石记录出发，我们都不可能预料到原始人类能够成功地做到这一点。这是因为，正如我在本书前面的章节中已经暗示过的，没有任何化石证据可以证明，在南方古猿或"早期人属"与"图尔卡纳男孩"之间，存在着某种过渡性的"中间物种"。"图尔卡纳男孩"完全不符合"预期"，因为根据综合进化论，任何创新都应该出现在原始人类谱系内部，而且必定是渐进的。不过，"理论与事实"之间的不一致，或者说，渐变论者和激变论者之间的分歧，在进化论的发展历史上已经有过不少先例。早在 19 世纪中叶，查尔斯·达尔文与他的理论最坚定的捍卫者托马斯·亨利·赫胥黎（Thomas Henry Huxley）就对"大自然是否会出现跳跃"这个问题产生过深刻的分歧。达尔文潜心关注缓慢的、渐进的变化；而赫胥黎则因他在化石记录中观察到的本质性的、普遍的非连续性而忧心忡忡，因为这与渐变演化模式显然不一致。达尔文青睐自然选择机制，提供了一个极有说服力的逐渐演化的理论，但是赫胥黎的保留意见也是以大量令人信服的证据为基础的。幸运的是，分子遗传学领域的最新进展最终帮助我们理解了，人类身体形态的起源也必须伴随着一系列明显的自然间断，就像其他生物一样。

人类（其他动物亦然）身体层面的一切"创新"，全都源于基

95

因突变，这是一种自发的变化，不间断地发生在我们的 DNA 中。DNA（脱氧核糖核酸）是我们的遗传分子，存在于我们的身体细胞（当然包括用于结合受精、产生新个体的生殖细胞）的细胞核的染色体中。DNA 长分子的某个具体片断相当于我们每个人的一个"基因"。在科学家搞清楚 DNA 的分子结构之前很久，人们就已经把基因设想为遗传的单位了。在以前，染色体的结构曾经被认为是这个样子的：许多基因沿着染色体排列起来，就像一个珠串一样，每个基因都用于编码产生某种特定的蛋白质分子，而蛋白质分子则是各种各样的身体组织的基础构件。这是一幅非常简洁的图像，与综合进化论也非常合拍。根据这种解释，自然选择的根本作用就是，在清除了大部分突变的同时，促进了其他一些突变；而演化的总体后果就等于将生物谱系内部的有利突变逐渐积累起来，直到某颗"珠子"（基因）被另一颗取代。然而，到了 20 世纪 50 年代之后，当科学家破译了 DNA 分子的基本结构后，我们发现，事情并非如此简单。

这也就把我们带回到了我在上文中约略地提到过的一个主题。我们早就知道，大多数蛋白质编码基因都不会仅仅限于只决定一个身体特性，而且大多数身体特性也都是由几个基因共同决定的。不过，许多人还假设，基因的数量与生物体的复杂性之间，肯定存在着某种普遍性的联系。但是最近的发现推翻了这种假设。人类全身有几十亿个细胞，不过却只有大约 23 000 个蛋白质编码基因；而一只小小的线虫，虽然全身总共只有区区 1 000 个细胞，但是它的蛋白质编码基因的数量却与人类不相上下。这是一个令人震惊的结果，而且更加重要的是，全部蛋白质编码基因只占整个基因组的大约两成左右。（基因组是我们细胞中的所有 DNA 以及 DNA 序列的总称。）数量如此少的基因究竟是怎么支配了一个像人类这样的极其复杂有机体的发育的？剩下来的那些"垃圾 DNA"又在做什么呢？

事实上，上面这两个问题的答案是密切相关的。最新的研究表明，一个编码基因的"工作绩效"在很大程度上取决于它在一个人的发育成长过程中何时被启动、活跃状态能够维持多久；而且在这个过程中，一部分"垃圾 DNA"也会显著地影响蛋白质编码基因的"开启"和"关闭"。科学家们还证明，一个编码基因的"工作绩效"还取决于它被那些"开关"基因开启时的活跃程度，而且，控制编码基因的活力的"调节基因"的某些片断也会在相应组织的发育过程中表达出来。另外，更加重要的是，科学家们还发现，即使是相同的基本基因，如果基因表达出现了差异，就可能对表型（能够观察到的个体的特性）产生巨大的影响。例如，现在已经证明，支配黑猩猩和人类大脑的发育的基因在结构上的差异，远远小于它们在表达上的差异。在一项研究中，科学家们发现，在"参与"人类大脑发育的基因中，大约有 200 个被"上调"了，因此也就变得更加活跃了。有趣的是，黑猩猩与人类之间的这种差异在大脑中的表现比在身体其他组织（例如睾丸、心脏和肝脏）中更小一些，这表明大脑的改变受到了一些特殊的限制。

上述"DNA 控制 DNA"机制是我们理解为什么数量如此少的编码基因可以完成如此多的工作的关键。这种"分工体制"也可以解释为什么几乎所有的生物体的基因组都会惊人地相似。就在二三十年以前，遗传学家还在假设，果蝇和我们人类看上去之所以完全不同，完全是基因决定的；但是我们现在已经知道，这两种生命体的遗传基础在相当大程度上是完全相同的。事实上，当你考虑到果蝇和人类有着共同的祖先（尽管那是在距今超过 5 亿年前的事情了），你可能就不会对这个事实太过惊讶了。但是无论如何，这仍然是一个惊人的结果：外表差异如此巨大的这两处生命体竟然有大约三分之一的基本基因是完全相同的！当然，在不同物种之间，这些基本基因在结构上会有所不同，这也正是为什么它们对那些试图找出不同生命体之间的关系的分类学家特别有用的原因。无论如何，现在已经证明，在不同生命体之间，特别是在"近亲"之间，表型层面的差异一方面可以归因于它们的基本结构，另一方面也可以归因于它们的组合方式、开启时机和表达形式，这两方面的重要性差不多，或者，甚至可能是后者更重要一点。

97

　　这一事实为我们提供了一把钥匙，使我们得以理解大自然是怎样实现那些看似偶然发生的"飞跃"的（这也正是托马斯·赫胥黎在一个半世纪之前关注的问题）。早就20世纪40年代，遗传学家理查德·戈尔德施密特（Richard Goldschmidt）就曾经指出过，微小的遗传修饰（genetic modification）可能会导致巨大的表型差异，但是却遭到了同行的"严厉痛斥"；毕竟，那是综合进化论的鼎盛时期。施密特用来表达自己的思想的术语"充满希望的怪物"似乎就预示了这种不幸的结果。然而到了现在，科学界已经公认，基因结构的微小变化就可能会导致新的适应类型的出现，而且这种创新至少偶尔是对演化有利的。典型的例子是刺鱼（stickleback）。这是一种小鱼，身上长着尖利的刺（从骨盆骨骼延伸出来），这使得它很难被捕食者一口吞下。然而，一些生活在水底的刺鱼却发现这些刺有一个明显的缺点，例如，因为有了这些刺，它们很容易被心急的蜻蜓的幼虫抓住。结果是，到了后来，过着底栖生活的这些刺鱼就失去了刺。这显然是最近才发生的事情，而且完成得相当快。遗传修饰从来都是不平凡的，因为它涉及复杂结构的某个重要组成部分的消失（或出现）。但是，后来的研究又证明，身体上的重大变化，也可能在编码基因没有出现任何变化的情况下发生。相反，这种变化可能是"调节基因"或"调控DNA"的某个片断被"删除"的结果。就刺鱼来说，"调节基因"片断的失落，不会影响基本基因完成自己的"基本任务"，但是通过减少基本基因在特定身体区域的活性，也可以使刺无法生长出来。基因组的一个微小变化就这样导致了重大的表型结果（变化）。当然，这种尺度上大多数"修饰"实际上是不利的，而且这种机制当然也不会排除更小的、更局部的基因突变对刺鱼演化的重要性。然而，就过着底栖生活的这些刺鱼而言，这种变化恰恰是有利的；同时事实也证明，它的传播确实非常迅速。

98　　也许，"图尔卡纳男孩"的全新身体形态也可以归因于某个类似的遗传事件。事情可能是这样的：在这个男孩所属的演化谱系中，出现了某个微小的变异，它改变了基因时序和基因表达，从而在根本上了改变了这个原始人类族群的身体形态，并为他们开辟了一条全新的演化适应之路。因此，也许我们并不需要问自己，为什么在"图尔卡纳男孩"之前的所有已知的化石记录中，我们完全找不到这种全新的身体形态的任何先兆。也许，自然界根本就不存在任何这样的中间体，或者，至少在我们期望找到的那个时间范围内不存在。在"图尔卡纳男孩"的祖先们那里，基因组层面上发生了一些常规的、不起眼的事件，然后偶然地改变了原始人类的演化历史。

　　进一步的研究表明，"图尔卡纳男孩"表现出的身体快速发育迹象并不是一种极不寻常的现象。事实上，在匠人和直立人等原始人类当中，这种有点类似于现代猿类动物的快速发育现象似乎是一个典型特征。科学家们对爪哇直立猿人的牙齿进行分析后得到的结果与"图尔卡纳男孩"非常类似。这些发现有重要意义，有助于古人类学家确定，某个原始人类化石标本是否应该归入这个"等级"、它所属的那个原始人正处于一生中的哪个生长发育阶段。由于人类大脑开始发育的时间很早，而且延续的过程又很长，这些发现的意义尤其重大。现代猿类动物发育长大的速度远远超过人类，它们径直从少年跨入成年，跳过了（我们人类的）延续很长时间的青春期发育阶段。不过，令人惊讶的另一个事实是，现代猿类动物的妊娠期的长度与我们人类大致相当，尽管整个过程本身肯定有许多微妙的不同之处。人类与猿类胎儿期发育的主要区别在于，在怀孕的最后三个月，人类要在大脑的发育上付出比猿类多得多的精力。其结果是，人类新生儿的大脑比猿类大得多。当然，从另一个角度来看，这可能也是一种"美丽的罚款"，因为要想顺利地通过狭窄的骨盆产道，头部的大小必定要受到严格的限制。

　　智人在面对上述限制时会碰到许多困难，一个很好的证据是，在现代医疗技术出现之前，因难产而死亡的人数一直居高不下。（曾几何时，全世界大约每90秒就有一名不幸的妇女因此而丧生。）有人认为，由于匠人骨盆非常狭窄，如果新生儿的头部大小稍有增加，母亲在分娩时就可能需要他人的帮助，或者说，她们需要有人助产。

99

在考虑匠人群体的社会和认知复杂性的时候，这种观点无疑是有意义的。当然，这仍然只是一种猜测。不过，毋庸置疑的一点是，狭窄的产道不可避免地限制了大脑在出生前的"膨胀程度"，而这就意味着，要使得自己的大脑长得更大，就必须在出生之后将更多的能量、更多的时间用于大脑的发育。现代人类就是如此，但是现代猿类动物则不然。由此而导致的一个结果是，现代猿类动物在出生时，大脑体积就相当于它们成年时的 40%；而人类尽管在出生之前大脑的发育速度已经比猿类更快了，但是他们出生时大脑体积却只相当于成年时的 25%。另外，在出生后，猿类动物和其他哺乳动物大脑的发育速度是趋于下降的，而人类的大脑则在出生后仍然在快速生长（至少在出生后第一年内是如此）。因此，出生一年后，猿类动物大脑体积就已经达到了成年时的 80%；而人类婴儿满 1 周岁时，其大脑体积则只有成年时的 50%。在此后的数年内，人类儿童的大脑仍然继续发育长大，到满 7 周岁时，其大脑体积就基本上与成年时相差不远了。

"图尔卡纳男孩"死去时，仍然处于发育阶段，但是他那容量达 880 毫升的大脑的大小已经非常接近于成年匠人了。所以他的化石遗骸并不能告诉我们多少关于他早期的大脑发育的信息。但是，其他来源的证据证明，匠人或直立人的这个"级别"的原始人类的大脑发育模式更加接近于现代猿类动物而不是现代人类。最近，科学家们对一个爪哇出土的生活于距今大约 180 万年前的刚出生不久的直立人的化石进行了细致的研究，结果表明，他的大脑发育非常迅速，脑量已经相当于成年直立人的平均脑量的大约 72% 至 84%。

匠人和直立的大脑发育速度很快，这个事实意义重大，它会影响我们人属这些早期成员的心智结构，以及他们的日常生活方式。现代人类是"非常晚熟的"或"二次发育成熟的"。一方面，我们人类的婴儿数量本身就相对较少；另一方面，在很长一段时间内，他们都非常脆弱，极度依赖于他们的父母的照料。同时，这也是我们人们学习和掌握各种社会技能（包括语言的习得）的过程。同时，人类用于抚育婴儿的社会机制也会因此而变得更加复杂，因为一代人的健康成长往往与几代人的努力有关。就大型猿类动物而言，当它们性成熟时，主要的学习阶段也就结束了。与此相反，现代人类不仅需要相当于猿类动物两倍以上的时间才能实现性成熟，而且他们在性成熟后还要继续努力相当长的一段时间，才能使自己的身体和情感真正发育成熟。事实上，就人类而言，青少年虽然性机能已经成熟了，但是他们的大脑仍然很不成熟，无法正确地评估风险，那些年仅十几岁的"司机"的事故发生率之所以高得令人震惊，这可能是一个重要原因。当然，正如我们所知道的，大脑发育比人类快得多的现代猿类动物已经是非常复杂的生物了，它们内部形成了精致微妙的社会结构，个体之间也存在着错综复杂的互动。不过，虽然对于它们表现出来的一些东西，我们可以在最广泛的意义上承认那也算"文化"或"文化"的某种雏形，但是这种"文化"与高度复杂的人类文化显然不是一回事。毫无疑问，任何一个生活在现代社会中的人所需要掌握的东西远非某个群体中的一只黑猩猩可比。

那么，"图尔卡纳男孩"以及其他直立人在发育时间表中的适当位置是什么呢？再者，他们的发育速度又会以何种方式影响他们的认知呢？从最直接的角度来看，这些原始人成熟得很快这个事实有力地表明，尽管他们的身体与我们现代人类相当接近，但是在认知层面上，他们却与我们——今天的智人——存在着很大的区别。在这个意义上，他们确实是独一无二的：他们既不是双足猿，也不是现代人；而且，虽然毫无疑问，他们已经远远超越了猿人的阶段，但是他们却仍然不拥有我们现代人类的心理能力。虽然成年之后，他们的脑容量按绝对值计算显著大于双足猿，但是，由于他们的体型也较大，因此从相对的角度来看，他们的大脑其实并不比双足猿大多少。这是一个非常重要的因素。通常来说，你的体型越大，你所需要的大脑就越大，因为你至少得完成基本的运动功能和感觉功能。

当然，有正常的认知能力的现代人的脑容量的变化范围也很大，这表明，在同一个物种内，脑容量大小与"聪明"程度之间并不存在显著关系。但是，物种之间的情况却可能完全不同。如果你把常见的哺乳动物的脑容量与体型大小之间的关系画在一张图上，你就会看出这两个变量之间确实存在很强的相关性。随着体型的增大，脑容量也会增大（虽然通常来说，哺乳动物的脑容量的增长速度不如体型增大得快）。如果这张图也包括了智人，那么你就会发现一个显著的特点：由于我们的脑容量很大，因此代表我们的那个点的位置远远高于图中描述上述基本关系的曲线。如果你是根据这条脑容量—体型大小关系曲线来预测我们的脑容量的，你可能会大吃一惊，因为我们的脑容量比你（参照体型差不多的哺乳动物的脑容量）预测出来的结果要大得多。但是，"图尔卡纳男孩"以及他的"家人"在这方面的特点就没有这么显著了。他们虽然也偏离了通常的灵长类动物的脑容量—体型大小关系曲线（同时也偏离了大型猿类动物的脑容量—体型大小关系曲线），但是偏离幅度远远不如我们人类。这样看来，虽然我们人属的这个早期成员很可能是他们所生活的那个历史时期的最最聪明的哺乳动物；但是他们感知世界、处理信息的方式几乎肯定不同于我们现代人类。他们只是他们自己，离开我们现代人类的"青少年时代"还远得很。事实上，我们必须抵制以这种方式来看待他们的诱惑。

这种诱惑非常强大，因此我们的抵制能力也就变得特别重要了。只要你仔细观察"图尔卡纳男孩"的大脑的形状，你就会感受到这种诱惑的压力。与全身其他部位的骨骼不同（一般的骨骼都是在个体生长发育过程中，先形成软骨，然后再逐渐转变成硬骨的），颅骨顶部的颅盖（即颅骨穹窿）首先是以骨膜形式出现的，由于骨膜里面包着仍在不断膨胀过程中的大脑，因此它是向外拱起的。我们人类的大脑（相对于体型）之所以比猿类动物大，主要原因在于我们大脑的最外面一层，即大脑皮层的体积比它们大得多。而且，在演化过程中，由于"大脑袋"的原始人类必须把不断的增多的皮层装入一个相对狭小的颅腔内，因此人类大脑皮层是重重叠叠地折皱起来的，这样就保证了同样体积的皮层表面积更大。这里的关键在于，大脑皮层表面的各个主要"皱纹"在传统上都被确定为执行特定功能的重要脑区；而且，由于骨骼与大脑之外的发生的情况之间存在着密切的关系，因此颅骨穹窿的内侧就可以为我们提供这些重要脑区的线索。虽然"图尔卡纳男孩"的大脑组织不可能保留到现在，但是因为他的大脑皮层必定是紧密地贴合着脑壳内侧的，所以他的颅骨化石的内拓片（或称"颅内模"）应该能相当准确地反映它原本包含着的大脑组织的外部形状。当然，我们由此得到的信息是有一定限制的，因为大脑内部的"布线"（连接方式）才是决定大脑如何工作的关键。但是，仅仅是大脑表面的具体细节，也可以告诉我们不少东西了。

102

　　在对"图尔卡纳男孩"的"颅内模"进行研究的过程中，最先引起研究人员注意的是，其中有一个狭小的脑区显得非常突出，这个脑区就是通常所称的布洛卡区，位于大脑的左侧额叶皮层。这个脑区是用 19 世纪的一位法国医生的名字命名的。这位医生名叫保罗·布洛卡（Paul Broca），他发现，大脑这个部位受到损伤的病人通常都会出现说话困难的问题（即使他们能够很好地理解别人说的话，也是如此）。显然，这个脑区与我们人类的言说能力有关，它也是第一个可识别的、与特定的功能联系在一起的脑区。（事实上，这个脑区由两部分组成，神经解剖学家已经根据它的细胞结构将它进一步细分为两个脑区了。）在我们认识大脑内部对特定任务做出反应的特定脑区的过程中，这是非常重要的一步。当面对一个特定的刺激时，我们通常不会调动我们的整个大脑"全面地"做出反应。在某种程度上，大脑的这种特性是令人失望的，因为这意味着古生物学家不能直接以绝对脑容量或相对脑容量为指标去衡量某些具体的事物。当然，这种特性的好处是，它使一切都变得更加有趣了。

　　自布洛卡那个时代以来，我们在理解大脑方面最显著的进步是，通过脑成像技术，现在已经能够对人们在进行各种"脑力活动"时大脑内部的活动进行实时观察。这类实时性的观察的一个重要结论就是，大脑的大部分功能，包括语言功能，所涉及的范围都远远走出了单一的脑区，这是简单的皮层表面映射无法告诉我们的。不过，尽管如此，既然能够在"图尔卡纳男孩"的"颅内模"上识别出布洛卡区，那么有人就猜测，这个男孩可能会说话。当然，事情不可能像想象中的这么简单，现在我们知道，布洛卡区也与记忆和执行功能有关（而这些功能未必与语言功能相关）。很显然，"图尔卡纳男孩"虽然拥有这个正常说话必不可少的脑区，但是这并不能成为他真有语言能力的"表面证据"（prima facie）。无论如何，从发现与潜在的语言能力有关的大脑结构，到证明这些原始人确实拥有语言能力，还有很长的一段路要走。

103   事实上，"图尔卡纳男孩"的另一个解剖特征也可以证明，他（以及他的"族人"）并不具备语言技能。脊柱不仅支持着人的上半身，同时也为从脑干延伸下来的脊髓提供了通道；人们就是通过从脊髓延伸到全身各部位的神经网络接收信念、控制身体的。脊髓通过的通道是由脊柱孔拼合而成的，在大多数灵长类动物身上，甚至在许多原始人类身上，整个通道的宽度是恒定的。但是在现代智人身上（公道地说，尼安德特人也是一样）则不然：这个通道在肺部所在的胸腔那里特别宽一些，以容纳体积更大的神经组织。这些神经伸展进入人类新增大的胸部肌肉和腹壁肌肉组织。人们认为，这些神经有一个非常重要的功能（除了其他功能之外），那就是，对我们的呼吸进行"精细控制"，而这是我们在讲话时发出各种声音所必不可少的。有趣的是，"图尔卡纳男孩"在这个方面的解剖特征与通常的灵长类动物没有什么两样。一些科学家据此认为，无论他的大脑已经发展到了何种程度，"图尔卡纳男孩"都不具备说话能力。

有人则对此提出了不同意见。他们争辩道，这个男孩的脊柱孔之所以显得比较狭窄，也可能是因为他患了某种病。当然，我们无法排除他患了某种病的可能性。但是，还有许多相互独立的证据可以证明，无论他和他的"族人"是怎样进行沟通的（毫无疑问，他们肯定有某种复杂的"通信系统"），他们都不可能使用我们所熟悉的这种语言。首先，我们现在所用的音节清晰的语言体系是高度符号化的，但是我们却从来没有发现过任何能够证明匠人（和直立人）以符号化的方式处理来自外界信息的考古证据。事实上，在漫长的演化过程中，人属的这些早期成员竟然没有留下任何与他们可能的精神活动相关的考古证据，这反而是一件令人惊异的事情。最引人注目的也许是，从制造理念的角度来看，"图尔卡纳男孩"和他的"族人"们制造的石器与差不多100万年前生活在戈纳地区的原始人类制造的石器完全相同；同时，在技术层面上也没有什么明显的改进。"图尔卡纳男孩"和他的"族人"们的身体结构已经与以往的原始人类全然不同了，但是这并没有导致根本性的技术创新。而且一直到现在，我们也没有发现任何实质证据，可以直接证明匠人的生活方式与他们的前辈相比发生了本质性的变化。当然，他们的解剖结构往往会诱导我们去推测，这种变化一定已经发生过了。

104

一个新的（且拥有更大的脑容量的）原始人类物种出现了，但是它却未能带来新的技术，这似乎有悖常理。但是事实上，这种"脱节"现象其实是原始人类演化的一个既定模式的反映：第一个工具制造者，毕竟是双足猿，而不是人属的成员。这种模式甚至为我们设定了一个研究工作中应该遵循的"模板"，那就是，我们不能想当然地把某种新技术的引进与人属的某个新物种的出现联系起来。只要细细思量，这个"模板"其实是非常合理的。这是因为，任何技术最终都是由个人发明的，而任何一个人都必定属于某个预先存在的物种。各种创新都必定源于物种内部。如果创新不发生在物种内部，那又能发生在哪里呢？真的没有任何其他地方。

第六章　生活在稀树草原中

　　"图尔卡纳男孩"非同一般的骨骼结构使我们对他所属的物种——匠人——有了深刻的理解：这些原始人类的发育速度很快，但是从身体上看，却与我们所知的更早的原始人类完全不像；而且很显然，这个物种已经离开了祖先栖息的森林。生存环境的根本性变化使这个年轻的物种面临着一系列全新的重大挑战。但是，它的第一反应肯定不是"技术调整"：据我们所知，从解剖结构上看比他们古老得多的那些原始人类早就在使用的那种工具，仍然被匠人继续使用着。由于缺乏技术变革方面的实质性证据，我们不得不从体型、身体结构等间接指标着手，去构想在匠人的生活中是不是发生了什么新鲜事。幸运的是，这些指标还是可以告诉我们相当多的信息的，尽管我们很难根据它们得出什么具体结论。

　　"图尔卡纳男孩"身材修长，而且并不纤弱。从机械的角度来看，人类四肢的长骨"主轴"基本上都是空心圆柱体，它们都是由坚硬而密实的材料构成的。关键在于，这种材料并不是静态的，相反，在人的一生中，它可以不断地重塑，以便让四肢更好地承受压力。因此，轴壁的不同厚度可以反映四肢承受的压力的强度及其他们分布形式。击剑运动员和网球运动员的优势臂的骨头之所以会比他们的非优势臂更加粗壮、更加强大，原因就在这里。类似地，宇航员在失重的状态下生活了很长时间后，他们的骨骼也会变得脆弱，也是由于这个原因。"图尔卡纳男孩"四肢骨骼与我们现代人类不同的一个重要方面是，像其他早期原始人类一样，他的四肢长骨的轴壁比我们人类更加粗壮。这或许意味着，"图尔卡纳男孩"在生活中已经非常强大了，他日常活动的"运动"强度也比现代人类高得多。当然，我们现在久坐不动的生活方式，也只是在最近的岁月里才变为一种普遍现象；但是，即便是我们的直接祖先——过着狩猎—采集生活的智人，他们的四肢长骨的轴壁的厚度也比"图尔卡纳男孩"薄一些。总而言之，自"图尔卡纳男孩"那个时代以后，人类四肢长骨的轴壁的厚度已经大幅下降了，这显然意味着身体强壮这个因素在原始人类的生活中变得越来越不重要了。

"图尔卡纳男孩"的生存环境是艰难的，或者，至少在他以及他的"族人"刚刚离开森林的庇护，来到非洲大草原上的时候（那里，草原上还生长着许多树木），肯定是如此，因为他们的"工具包"并未得到显著改善。根据他们的身体结构，我们完全有理由认为，他们已经不再是攀树高手了，因此他们无法再像他们的双足猿前辈那样，以大树为庇护所了。来到更加开阔的草原地区之后，他们时刻面临着许多可怕的动物的威胁，与潜伏在森林边缘的捕食者相比，这些动物可能更加危险。它们主要是（但并不限于）一些大型猫科动物，而且需要指出的是，这些猫科动物的体型比我们在今天的非洲可以观察到的猫科动物更加庞大，它们随时准备着扑向它们发现的任何一只粗心的哺乳动物。以我们现代人类的标准来看，匠人个人身体强健，但是与那些凶猛的猫科动物相比，他们又处于绝对劣势：他们没有强大的颚骨，也失去了尖利的犬齿。那么，面对这个危险的新环境，他们是怎样做出反应的？他们又是如何利用这个环境的？对于这些问题，古人类学家已经提出了各种各样的答案。尽管任何一个答案都缺乏有力的直接证据，但是我们还是可以找到一些间接证据。

一个猜测是，既然脑容量已经略有增加，那么与之相对应，匠人的饮食结构也应该比他们的祖先更好一些。在他们之前的各种原始人类的饮食结构虽然各不相同，但是全都以植物为基础。对我们智人来说，更大的大脑的好处无疑是不言而喻的，但是，更大的大脑的成本也同样可观。正如我在本书前面的章节中已经指出过的，从代谢的角度来看，大脑无疑是整个身体最"昂贵"的组织。大脑的重量只占我们体重的2%左右，但是它消耗掉的能量却占据了我

107 们吸收的全部能量的20%至25%。这种情况对身体的"整体经济活动"产生了重大影响，其中当然也包括消化系统。"图尔卡纳男孩"的祖先——南方古猿——的腹部很大，因为它们的消化系统的体积非常庞大，这一特点与我们现代人类形成了鲜明的对比。我们现代人类的一个最显著的特点是，与我们大得惊人的大脑相比，我们的内部器官却非常小（相对于体型而言）。这个观察结论也适用于匠人相对较窄的臀部。所有这些，对于我们推断"图尔卡纳男孩"和他的同伴们的饮食结构有重要意义。从能量消耗的角度来看，内脏的成本几乎与大脑同样"昂贵"，因此，在人类演化的过程中，胃纳变小、肠道变短这个趋势不仅是一种必要的牺牲（以便满足脑容量扩大的需要），同时也加剧了改善饮食结构的紧迫性。因此，虽然在匠人生活的那个时期，人类令人眼花缭乱的大脑扩张周期才刚刚开始，但是他们的消化系统的"精简"可能已经导致他们必须依赖于质量更高的食物了。

108 那么，这些体型较大、脑容量也略大的匠人所需的额外的能量到底来自哪里？一个显而易见的答案是，这些早期的原始人类已经把注意力转向了他们能够得到的质量最高的食物：动物蛋白和脂肪。毕竟，这类资源在非洲大草原上非常丰富，那里生活着各种各样的哺乳动物。然而，与此同时，这些美味的兽类也吸引了"专业"的食肉动物，它们的种类也比现在"统治"了非洲大草原的"同行"多得多。因此，在稀树草原上，原始人类将不得不与这些食肉动物争夺食物，而且还要保护自己不受它们的伤害。

蛋白质和脂肪的另一个不那么危险的来源也许是钓鱼。我们有理由认为，这种活动对于匠人（及其后继者）的重要性可能比现有的证据能够表明的还要大。水生动物的许多营养物质，例如 ω-3 脂肪酸，对于脑功能的正常发挥非常重要。猿类动物体内也能够合成

美国自然历史博物馆的一个实景模型。它描绘了距今大约 180 万年以前生活在肯尼亚北部地区的匠人的生活场景。但是，它并没有明确告诉观众，这些原始人正在屠宰的动物到底是不是他们自己捕杀的。布景：约翰·霍姆斯（John Holmes）；摄影：丹尼斯·芬宁（Denis Finnin）。

这些营养物质，不过数量很有限，用于维持一个较小的大脑或许足够了，但是要想满足更大的大脑的需要，则只能从食物中摄取。有证据表明，能够吃到鱼类以及其他水生动物，很可能是过去大约 200 万年以来原始人类的大脑得以增大的先决条件。科学家们早就注意到，许多现代灵长类动物——例如猕猴——都会吃水生无脊椎动物；有人甚至曾经亲眼看见过猩猩们在一起钓鱼的情景。在非洲大草原，当旱季来临的时候，池塘和溪流面积萎缩，甚至干枯，在这种情况下，早期智人不难抓到一些鱼。所以，这很可能确实是他们改善饮食的一个途径。

但是，无论动物类食物的具体来源是什么，如果不进行一定程度的加工，它们都是很难消化的；更不用说，要搞到一些动物的肉本身就不是一件轻而易举的事情。潜在的猎物都不愿意自己被吃掉，它们不会乖乖地等着原始人类去"收取"，这与只需费点劲摘一下或挖掘一下就可以拿到手的植物块茎或果实不同。猎物会飞快地逃走。这样一来，作为稀树草原上的新来者，匠人就只能以小型动物为自己的主要动物食物来源了。尽管如此，有的研究人员还是认为，随着某些行为上的创新的出现（我们不一定能够在化石中找到相应的证据），匠人可能会积极地利用自己的身体优势去猎杀某些大型哺乳动物。他们的依据是这样一个事实：虽然匠人的短途冲刺的速度比不上那些以捕食其他动物为生的四足食肉动物，但是他们臀部不大而双腿却很长，因此在长距离奔跑的时候，他们很可能会胜出。特别是在天气火热的时候，这些身材高挑的"两足动物"只需不断地走下去，就能够一直紧紧地追着某种动物，比如说，一只羚羊，直到它中暑倒下为止。

109

　　然而，这样的策略不仅要付出大量能量，而且也对原始人类提出了一些其他的要求：他们必须能够集中精神，视线牢牢盯住在地平线上移动的猎物；一旦猎物从视野中消失，他们还必须能够利用脚印、折断的树枝以及其他痕迹继续跟踪猎物。事实上，今天生活在非洲的狩猎—采集者群体仍然在运用这种狩猎方法。（他们非常明智地选择了走路或小跑，而不是快速奔跑，因为事实证明，在松软的地面上奔跑可能比在坚硬的地面上奔跑更加有害。）对于原始人类来说，这样做不仅是有可能的，而且也是应该的。这不仅是因为这些猎人的智力远远高于他们的猎物，而且还因为他们与他们的猎物之间存在着明显的生理差异。虽然大多数哺乳动物都比人类跑得更快，但是当它们在毒辣辣的热带太阳之下持续跑动时，却无法像人类那样及时把从阳光中吸收到的热量和自己运动产生的热量散发出去。如果不能躲在阴凉处，哺乳动物就只能通过急剧地喘气来散热。人类的体表没有覆盖着浓厚的皮毛，能够及时散热，而且，他们还可以通过出汗将体温降下来。因此，当其他哺乳动物中暑倒下时，人类却仍然安然无恙。

　　当然，我们现在无法确切地知道，匠人的体表是否确实没有长着厚厚的体毛，也不知道他们会不会出汗。即使在今天，我们人类依然保留着一些体毛，只不过已经变得非常稀疏、非常纤细，因此几乎完全看不到了。不过，强调匠人的体表没有多少体毛的那些学者非常巧妙地利用了一个间接证据。这个证据来源于一些关于人虱的有趣研究。大多数种类的哺乳动物最多只能为一个虱子物种提供"栖身之地"，但是人类却显得很奢侈，因为一个人可以同时为两个虱子物种"提供营养"：其中一类虱子寄生人头部的头发中（头虱），另一类虱子则寄生在人下体周围的阴毛当中（阴虱）。头虱是人类特有的；令人觉得有些尴尬的是，阴虱却是寄生在大猩猩身上的虱子的近亲，而且据说很可能就是从大猩猩身上"迁移"过来的。从演化的角度看，头虱似乎是生活在各地区、各时间的人类祖先共有的，而阴虱则是在原始人类的体毛变得非常稀疏后才占领了人类的那个"要害之地"的。利用"分子钟"技术（即假设 DNA 突变的积累速度是基本恒定的），寄生虫学家已经估计出，这两种虱子大约是在距今 400 万年至 300 万年以前分道扬镳的。这也就表明，原始人类很早就"失去"了体毛——不仅远远早于"图尔卡纳男孩"生活的时期，甚至早于"露西"生活的时期。

110

　　虱子这种令人恶心的寄生虫"提供"的证据真的可靠吗？有人或许会提出争议。不过无论如何，现在的共识是，解剖学意义上的现代人刚刚出现的时候，他们身上就已经看不见浓厚的体毛了。在热带非洲，当原始人类离开森林、来到太阳底下生活的时候，生理规律就发生了变化。我们可以推测，通过出汗来散发热量（因为必须保持大脑和身体凉爽），是"图尔卡纳男孩"和他的"族人"最主要的防暑降温方法。顺理成章地，我们可以进一步推测，他们身上应该是没有浓厚的体毛的。此外，由于一直处于强烈的太阳光的辐射下，他们的肤色应该很深。正如长期生活在北方、偶尔来到热带海滩度假的人都知道的，白皙的皮肤对紫外线辐射特别敏感。另一个例子是，当今世界上皮肤癌发病率最高的地方是澳大利亚阳光灿烂的昆士兰州，在那里生活的人皮肤白皙，但是通常非常不明智地穿极短极窄的衣服，让大部分皮肤暴露在猛烈的阳光之下。

不过，如果把上面这些关于匠人的行为特征的猜测都合到一起，那么看上去就显得未免有点过于接近现代人类了。关于匠人的生活方式，这个画面似乎说服力不够。难道我们人类的主要行为特征是在如此久远之前就已经确定了吗？难道这些原始人类之所以还要再等上 150 万年，就只是为了让自己的脑壳能够长得更大吗？更加重要的是，这种"耐力狩猎"假说还会引发一系列疑问。其中之一是，匠人是不是已经拥有了随身携带水的技术？因为出汗虽然是一种有效的散热方法，但是它同时也意味着人体水分的大量流失。大量出汗后，必须大量补充体液，因此要在炎热的热带阳光下漫山遍野地追逐动物，就必须随时可以有水可喝。但是，我们没有直接证据证明，匠人能够制造随身携带水所需的容器。就算假设那个时期的原始人类能够携带水，那么他们唯一可能利用的"容器"只能是体型较大的动物的胃或膀胱，由于这种容器的材料非常容易腐烂，因此我们不可能找到原始人类确实使用过这种容器的证据。当然，我们也不能因为没有证据可以证明某个事物确实存在，就说这种事物就是不存在的。因此，公正地说，就目前而言，我们只能够得出这样一个结论：我们所知道的，或可以合理地推断的任何东西，都无法排除匠人已经拥有了足够的认知能力，能够利用上述简单的容器随身携带水。我们知道，在人属出现很久之前，最早的能够制造石器的南方古猿就已经在日常生活中表现出了相当了不起的预见能力和规划能力。既然早期原始人类能够在一定程度上掌握硬质材料的特性，为什么它们就不能掌握更软的材料的特性呢？这是一个合理的推测。不过，值得注意的是，就我们现在所知的考古遗址来看，在"图尔卡纳男孩"生活的那个时期，原始人类的活动范围通常仅限于离水源不远的地方。证据表明，直到很久之后，原始人类才开始长途跋涉，四处探险。总而言之，关于匠人的生活图景，目前还没有一个完整的画面。这似乎有些令人沮丧。

火与烹饪

无论原始人类是怎样获得他们所需要的高质量食物的，都不能改变这个事实：狩猎本身就是一种非常昂贵（耗费能量极大）的活动。因此，对于肠道已经大幅缩短的原始人类来说，当务之急是如何从自己的狩猎成果中获取尽可能多的营养和能量。在本书前面的章节中，我在讨论双足猿（可能存在）的食肉习性时，曾经提到，一种方法是将食物煮熟了之后再吃。生肉是非常难以消化的，除非你像狮子或鬣狗一样，有专门用于消化生肉的消化系统。以黑猩猩为例，它们在吃到肉后，会咀嚼很长时间才吞下去，然而即便如此，并且经过了硕大的胃和极长的肠的消化之后，它们排出来的粪便中仍然包含着许多未消化的肉。灵长类动物的消化系统几乎无法从生肉中获取营养和能量。但是，"烹饪"则可以改变这一切。事实上，把食物恰当地煮熟了再吃的好处简直数不胜数。如果烹饪得好，各种食物——而不仅仅是肉类——都会变得更易嚼烂、更易消化吸收。烹饪还可以杀死细菌、除掉食物中的毒素。经过烹饪之后，食物保存的时间也更长了。当然，烹饪还可以使食物更好吃。无论原始人类是从什么时候开始学会"烹饪"的，这种技能都使他们的生活发生了巨大的改变。

然而，对于像匠人这样的原始人类来说，"烹饪"活动真的是他们"繁荣兴旺"必不可少的吗？在很大程度上，这仍然只是一种猜测。因为烹饪的前提是对火的熟练掌握，现在几乎没有直接证据可以证明匠人已经做到了这一点。有迹象表明，有些原始人类生活的地方曾经被火烧过。例如，在南非的斯瓦特克朗的一个原始人类遗址，出土了一些大约 180 万年前的明显被烧焦的骨头；在肯尼亚的切苏旺加（Chesowanja）的一个"粗壮型"南方古猿遗址中，也出土了一些大约 140 万年前的烧焦了的黏土球。这些原始人类生活的时期大致与匠人相当。然而，尽管这些化石看上去似乎确实是被篝火烧过的（从它们被烧焦时的温度判断），我们还是不能把它

112

们当作原始人类已经能够很好地控制火的确切证据。可以从根本上证明人类熟练地控制火的最早证据的年代非常晚：那是在一个距今大约 80 万年前的原始人类遗址上（位于现在的以色列境内），科学家发现了一些装着厚厚的炉灰的"灶台"。当然，你可能会争辩道，火的使用并不一定能留下可以长期保存的痕迹。确实，我们现在所拥有的、能够反映原始人类在这个时期的生活状况的考古记录还非常粗疏，留下了许多值得探讨的空白。你完全有权利这样争辩。

当然，也有一些学者强烈主张，习惯性用火是原始人类演化历史上相当晚近的事情。无论如何，有一点是毫无疑问的，控制火、使用火是原始人类生活中一个非常重要的创新。不过，有点奇怪的是，这种创新出现后，似乎并没有被广泛采用；不然的话，我们应该可以找到更多、更好的证据。如果这个时期的原始人类真的使用过炉灶和烟囱，那么在他们留下的遗址上，我们应该可以发现这些东西。但是确实从来没有发现过。而且，尽管在以色列那个原始人类遗址上发现的证据有力地证明，距今大约 80 万年以前的原始人类已经在使用火了；但是确凿的用火证据却都是关于几十万年之后的原始人类的用火情况的。这似乎表明，在一开始，原始人类只是"机会主义"地利用了火，并没有真正养成用火的习惯。

一个不可忽视的事实是，关于匠人是否已经能够使用火，现在的全部证据都是间接证据，然而尽管如此，不少学者还是坚持认为，匠人已经开始把"烹饪食物"、吃熟食了。看起来，这种观念确实相当有吸引力。为什么会这样？一个原因是，这种观点还与如下这个观点有关——尽管这个观点同样只有一些间接证据的支持：对于生活在热带稀树草原上的匠人来说，无论火能够给他们的生活带来的便利是大是小，熟练地控制火都已经成了唯一可以保证他们的"新生活方式"的技能。在一开始，匠人可能是在食草动物的"引诱"之下（那是何等宝贵的食物资源！），才来到了稀树草原之上的，但是，稀树草原无疑是一个非常危险的地方，而且捕食者 vs 猎物这

种二分法并不适用于原始人类。他们既是捕食者（至少在某种程度
上），也是其他捕食者的目标。事实上，在肯尼亚出土的一块匠人额
骨化石的眼眶上方，就有一个深深的穿透性孔洞，那是食肉动物的
牙齿留下的痕迹，说明这个原始人是不幸丧生于捕食者的利爪和锐
齿之下的。

在这个阶段，早期原始人类充其量只能算是业余的猎人。他们
刚刚进入这个"行业"，仍然处于学习曲线的最低位置。事实上，尽
管我们人类今天已经成为顶级捕食者，稳居食物链最顶端位置，但
是，我们所拥有的全部值得炫耀的技术，仍然未能帮助我们完全摆
脱我们的祖先给我们留下的阴影。当你看到在山林探险的人被山狮
攻击，当你看到手持弓箭的猎人被熊逼上了树的时候，你肯定会想
到这些。如果匠人掌握了用火技术，那么火就可以成为他们阻吓
捕食者的有力工具，这能够弥补他们投掷能力有限的缺憾。如果你
愿意接受其他一些假设，那么你就会承认，火的使用所带来的影响
极其深远。一些权威学者甚至已经得出了这样的结论：我们智人的
许多行为特征，包括极高社会性和合作程度，全都源于原始人类群
体内部的亲密关系，因为他们会在火堆旁边挤成一团，一方面为
了取暖，另一方面也可以保护自己不受食肉动物的伤害。事实上，
无论是在人类演化的早期历史上，还是在现在，人们确实都会这
么做。

社会环境

毫无疑问，对于现代人类来说，除了实用价值之外，火还拥有
独特的象征意义，因此，我们在探讨原始人类与火的关系时，必
须抵御住对火进行人格化处理的诱惑。不过，尽管说火的驯化和
使用直接决定了我们人类的独一无二的社会性这种假设有点过火
了，但是，与其他灵长类动物相比，现代人类的合作程度高得惊
人，这也是不容置疑的事实。而且，除了简单的合作之外，人类

还有一种更加复杂微妙的社会性，那就是许多人所称的"亲社会性"（"prosociality"），它似乎是人类特有的。所谓"亲社会性"，从最根本的层面来说，就是人类至少会在一定程度上关注彼此的幸福；而黑猩猩——很可能我们所有其他灵长类近亲也都一样——却不会。当然，在黑猩猩群体当中，母亲与后代之间的亲密联系可以维持一生；而且它们在进行狩猎和其他同样复杂的活动时，群体成员之间也会进行协调。此外，科学家还观察到，黑猩猩会去抚慰受到伤害的同伴，这表明它们拥有某种形式的同情心。但是，这种表现与作为新社会性基础的一般意义上的关心他人不同；而且，大量实验研究的结果都表明，黑猩猩对自己的伙伴的关注少得惊人。

研究人员已经在圈养环境中多次验证了这个结论。在其中一个实验中，研究人员观察了圈养在不同地点的好几组黑猩猩的行为，他们试图搞清楚的是，当它们可以选择只为自己，或同时为自己和邻居取得一定食物奖赏的时候，这些黑猩猩会怎么做？无论在哪种情况下，这些有机会做出选择的黑猩猩自己最终能够得到的食物奖赏都是一样的，但是，实验结果表明，所有黑猩猩在上述两个选项之间进行选择时完全是随机的。从这些试验的结果还看，至少在个体层面上，黑猩猩似乎对他人的利益漠不关心。而与此形成鲜明对比的是，参加实验的人则很明显愿意帮助陌生人（甚至不惜牺牲自己的某些利益）。

当然，上述以黑猩猩为被试的实验之所以出现这种结果，也有可能是因为它们的认知能力有限所致，因而这些结果不一定直接反映了它们的社会性程度。但是，无论这些认知局限性到底是什么，匠人都很可能已经以某种方式突破了它们。我们几乎可以肯定，当他们刚刚来到这个既危险又富饶的新栖息地的时候，必然已经拥有了他们的后代所拥有的各种认知能力和社会特质中的其中一部分。不过可惜的是，除此之外，由于缺乏直接证据，我们就不能言辞凿凿地再说其他更多的东西了。当然，关于匠人在稀树草原上的生活方式、关于他们的群体组织形式，我们还是可以得到其他一些推断性结论的。

　　正如我们本书前面的章节中已经看到的，体型较小、易受食肉动物伤害的南方古猿生活在森林边缘地带，而且，很可能正是因为时刻面临来自捕食者的威胁，它们都生活在规模相当大的群体当中。但是，对于"图尔卡纳男孩"和他的"族人"来说，情况就可能完全不同了。如果这些原始人能够以某种具有文化意义的形式在一定程度上化解他们在新环境中面临的威胁（事实很可能就是如此），那么维持一个大群体的压力就会有所减轻。同时，既然这些原始人类在饮食结构上已经更加依赖于动物性食物，那么任何一个专业狩猎者（捕食者）都不得不面对的各种约束条件就必定会对这些原始人类的生活方式产生更加重要的影响。在任何一个生态系统中，猎物的数量都必须远远多于它们的捕食者，因为太多的捕食者会导致猎物短缺，这对大家都不利。如果匠人真的已经（至少部分地）以狩猎为生，那么对他们最有利的生存策略是降低人口密度、扩大群体规模。因为能够养活的个体数取决于一个群体能够控制的地区的资源的持续可得性。

　　匠人的活动范围的大小还受到女性成员的走动能力的制约。婴儿出生后，在相当长的时间内，都完全没有处理能力，照顾他们的责任则落在了妇女身上。在一般的灵长类动物当中，刚出生的幼崽就能够牢牢地抓住母亲的皮毛，虽然需要不时哺乳，但是母亲带着幼崽四处走动并不是一件特别困难的事情——如果只有一个或两个幼崽的话。然而，匠人的母亲可能没有可供婴儿抓握的皮毛，因此带着发育得非常缓慢（与动物相比）的婴儿到处走动实在是一件苦差事。另一方面，对于婴幼儿来说，四处漂泊也会很辛苦。事实上，田野考察记录表明，在许多生活环境与匠人差不多的现代狩猎—采集群体当中，群体成员们都非常重视控制人口增长。例如，生活在非洲南部的卡拉哈里地区的桑人妇女会用母乳喂养婴儿，一直到他（或她）长大到四周岁为止，这样一来，她就可以使自己的催乳激

115

素维持在较高水平，从来有效地抑制排卵。几乎可以肯定，由于婴儿和青少年死亡率较高，匠人母亲可以照顾的婴儿的最大数量应该不会太大，而且这个结果本身就有利于维持适度的群体规模。可以想象，在这些群体中，背负着抚育婴儿的重担的女性能够从与她们关系密切的男性那里得到不少帮助，但是，在那个时候，原始人类群体内部真的已经出现了稳定的、长期的男女关系了吗？我们只能猜测。

匠人群体的规模通常有多大？十几个人，还是二十几个人？我们没有直接的证据。不过无论如何，生活在不同地区的原始人类的群体规模肯定会有大有小，这取决于当地的"生产力"。原始人类群体肯定会忙于扩大自己的势力范围；在某些情况下，一个群体也许会划分为几个小组；在搜寻食物的过程中，他们偶尔也会遇到别的群体。很显然，他们仍然以植物性食物为主食，同时也努力去获取动物性食物。在一些动物骨骼化石上，除了石器切割留下的划痕外，还叠加着食肉动物的牙齿咬痕，这表明原始人类有时也会"食腐"，而且很可能是"暴力食腐"。但是在其他一些情况下，被屠宰的动物尸体上完全没有食肉动物的咬痕，那说明它们确实可能是被这些原始人类猎杀的。

早期智人的生活可能还有一个特点，他们也许有一个"大本营"，他们会绕着它走动，并经常回来。例如，在奥杜瓦伊峡谷，科学家在一个地点发现了许多具动物骨骼，有证据表明，它们全都是在同一个季节里集中到一起来的。又如，在肯尼亚的坎杰拉（Kanjera）地区出土的化石记录显示，大约在距今200万年以前，原始人类已经经常使用石器加工、切割动物尸体了，而且这些石器是用从12至13公里之外的地方搬来石头制成的。这些发现有重要的意义，其中最重要的一点是：或许，早在匠人登上人类演化舞台之前，更早期的原始人类身上就已经表现出了后来的人类行为的某些关键特征。这些石头被搬运了如此长的距离，这个事实意味着，生活在距今大约200万年以前的原始人类很可能已经充满了生机和活力，就像"图尔卡纳男孩"的骨骼分析所揭示的那样。但是，我们无法完全确定这些原始人类究竟是谁。如果我们的运气足够好，那么当属于距今 250 万年至 200 万年以前这个时间范围内的原始人类化石逐渐积累起来并整理妥当后，这个问题自然就会水落石出。就目前而言，我们可以肯定的是，当这个生活在距今大约 160 万年以前的"图尔卡纳男孩"来到人世的时候，原始人类已经过着一种相当复杂的生活了。而且，他们的生活方式预示着某些重大的发展变化即将到来。

　　然而很显然，无论他们的直接祖先的生活方式如何，我们都不能仅仅把匠人看作一种有了一个新身体的、更先进的双足猿。但是与此同时，我们也可以肯定地说，从行为的角度来看，这些原始人类的生活方式与他们的祖先相比，表现出了非常明显的连续性。放在人类演化的大背景下，这一点其实不足为奇。最早的匠人手中挥舞的石器仍然与前人已经用了几十万年乃至几百万年的石器基本相同，这个事实让我们看到了原始人类行为模式的另一个特点，那就是，他们倾向于通过以新的方式使用现有的工具去应对气候波动和环境变化，而不是通过重新发明全新的技术。这一点与以下事实也是一致的：从一开始，原始人类就是"生态多面手"。生活在一个不断变化的、有时甚至急剧波动的世界中，我们人类对外界的反应模式一直保持着很大的灵活性，从而避免了过分"专业化"的危险。对于外界的变化，原始人类虽然还算不上非常"适应"，但是他们确实已经在一定程度上"接受"这种变化了。

　　当然上面所阐述的这一切并不意味这种逐渐累积式的改进是不可能由双足猿完成的。事实上，在长达几百万年的演化过程中，南方古猿的生活方式很可能已经变得更加复杂了，它们对资源的开发利用也可能更加充分、更加有效了。但是，发生在南方古猿身上的这种变化最多只是间接地反映在了我们所掌握的化石记录上。这是一个遗憾，因为很明显，匠人这个全新的物种必定源于某个从行为的角度来看已经相当"先进"、相当复杂的南方古猿物种。匠人的机

会是，当他们来到开阔的稀树草原，面对一个全新的且不断扩展的
生活环境时，他们所拥有的新型身体结构恰好为他们打开了巨大的
可能性空间，这无疑给他们赋予了非常大的演化优势。同样地，遵
循这种既定模式，下一个技术飞跃仍然最有可能发生在匠人种群内
部，尽管从时间上看，肯定会有所滞后。

第七章 走出非洲……然后回来

我们人类诞生于非洲。有证据证明，几百万年之后，原始人类才成功地跨越非洲大陆的界限，扩展到了其他大陆。长期以来，人们一直认为，最初的原始人类从非洲大陆向欧亚大陆的大迁移是由于他们自身出现的一些极其引人注目的变化所导致的结果，例如大脑容量的增大或者技艺的提高等。但是直到现在，我们仍然无法确切地描述这件事情的来龙去脉。因为人类最初从非洲向外扩散似乎发生在距今 180 万年前（或者可能还要更早一些）。那是一个非常古老的考古背景。

德玛尼斯城（Dmanisi）是一个毁于中世纪时期的一个小镇，其遗址位于在黑海和里海之间的格鲁吉亚共和国境内，它是所有试图找到早期人类化石的人都必定会锁定的最后一个地方。德玛尼斯城远离东非大裂谷，它不是位于炙烤于烈日之下的、没有什么植被覆盖的光秃秃的千层饼式的沉积岩之上，相反，它坐落于黝黑的玄武岩断崖之上，周围是一片青葱翠绿的景致。事实上，盘踞于两条河流交汇之处的德玛尼斯城曾经是古代商业贸易的重要中心。单单凭借它的地理位置，就足以使得它成为最引人注目的化石遗址之一了。不过，德玛尼斯城显赫而悠久的历史在 15 世纪随着土库曼军队的入侵戛然而止了，原先繁华而喧闹的小镇从此便一蹶不振，陷入了衰败当中。自那之后，德玛尼斯城就几乎被世人彻底遗忘了，数百年来，它的一切丝毫未变，这也就为 20 世纪的考古学家提供了一个 极好的机会：他们能够更多地了解中世纪生活在伟大的丝绸之路重要支线上的人们的相关情况。从发掘出来的住宅遗址中，考古学家发现，德玛尼斯城这些古老的居民已经能够在他们居住的屋子底下挖出用来储存粮食的圆形储藏窖。在 1983 年，非常出乎意料地，在这些断壁残垣当中，学者们又发现了哺乳动物遗骸的化石。事实上，这个小镇是建造在一层薄薄的沉积岩之上的，在这层沉积岩的下面才是大片的玄武岩。第一块化石就是在这些较软的沉积岩中被发现的，那是一颗犀牛的牙齿，它被证明属于某个具有更新世早期的特点的物种。突然之间，这个城镇底下的泥土就变得比城镇本身更加让人感兴趣了。

之后不久，粗糙的石制工具也被发现了。到了 1991 年，考古学家们终于首次发现了德玛尼斯原始人类的化石，那是一部分下颌骨，附带有保存非常完好的一副牙齿。1995 年，这个标本被公之于世，学者们立即拿它与直立人进行了各种角度的比较。人们普遍认为，相比较而言，它与来自非洲东部的原始人类化石最为接近，而且相关的哺乳动物化石表明，这个标本与非洲东部的原始人类大致处于同一时期。后来又证实，这些玄武岩的确实大约形成于距今 180 万年前，这与地质分析的结果也是一致的：岩浆喷出不久之后便被富含化石的岩石所覆盖，由此得到了保护，这就使得这些玄武岩未被侵蚀。早期德玛尼斯人的生活年代是在 2000 年和 2002 年确定下来的，而在此之前不久，爪哇人的生活年代也被确定并公布了，它表明在很早的时候（距今 180 万年至 160 万年前）在亚洲东部就已经生活着直立人了。所有的证据融合到一起，毋庸置疑地证明，几乎从新的原始人类的物种形成那一刻起，原始人类就开始成群大规模地迁移出非洲了——比我们任何一个人以前所能想象的都要更加早得多。

截至 2004 年，在德玛尼斯的沉积岩中已经发现了 4 块原始人类头骨化石和三块下颌骨化石，其中包括非常巨大的一块化石。表面上看，这些化石似乎非常多样化——特别是，据报道，发现了一块非常大的下颌骨，以及与之相对应的头盖骨——但是事实上，由于被发掘出来时，这些化石埋在沉积岩中的位置都非常接近，因此绝大多数学者都认为，所有这些化石代表着同一个物种的可能性是非常大的。2002 年，这块巨大的下颌骨化石被命名为格鲁吉亚人（*Homo georgicus*），但是，由于德玛尼斯研究小组认同"所有这些化石都属于直立人"的立场，因此关于它们的物种分类的明确结论迟迟未能给出。

尽管表面上看来彼此相去甚远，但是这些德玛尼斯人化石实际上颇具特色，他们有一个共同的特点，那就是小脑袋。它们的颅容量在 600 毫升至 775 毫升之间不等（大部分德玛尼斯人的颅容量都处于这个区间的低端附近），这就是说，他们所有人的脑袋都比"图尔卡纳男孩"要小很多。同时，它们也都身材矮小：两块不完整的骨骼——其中一块是一个青少年的头骨——表明，与他们的肯尼亚"亲戚"相比，这些原始人类的身材更为矮小；因此，从相对的角度来说，他们的脑袋可能并没有初看上去那么小。根据其中的长骨化石的长度估计，这些原始人类的身高相当矮，大概在四英尺十寸到五英尺二英寸之间，但是，这些标本自身的骨骼形状却强烈地让人联想到现代人的形体，它们的一些重要特征表明，从结构上看，这些原始人类更像一个"图尔卡纳男孩"而不像南方古猿粗壮种。

在德玛尼斯人化石旁边发现的石器也与同时代生活于东部非洲的匠人所使用的工具类似：简单的有棱的石核，以及一些敲打下来的锋利的石片，与最早的石器几乎没有任何区别。很显然，这种制造石器的技术无疑是一种有用的、合适的、耐用的技术——在未来100 万年的时间里，原始人类还将继续制造这类粗糙的工具。这些与德玛尼斯人有关的发现进一步证实，最初促使原始人类从非洲迁移出去的原因并非是工具的改进。这些原始人在制造工具上并没有比他们的非洲祖先表现任何过人之处，因此也无法找到脑容量变化的表面证据。总之，很显然，原始人类走出非洲的原因，可以排除工具的改进和脑量的增大这个因素，这样也就只剩下原始人类的体形发生了根本性的改变这一个因素。当然，环境的改变也可能是其中的一个因素，干旱少雨的气候迫使一些新的原始人种去寻找适合他们生活的栖息地。事实上，大约同一时期，其他好几个哺乳动物物种也从非洲扩散到了欧亚大陆，它们的扩散路线表明，西南亚与非洲大陆一样，也在经历着环境的变化。尽管如此，很显然，新的原始人类的适应能力很强。例如，根据生活于黎凡特（Levant）的各种哺乳动物来判断，经由西奈半岛把非洲东北部与欧亚大陆连接起来的地中海东端地区在那个时候基本上都被地中海林地所覆盖。这个与热带非洲完全不一样的环境表明，这个新兴的原始人种能够适应更为广泛的气候环境。

122

至于德玛尼斯城本身，孢粉分析的结果表明，在它最初被原始人类"占领"之前，格鲁吉亚南部地区正沐浴在温暖潮湿的气候中。那时候，它是一个富饶的栖息地，兼有森林和草地之利。但是，等到原始人类真的到达时，那里的气候已经开始趋向于变得干燥和寒冷了，草地在不断扩大，而潮湿的森林则因为气候变得更加干燥而退化了。这种环境所能提供的植物性食物比那些得益于重返非洲的他们的祖先还要不丰裕。但是，也有证据显示，在德玛尼斯城一带，还存在着大量的哺乳动物群落，包括许多被原始人类以某种方式捕食的食草动物。现在出土的留有被击打、被切割的痕迹的哺乳动物骨骼化石可以证明这一点。

来到德玛尼斯城定居的原始人类所要面临的一个新问题是，那里的气候，不管是温度和湿度都具有明显的季节性，这种随季节而变的气候对他们可利用的资源产生了深刻的影响。这并非简单的生存环境的转换，对于原始人类这种灵长类物种来说，这种气候变化是他们所无法掌控的。不过，从另一个角度来看，这也使得德玛尼斯人作为强健的、适应能力很强的多面手的形象更为丰满了，因为他们能够应对急剧变化的环境。很显然，就跟现在一样，早期原始人类能够在欧亚大陆成功地生存下去的关键在于，他们的行为具有异乎寻常的灵活性。当然，他们的非洲祖先，就已经拥有了这个特性。

伴随着第四块原始人头盖骨的发现，德玛尼斯人给了我们一个特别的惊喜。这块头盖骨便是众所周知的 D3444，它属于一个老年人（一般被认为是男性），他的牙齿仅剩一颗，其他的全掉光了。在"主人"死后，头盖骨化石中的牙齿散失是一件很平常的事，但是这块 D3444 头盖骨的不同之处在于，大部分牙齿都是在它的"主人"离世之前很久就掉光的。几乎所有空着的牙槽都已经萎缩了，这个过程需要花费好几年的时间才能完成。值得指出的是，如果这个老人和他的亲属们主要以肉食来维持生存，那么这个老人在咀嚼食物时将会面临极大的困难。因此，德玛尼斯人的研究团队认为，如果没有来自他所生活的社会群体其他成员的大量帮助，他很有可能会

123

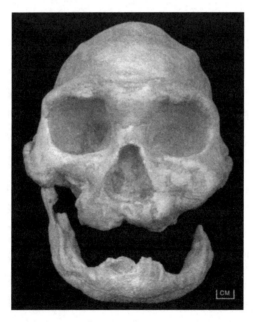

　　从德玛尼斯城里挖掘出来的距今大约 180 万年的头盖骨正面图（D3444/ D3900）。这是一个老人的头盖骨，一般推测这是一位男性。在离世之前，他就只剩一颗牙齿了，其余的都掉光了。学者们普遍认为，他要生存下去需要得到其他人的大力帮助，这表明当时的社会环境已经相当复杂了。此照片由詹妮弗·斯特菲拍摄。

饿死。（虽然人们也可能会相信，他会利用那些石核工具捣碎肉食，以便让它们变软，易于食用和消化。）无论如何，一个普遍的观点是，这种处于绝对劣势的个体应该得益于他的亲戚们的长期同情。确实，总体上看，这似乎是一种比较可信的说法：在其他灵长类动物当中，尽管偶尔也会出现一只没有牙齿的黑猩猩存活了相当长一段时间的情况，但是黑猩猩们所吃的肉类要比德玛尼斯原始人类所能吃到的肉类柔软的多。

到目前为止，标本 D3444 是我们所掌握的最早的一个能够说明原始人类在自身处于一种非常不利的条件下还能存活很长一段时间的实例。事实上，接下来的最早可以证明弱势个体仍然能够生存的实例（这些实例给我们提供的证据包括一些头盖骨和不完整的大脑）就要比德玛尼斯人晚整整 100 万年之多了。这个年老的德玛尼斯男性至少能够用某种"文明方式"来部分地补偿他身体上的残缺，虽然我们无法确定地推测出他到底用了什么"文明方式"，但可以肯定的是他已经拥有了复杂的认知能力。而且，如果德玛尼斯人的研究人员的猜测是正确的话，那么 D3444 作为原始人类的化石记录，也为我们提供了有关社会关注的第一个有普遍意义的实例。有关这种类型的人类同情的证据要在晚近得多的时候才会变得丰富起来。不过，考虑到较早时期的关于人性的记录都是不那么美好的，这种情况的出现也许是不足为奇的。尽管如此，作为这些不美好的人性的对立面，富有同情心的行为显然是深深扎根于人类的灵魂深处的，事实上，我们甚至可能在那些经常去安慰受伤的或者受到压迫的群体成员的黑猩猩身上窥见这种富有同情心的表达方式的根源。这些类人猿最缺乏的是贯彻落实自己的同情心、向他人提供实实在在的援助的技术实力。因此，得出以下这样的结论似乎是完全合乎情理的：德玛尼斯原始人类已经拥有了通过物质形式来表达自己关心同胞这种情感的能力，同时也拥有了相应的认知潜力。总之，当原始人类第一次进入欧亚大陆的时候，他们显然已经是一种具有同情心的生物了了，当然，他们也已经拥有了大量的资源和复杂性。

同时，在非洲这个"大农场"上……

当众多原始人忙着向这个古老的星球的各个大陆"殖民"（同时仍然以他们由来已久的方式忙于维持生存）的时候，那些仍然留在非洲大陆的原始人类也没有止步不前。就像已经来到了欧亚大陆的那些原始人一样，留在非洲大陆的原始人也仍旧沿用着古老的技术——技术进步的步伐总会出现重叠的情况，直到今天依然如此。不过，考古学家在非洲（以及，最近在印度）挖掘出了一些以全新的方式制造出来的石制工具，它们出现在距今大约 150 万年以前。而在那个时候之前差不多 100 万年的时间里（或者更久远的一段时间内），原始人制造石器的核心思想一直是，只要能够制造出一些有锋利边缘的、可以派得上用场的石片就可以了，至于这些石片或者敲打出这些石片的那些石核到底是什么样子，则是完全不重要的。这些石制工具根本没有什么美感，也没有一个作为基准的标准形状。总之，制造旧石器的要领只有一个：要有锋利的边缘。

然而在匠人登上人类历史舞台之后不久，随着众所周知的"手斧"的出现，所有这一切都发生了极大的改变。这些石器是大家所熟知的阿舍利文化（Acheulean culture）的象征。阿舍利文化是以法国的一个地名而命名的，因为这些石器最早是在那里被发现的。尽管阿舍利手斧出现的时间相当晚（据信，它们出现在距今大约 50 万年以前），不过，到目前为止我们所知道的这类工具最早的一个例子出土于肯尼亚的某个地方，其历史可以追溯到距今 178 万年以前。当然，在那个非常久远的时代，手斧这种工具不但制造得非常粗糙，而且也极其罕见。在许多考古遗址中，它们都没有作为经常被使用的工具而出现。直到几十万年之后这种情况才发生根本性的改变。

手斧这种工具比它的前身大得多，而且它的出现还标志着一个全新的制造工具观念已经形成了。为了制造一把手斧，需要对一块石"核"（到了后来，则是一块较大石片）进行精心的打磨和塑

125

形——两面都要磨平，整体上变成匀称的泪珠状。手斧通常有大约
八或九英寸长，但是偶尔也可能会更大一些。有时候，这些石器锋
利的边缘显得相当突出，在这种情况下，它们就被称为"手镐"或
"鹤嘴锄"（pick）；而在另外一些时候，它们的边缘线很直，在这种
情况下，它们就被叫作"手镐"或"薄刃斧"（cleaver）了。但是所
有手斧的形状基本上都统一为泪珠状，在整个非洲大陆以及更远一
些的地方，这类工具被大量地制造了出来。

126　　　考古证据表明，手斧这种工具被原始人类使用的历史极其久远。
在远远超过一百多万年的时间里，原始人类制造这种石器时所依据
的观念几乎没有任何改变，尽管在后来，手斧的制造显得更加精细
了。事实上，这种工具的用途表现出来的非常明显的多功能性，为
它赢得了"旧石器时代的瑞士军刀"的绰号。对这些手斧的磨损和
老化的方式的研究结果显示，它们的用途极其广泛，无论是在砍砸
树枝、切割肉类，还是在刮削兽皮时，都会被用到。手斧的形状长
期不变这个事实也从另一个侧面表明，这种工具的用途是多么广泛。

　　一把"手镐"（左）和一把"手斧"（右），出土于法国圣阿舍利，阿舍利文化
即以此地命名。照片由威拉德·惠特森拍摄。

它确实是一种通用工具，甚至当这些石器制造者的栖息地的环境发生了极大的变化（从湿润地区变为干旱地区，然后又再次变回湿润地区）之后，其形状也没有发生多大的改变。

在奥杜瓦伊文化时期，原始人类在打磨制造上述"石片"工具的时候，选材上相当讲究：粗粒度的岩石是不太适合制造这类工具的，因为它很难制造或打磨出石片工具的边缘。火山玻璃、燧石、硅质岩，甚至是细粒度的火山岩都是比较合适的石材；只要有可能，原始人类就会尽量采用这些材料。即使是这些最早的石器制造者，他们也很清楚，自己眼目所及的石头当中，哪些是好石材。正如我们在前面已经看到的，如果发现了预计将来可能会用得着的石头，他们往往会不惜费时费力，从相当遥远的地方把一些好的石材搬运到别人看不到的地方（藏起来）。但是手斧的制造者所面临的情况比奥杜瓦伊人更为复杂。不但岩石的种类必须是合适的，而且每块岩石本身的形状也必须是适合的。石材必须没有任何瑕疵，因为稍有缺陷，就无法制成他们心中预想的器物。因此，这些工具制造者不仅需要在开始打磨石块之前就能够"看见"制造好的器物的完整形状，而且他或者她还需要确保石核本身就是足够匀称的，这样才能保证一系列复杂加工过程的顺利实施。很显然，这一点对于我们理解阿舍利文化时期的原始人类的心智能力有非常重要的意义。

我在前文中已经提到过了，当我们竭尽全力地试图去了解原始人类在实现根本性的创新时的认知背景时（手斧的制造就是这类创新的一个例子），面临的最难以克服的问题之一就是，我们发现现代人类根本无法想象除了我们自己之外的任何其他意识状态。即使我们尽了最大的努力，我们也不可能将自己完全地代入到我们祖先的认知领域，因为这些早期原始人类的认知系统并不是简单地在我们现代人类的认知系统的基础上按比例缩小就可以"复原"的。因此，我们无法通过在现代人的智商基础上降低一或三个等级来揣测早期手斧制造者的智力：如果我们认为阿舍利文化时期的工具制造者除了是哑巴（因为他们脑袋更小）之外，其他跟我们现代人一样，那么我们肯定是弄错了。事实上，如果真是这样的话，他们几乎肯定要度过一个非常困难的时期。这是因为，要想过上像我们这样生活，就得拥有像我们这样的智能，还需要拥有像我们这样的用来处理外界刺激的符号系统，而这在非常晚近的时期才出现。毫无疑问，早期的手斧制造者的主观世界的经验以及他们处理信息的方式，与作为现代人类的我们有着本质上的区别。

然而，尽管我们推测能力有限，我们还是可以得出这样一个毋庸置疑的结论，即手斧的发明表明——或者至少反映了——原始人类的认知能力出现了某种飞跃（相对于那些制造出了最早一批石器的"双足猿"而言）。能够根据同一套规则制造出同样的工具，如手斧制造者所做的那样，这个事实意味着，对于什么是好的和合适的工具，大家已经有了某种"集体认同"，在许多时候，这被认为是"早期原始人类"（proto-human）行为与"人类"行为之间的划界性标志。但是，这种认知上的变化到底意味着什么呢？是不是说原始人类的头脑所真正关注的东西已经发生改变了呢？或者说，从他们对这个世界的理解和反应这个角度来看，这种"认知飞跃"究竟反映了什么东西呢？不幸的是，我们还没有发现任何能够告诉我们答案的化石记录。

手斧出现前后，到底发生了什么？由于以下这几个因素的存在，围绕这个事件的不确定性程度进一步加剧了。首先，手斧的发明似乎是在匠人出现之后才发生的。当然，这实际上并不足为奇，因为，正如我在本书第六章中已经阐述过的，技术进步是了解原始人类物种在这个阶段的认知能力的最好线索，而且这种技术进步只能发生在物种内部（如果没有更好的理由证明确实发生在其他地方的话）。很显然，原始人类必定存在着某种想象方面的智力潜能，即在他们把自己的想法表达出来之前，他们的大脑内部已经映照出了这样一种影像：在某块石头里面，"躺着"一件有特定形状的、真实可用的泪珠状工具。不过，这项新技术的发明者的确切身份仍然让人有点摸不着头脑。因为通常被归类为匠人（更不要说那几乎无所不包的直立人了）的原始人类，其实不止一个物种；如果真的是匠人发明了手斧，那么我们其实不知道到底是谁发明了手斧。我们目前所拥有的知识只允许我们得出这样一个结论：创新精神在非洲大陆的原始人类当中开始涌现出来的时间远远早于距今 170 万年之前。当然，这个结论已经很好了，因为这很可能是我们所知道的最重要的事，尤其是，没有任何证据可以表明不止一个分类等级的原始人类参与了技术进步的过程。

无论认知能力飞跃、创新精神爆发的具体细节如何，智力潜能的发挥（体现在手斧的发明上）无疑会对生活于阿舍利文化时期的原始人类的其他方面产生重大的影响。但是对于这种影响，我们目前还只能进行一些猜测。这是因为，虽然我们在很多遗址上都挖掘出了手斧，而且它们似乎也适用于各种各样的场合——至少早期是如此，但是用这种工具完成的活动，却与一些更加古老的遗址出土的化石记录所表明的没有太大不同。不过，也有一个重要的例外。早先的工具制造者通常在屠宰地现场加工他们的石器：只要当时有需要，就随时随地制造一些石器出来用一下。在这些地方通常不会出现大量石器，因为工具制造者不怎么可能将大量合适的石块带到屠宰地点。相比之下，手斧通常都是大量地被制造出来的，而且是在"生产车间"完成加工的。这里所称的"生产车间"，一般位于合适的石材比较丰富的地方。这方面最著名的一个例子或许是肯尼亚的奥洛戈赛利叶（Olorgesailie）。这是一个古意盎然的地方，在小小的地域内散落着数以千计的上百万年前的石器。出土的石器的密集度如此之高，意味着当年生活在这里的原始人类与奥杜瓦伊文化时期的工具制造者（还包括早期的匠人）相比，已经过上了一种完全不一样的生活。这个事实甚至强烈地暗示着，群体成员之间在各自所扮演的社会和经济角色上，已经存在着一定程度的专业化。

学者们还提出了这样一种看法（尽管对此仍然存在着不少争议）：在某些遗址，出土的手斧的数量多得异乎寻常，这个事实意味着这些遗址原本是举行某种仪式的聚会场所，同时手斧（或者至少其中一部分手斧）在这种场合中还发挥了某些社会性的功能，而不再仅仅限于纯粹的实用性的功能。当然这在很大程度上纯属揣测，不过，从坦桑尼亚的艾斯米拉（Isimila）出土的那些巨大的手斧来看，我们还是可以对以上这种结论抱有一定信心的。如果用于日常实用事务，这些石器显然都太大、太重了，因此我们确实有理由推测，它们是用于某些特定的仪式的。虽然这种推断可能显得有点"以现代人之心，度原始人之腹"，但是这种情况是有可能的。原始人类之所以制造出这样的工具，可能是因为他们"童心未泯"，也可能是出于某种"游戏精神"，或者，也可能是为了在某种大型的社交聚会中拿来炫耀比赛之用。不管怎样，这类工具的发现其实在一定程度上使我们所有人都觉得更加沮丧了：对于阿舍利文化时期的原始人类的生活方式，我们现在掌握的实质性证据太少了。而且，由于时间的因素，问题很可能还会变得更加复杂，因为艾斯米拉文化是相当晚近的文化。

129

在奥洛戈赛利叶，我们也找到了一个早期手斧的实际制造者的现成候选人。就在发现了大量石器的那个遗址的不远处，而且是在同一个地层，人们发现了一个体形非常小的个体的少量化石——比"图尔卡纳男孩"还要小得多。遗址的发掘者认为，这个人很有可能是那里的工具制造者中的一员。他们认为这是一个直立人，但是说实话，这个结论与其说是根据他的体型推断出来的，还不如说是根据他生活的年代推测出来的。其实，从他的颅骨碎片来看，它一点都不像爪哇人或"图尔卡纳男孩"。不过，根据现行标准，把它归入到早期人属是完全合乎情理的。我们猜测它的脑量应该低于800毫升，这么低的脑量仍然属于直立人／匠人的范围之内，尤其是考虑到他那"娇小"的体形。

大脑与脑部大小

在匠人和直立人身上，我们第一次观察到了脑容量显著增大到了足以区分不同原始人类的程度。这是我们遇到的一个独特而又重要的问题。原始人类化石的脑部大小引起了极大的关注，这不仅仅是因为我们的大脑长期以来都是我们最引以为豪的器官（这将我们与其他动物区别开来），而且还因为脑容量是很容易定量测度的，只要你有一个可以用来测量的或者可以用来估计的保存得足够完好的颅顶化石就行了。毫无疑问，关于原始人类的脑量的大小，最让人着迷的一个事实是，在最近的这 200 万年里，随着时间的推移它们的脑量呈现出了不断扩大的惊人趋势。在漫长的南方古猿时期，脑部的大小基本上没什么变化。简而言之，最晚近的南方古猿似乎只比最早的南方古猿的大脑大了那么一点点，但是由于还需考虑身体大小的缘故，如此细微的差别根本不能代表什么。但是一旦人属开始登上历史舞台，一切就都变了。平均而言，在挖掘出来的化石当中，人属物种生活的年代越晚，他们的大脑就可能也越大。这一点真的很重要，因为我们现代人类的大脑处理信息的方式显然与这个星球上的所有其他生物处理信息的方式完全不同，我们的认知能力肯定依赖于我们巨大的大脑，尽管脑量的大小并不能说明一切。

毫无疑问，脑量大小变化是人类演化史上的一个关键因素。但是，究竟应该如何解释这类现象？我们必须保持谨慎态度。特别是在渐进主义者的综合进化论的影响之下，古人类学家通常倾向于简单地认为，大脑的容量是单调地连续增加的。200 万年前，我们祖先的大脑容量基本上跟猿类一样大，过了 100 万年后，他们的脑容量增大到原来的两倍多；到了今天，我们人类大脑的容量又一次增大了一倍。在解释为什么那些不会说话的原始物种能够繁衍出更加聪明的个体时，还有什么比大脑容量的不断增大更能说明这种"必然趋势"吗？回顾过去，还有什么物种能比我们——现代人类——

130

这个优雅的物种更值得恭维的？当我们想到这些问题的时候，确实很容易自我感觉良好起来。

但是，在观察大脑容量的大小的时候，还有其他一些角度和途径。首先，即使我们手头上没有我们所喜爱的诸如原始人类的脑壳化石这样的东西，我们依然非常清楚，在任何一个时点上，原始人类的大脑的大小差别是很大的。在南方古猿当中，我们知道它们的脑量在一个相当狭小的范围内波动，大约在 400 毫升至 550 毫升之间。而在早期的人属物种中（大概在接下来的大约 200 万年里），我们知道脑量的大小大约介于 600 毫升至 850 毫升之间；而到了距今大约 50 万年前，原始人类大脑容量的变化幅度已经扩大到大约 725 毫升至 1200 毫升之间。

我们也应该考虑各种化石标本之间的形态多样性，尽管这种差异令人印象深刻，但是却往往不被承认。举个例子来说，不妨把四块大约 100 万年前的东部非洲出土的头盖骨化石放到一起来看一下：第一块是出土于奥洛戈赛利叶的、属于那个体形"娇小"的原始人的化石（估计他的脑容量低于 800 毫升）；第二块是出土于埃塞俄比亚的布亚（Buia）的头盖骨化石（脑容量大约为 750—800 毫升）；第三块是来自于埃塞俄比亚的达卡（Daka）颅骨化石（脑容量大约为 995 毫升）；第四块是奥杜瓦伊峡谷的二号发掘地（Bed II）出土的化石（脑容量大约为 1 067 毫升）。所有这些头盖骨化石都是属于直立人的，但是它们看上去却明显不一样：不但既不同于爪哇直立猿人，而且彼此之间也相去甚远。事实上，它们显然不应该含混地被直接归入到直立人或者匠人当中去，因为它们当中也没有一块化石看起来像"图尔卡纳男孩"的化石。

131 接下来就让我们来看一看因证据与传统之间的这种紧张关系所导致的思维模式冲突的一个绝佳例子。那是在几年之前，一个在图尔卡纳盆地进行发掘工作的研究团队在位于图尔卡纳东部的伊勒雷特（Ileret）地区发现了两个新的原始人类化石，其中一块是距今大约 155 万年前的头盖骨化石（其脑容量大约为 691 毫升），这块化石

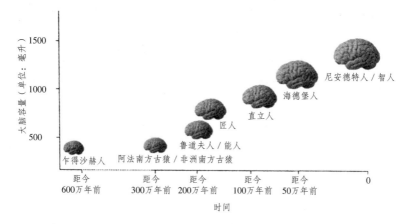

原始人类大脑的平均容量随时间演变的趋势。在经历了最初漫长的一段时间接近于水平直线的缓慢增大之后，在过去的 200 万年里，原始人类大脑似乎一直在明显增大。但是以下这一点非常重要，读者应该牢记：图中所显示的大脑体积都是平均值，即人属内部各个谱系数量不确定的成员平均脑量，因此，这个趋势图其实很可能只是反映了脑量更大的那些原始人种在此期间内的"优选成功"，而不能反映某个原始人种谱系的脑量的稳步增长。本插图由吉赛尔·加西娅（Gisselle Carcia）绘制。

的主人被归入到了直立人的行列，虽然没有任何迹象表明它与爪哇人的模式标本有任何形态上的相似之处。另一块则是上颚骨化石，它的主人或许比上一块化石的主人要年轻几万年，这个研究团队把它归入到了能人的行列。研究人员因这两块化石的发现而欣喜万分，他们把这两块化石当作一种证据，证明在同一时间在图尔卡纳盆地至少生活着两种完全不一样的人属物种，他们还进一步声称，这表明这一时期原始人类的物种具有丰富的多样性。但是，他们却没意识到，他们这种做法从根本上看是自相矛盾的：他们仅仅根据一块头盖骨化石，就把它归入到了直立人的谱系，这种归类方法的唯一合乎逻辑的前提假设是，直立人是一个单一的、全球性的、可变的，以及渐进式演变的人属谱系当中的一个"中间等级"，但是，这种前提假设正是他们自己试图挑战、撼动的（通过强调人类物种的多样性）。

132　　当然，由于现代人类的大脑容量的变化也非常大——大致介于1000毫升到2000毫升之间，所以我们几乎不可能单纯地只根据不同原始人类的大脑容量差异很大这个事实就否定某个人属物种的脑量随着时间流逝而单调增大的可能性。但是无论如何，我们在这些化石中看到的头骨形态上巨大差异肯定有某种发人深省之处。如果原始人种的多样性在过去确实是一直存在的（令人遗憾的是，对于这些物种的脑容量变化的范围以及他们生存的地质年代，我们知道的并不多），那么，以下这种情况也是同样有可能的：我们所观察到的过去200万年以来原始人类大脑容量的不断增大趋势，无非是因为在生态舞台上，大脑容量更大的那些原始人类物种拥有更大的竞争优势，从而更容易获得成功的结果。这些原始人类物种大脑更大，更加聪明，因而更有可能成功地生存下来并繁衍后代。

　　关于大脑容量更大的那些原始人类物种的胜利，另外一种可能的解释倾向于认为，推动了人类大脑容量随着时间推移而不断增大的各种压力，从本质上讲都是生态意义上的，因而是外生的，无关乎物种本身。然而，我们还可以观察到一个重要的现象，它表明，人属成员在某种程度上一直是预先就倾向于使脑容量不断增大的。大脑容量的增大至少独立地发生在了人属内部的三个谱系中。生活于爪哇的早期直立人——大约从距今150多万年前至距今不到100万年前——的大脑容量大约在800毫升到1 000多毫升之间；更晚一些的爪哇直立人群体——其活动时间很难准确地界定，但是估计大概在距今25万年前——的大脑容量则上升到了917毫升到1 035毫升之间；最晚近的爪哇直立人群体——或许生活在距今不会超过4万年前——的大脑容量则介于1 013毫升至1 251毫升之间。同样地，智人种和尼安德特人也都拥有几乎同等大小的大脑袋，从而完全"背离"了他们50万年前的脑容量相当小的共同祖先。例如，根据一个西班牙出土的有60万年历史的化石估计，尼安德特人的大脑容量大概介于 1 125 毫升至 1 390 毫升之间，然而后来的尼安德特人的大脑平均容量却为 1 487 毫升。

生活于酷热的亚洲东部地区的直立人、生活于冰河时代的欧洲的尼安德特人，以及生活于非洲的智人种的先驱，在这三个谱系都独立地"发展"出了较大的大脑，然而在这种过程当中，我们很难说他们全都处于一种共同的环境之下。很显然，不知如何地，人属各物种通过演化获得了某种潜在的扩大大脑容量的先天性倾向，这既可能是生物性的，也可能是文化性的。如果我们想要搞清楚原始人类在认知方面是如何变得如此强大的，那么我们就有必要先辩明原因——虽然，正如我们将会看到的，一个巨大的大脑显然是我们拥有一个独一无二的认知系统的必要条件，而不是充分条件。

不过，尽管人属物种拥有不断扩大大脑容量的先天倾向，但是这并不意味着他们的大脑容量必然会不断增大。最近才被世人发现的霍比特人（Hobbit）强烈地提醒我们，切不可忘记这一点。霍比特人生活在印度尼西亚弗洛勒斯岛（Flores）上的梁布亚洞穴（Liang Bua Cave）中，属于一个非同寻常的原始人类物种，其正式的名称为弗洛勒斯人（*Homo floresiensis*）。霍比特人的模式标本被称为 LB1，它是一个体形矮小的原始人类个体的骨骼化石。在活着的时候，LB1 的身高只有三英尺多一点。LB1 双足直立行走，不过身材比例极不寻常。LB1 的脑壳很少，脑容量很可能少于 380 毫升——这甚至比"露西"（目前已知的脑容量最小的南方古猿）的脑容量还要小一些。当然，或许最让人惊诧的是，LB1 离我们现代人类并不久远——他生活在距今仅仅 1.8 万年以前！

不难想象，当发现霍比特人这个消息——这是一个完全出人意料的发现——被公之于世之后，引起了何等的轩然大波。发现和描述 LB1 的那些科学家们认为，他可能是直立人当中的一个矮小种的后裔。在遥远的过去，出于某种原因，LB1 的祖先们不知怎么地就来到了弗洛勒斯。从它自身来看，这种解释似乎也不算特别令人难以置信：在弗洛勒斯这样远离大陆、孤单单地存在于浩瀚大洋中的

133

小岛屿上，哺乳动物和爬行动物的"岛屿矮小化"现象并非是彻底不可想象的事情——事实上，就在发现 LB1 的同一个洞穴的沉积物中，人们还发现了一具"迷你大象"的骨骼。但是，从解剖学上的角度来看，无论如何都很难证明 LB1 与直立人存在着某种密切的关系。LB1 的大脑实在太小了，比你能够想到的任何正常的"岛屿矮小化"过程所导致的"小脑袋"都还要小很多，甚至远远小于一个典型的拥有中等大小的大脑的直立人的大脑。一些权威人士认为，或许 LB1 只不过是一具病态的现代人的骨骼；但是没有任何已知的疾病符合这种特征。从现在的情况来看，LB1 以及他所属的这个物种最终很可能会被证明是来自非洲的早期"流亡者"的后裔，它们保留了一些非常古老的特征。这些特征很可能会有助于我们更好地了解这些"流亡者"的情况。同时，这个例子告诉我们，不管"岛屿矮小化"过程是否在某种程度上发挥了作用，对于人属的各个成员来说，时间和大脑容量增大并不是简单的同义词。

第八章

第一个世界性的原始人类物种

距今大约 100 万年前，原始人类的完整生活图景究竟是怎样的？现在仍然不是非常清晰，这是因为，在非洲大陆的"创新"中心，我们迄今发现的有关化石不但数量很少，而且分布相当分散。现在已经清楚的是，我们已经获得了第一批证据，它们表明，大约在 60 万年前，第一个世界性的原始人类物种——海德堡人（*Homo heidelbergensis*）——已经广泛地分布于"旧世界"各地了。回过头去看，这个物种的发现，要追溯到 1908 年在靠近德国海德堡市的莫尔（Mauer）的一个砂石坑中出土的一块下颌骨化石。这块化石的主人生活年代相当晚近，大约为距今 60.9 万年。单单以在莫尔发现的这块下颌骨化石本身而论，似乎有点令人费解，但幸运的是，它与法国比利牛斯山脉地区一个名为阿拉戈（Arago）的山洞里保存下来的距今大约 40 万年前的一个面部以及与之相关联的穹顶骨化石样本非常吻合。因此，如果把世界各地出土的头盖骨化石的各个部位拼合起来，那么我们能够拼出一个完整的海德堡人，或者，至少能够拼出一个非常接近于海德堡人的物种。这个"拼凑而成"的生活于 60 万年前的原始人的部分颅骨来自于埃塞俄比亚的博多（Bodo），部分头骨来自于赞比亚的卡布韦（Kabwe）、希腊的佩特拉罗纳（Petralona）以及中国的大理和金牛山，然后还要再加上来自于非洲以及其他地区的不完整标本的一些部件。这些化石的年代大部分都很难准确地判定，但是可以肯定的是，它们似乎都形成于距今大约 50 万年前到距今略少于 20 万年前这个时期内。然而，不幸的是，对于海德堡人的身体结构，我们却无法得出什么结论，因为对应于身体骨架的骨骼化石极其稀少（在中国金牛山发现的标本除外，但是这个标本的详情尚未完全提供给国际科学界）。尽管如此，从现在已经掌握的信息来看，我们已经可以确定，海德堡人的体格也是符合"建构现代人类身体基本计划"的，尽管他们的某些具体特征与现代人类相去甚远，而更多地预示了我们下面将会讨论的尼安德特人的身体形态特征。

根据我们目前所知道的，似乎最有可能的是，海德堡人最早出现在非洲，然后从那里扩散出去，正如之前的第一批原始人类的流亡者所做的一样。在过去的100万年原始人类的体形是如此的不一样，以至于我们始终无法确切地弄清楚这些在世界各地流亡的原始人类的准确来源，但是无可争辩的事实是，随着海德堡人的到来，原始人类进入了一个全新的适应性的天地。从他们的头盖骨的形态来看，这个新的物种不仅响应了过去，而且还预示着未来。他们的面部强壮而扁平，他们拥有比自己的祖先更加短得多的齿列，同时，他们的眼睛上方的眉骨高高地隆起，还有一个宽大的颅顶。他们的大脑容量大约在 1 166 毫升至 1 325 毫升之间。这个脑容量已经属于

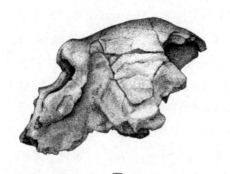

埃塞俄比亚的博多出土的海德堡人的部分颅骨。这些海德堡人生活的年代大约为距今 60 万年前，这块化石是目前所知的这个物种的最古老的代表性标本之一。本插图由唐·麦格拉纳汉绘制。

现代人类的脑容量的合理范围了，尽管它仍然比现代人类的平均脑 137
容量要低一些。

　　古人类神经科学家告诉我们，迄今关于这个物种的所有颅腔模
型都显示，其布洛卡区已经有所增大了。但是除此之外，古人类神
经科学家却一直保持着令人失望的沉默，尽管他们对这些脑颅腔模
型与现代人相似之处的印象比差异更加深刻。而且，尽管颅腔模型
表明，海德堡人的大脑左右半球呈现出了类似于现代人类的非对称
性，但是对我们现代人类而言，直接位于眼睛上方的前额叶皮质区
（不过在海德堡人那里，这个皮质区则位于眼睛的后上方）则比智人
种更宽、更平——事实上，如果你盯着包裹住它的头骨看，你肯定
会预料到这一点。

　　前额叶皮层对我们现代人类的复杂的认知能力是至关重要的，
这个脑区支配着负责各种关键的心理活动的脑区，决定了人们的决
策行为、社会性倾向和人格特征的表达。我们似乎也有理由推论，
在海德堡人那里，前额叶皮质的作用也大致相同。但是，这两个物
种的前额叶皮质区之间在外观上的差异对于该脑区的确切功能究
竟意味着什么，我们仍然不完全清楚，尤其是因为我们不知道，海
德堡人这个脑区的内部组织以及该脑区与相邻脑区的连接到底是怎
样的。同样地，我们也不能肯定，智人的脑容量相对于海德堡人的
"边际增量"，能够使智人获得什么认知优势。总之，所有这一切都
意味着，尽管我们可以合理根据脑容量增大了这个事实推断，海德
堡人在某种程度上比它的祖先"更聪明"一些，但是却没有直接途
径去确定这种增量的具体细节。因此，再一次，我们不得不转而依
靠考古记录为我们提供的间接代理指标。

　　我们现在所看到的最古老的海德堡人化石标本要么缺乏必要的
考古学情境（莫尔标本）、要么仍然含有相当多更古老的因素（博多
标本）。事实上，虽然发现博多头骨化石的那个考古发掘现场（博
多），也出土了很多石器，但它们全都是奥杜瓦伊型的旧石器，手斧
则完全见不到。要知道，博多标本的主人生活的年代是手斧被发明

138 整整 100 万年之后！而且，在同一地点的更深（即更古老）的岩层中，却经常出现手斧的踪迹。在这里，我们再一次看到，新的原始人种的出现与技术创新之间不存在任何相关性。有趣的是，博多标本带着许多切痕，它们是骨头仍然"新鲜"时留下的，就好像这个头骨曾经被蓄意剥皮一样。不过，这里的"剥皮"并不是在通常意义上说的，因为那超出了关于原始人的行为的适当推论的范围。吃人是不太可能的，因为切痕主要出现在面部和额头，那些都是没有多少肉可以吃的地方；但是，我们也不能直接把这些切痕解读成我们现代人类熟悉的某种仪式的结果。

　　幸运的是，欧洲的许多考古遗址的都属于海德堡人的时间范围，因此我们仍然有机会更好地了解生活在那个时代的原始人的故事。其中一个特别有意思的原始人类栖息地遗址是泰拉阿马塔（Terra Amata），它位于法国地中海沿岸城市尼斯的郊区。现在，泰拉阿马塔坐落在海边的一块狭长的高地上，但是在距今大约 38 万年以前，这个地方原本是一个古老的海滩。曾几何时，有一小群猎人多次回到这里（唉，可惜的是，他们没有留下任何关于自身的直接证据）。这些猎人建起了一些栖身之所。这些"屋子"的规模相当大，从那些被堆成了椭圆形、用来固定树枝的大石头可以看出这一点（树枝的一端被插入地面的，另一端则在屋顶处汇合交结）。这些"屋子"上面有没有用兽皮覆盖，从而变成了真正意义上的木屋？对此，我们现在仍然无法确定，但是，这确实是有可能的。在保存得最好的一栋"屋子"中，石头组成的椭圆形环有一个缺点，它不仅仅是供猎人们进出的出入口，而且还是排烟口，因为"屋子"内是生了火的。火是在一个浅浅的削腰型炉膛中燃烧的，在这个炉膛中，考古学家发现了两块已经熏黑的鹅卵石和一些动物的骨头（肉应该已经被煮熟了）。泰拉阿马塔的这个炉灶也许是继以色列发现的那个有 80 万年历史的炉灶之后，关于人类驯服火的最古老的确凿证据了。它表明，火的使用已经成为人类有记载的日常行为的一部分。自泰拉阿马塔遗址之后，炉灶就成了古人类遗址越来越普遍的一个特征了。

　　建成了结构稳固的"屋子"，而且经常使用火，这表明原始人类已经朝着现代行为模式迈出了一大步。然而，与此同时，在泰拉阿马塔发现的大量石器却都显得非常"不成熟"。在这里出土的石器当中，完全不存在双面打磨塑形过的手斧，绝大多数工具都只是简单的薄石片。这些猎人的工具之所以如此粗陋，一个可能的原因是，当地出产的石头（硅化灰岩砾石）不是制造切割用石刀的好原料。泰拉阿马塔原始人也从相当遥远的地方运来了一些红色和黄色的石头，不过，他们明显是被这些石头的美学性质所吸引的，而不是用它们来制造工具的。

139

　　另一个不寻常和有趣的遗址是位于德国北部的舍宁根（Schoeningen），那是一片厌氧泥炭沼泽地。正是由于这种极不寻常的环境，最早的一批木制工具的证据才得以保存下来。在这个遗址，还发现了十匹被屠宰的马以及其他许多哺乳动物的骨骼，不过可惜

　　最早的有记载的人造"庇护所"的重建图。这个"屋子"大约有35万年的历史，位于法国泰拉阿马塔。在紧靠入口的地方，有一个浅浅的炉灶（用来支撑的石头排成椭圆形，其缺口就是入口）。现在读者看到的这幅画是由戴安娜·塞勒斯根据亨利·德伦雷（Henry de Lumley）的构思绘制的。

的是（对于我们现代学者来说），猎杀这些动物的原始人类自身的化石却付之阙如。木头是非常容易变质腐烂的材料，很少能保存超过几十年，更不用说几个世纪了。尽管在非常久远的过去，原始人类就已经在采用木制工具了（南方古猿很可能会用木棒去挖掘东西），但是，这些有 40 万年历史的、很长且明显是精心制作的长矛能够完好地保存下来，仍然不能不令人觉得有点神奇。事实上，在此之前发现的最早的木制工具是一支红豆杉尖矛，但是它的历史只有短短的 12.5 万年。这支红豆杉尖矛是在德国的勒林根（Lehringen）遗址发现的。与它一起出土的，还有一些尖利的大象肋骨，人们相信，它们都是用来狩猎的。

在那些原始人类活动的时期，舍宁根属于寒温带气候，当时自然环境中可供利用的植物资源相当有限。因此，人们有理由推测，要想在这个纬度位置生存，原始人类的饮食中肉类应该占相当大的比重。然而尽管如此，这些长矛的复杂精致程度仍然令考古学家惊讶。在发现这些长矛的 20 世纪 90 年代中期，人们普遍认为，生活在那个年代的原始人类如果已经开始使用矛的话，也必定是手持矛（拿在手中用来扎刺）。但是，舍宁根出土的这些长矛显然更像投掷矛，它们长六英尺多，形制与奥运会上所用的标枪几乎一模一样（连重心靠前这一点也一样）。这些长矛是用云杉木制成的，一端已经被磨削得非常尖锐。虽然有人反驳道，既然这些长矛都是木头制成的，那么在碰到皮坚肉厚的大型哺乳动物时，很可能会被弹出来，除非投掷时的距离非常近（然而那样的话，又会或多或少抵消投掷矛相对于手持矛的优势）；但是一般的看法仍然是，这些长矛原本就是被设计成投掷矛的，而这就意味着复杂的伏击型狩猎时代的到来。再者，无论这些原始人类采取的狩猎技术到底是什么，舍宁根遗址发现的大量被屠宰的大型哺乳动物的遗骸足以证明，他们的狩猎活动的效率确实是相当高的。

舍宁根遗址还产生了另一个"第一"。事实上，这个"第一"可能更加重要。在原始人类的"科技进步史"上，一个重大的创新是由多个组件制成的"复合"工具的出现。这种工具会导致效率的大幅度提高——任何一个人，只要他曾经试过没有手柄的锤子，就很清楚这一点。在舍宁根，除了各种各样的燧石薄片之外，考古学家还发现了三段加工过的杉木。这些杉木每段长几英寸到一英尺不等，而且其中一端分别有一个缺口。考古学家们认为，这些木头原本是用来当作某件工具的手柄的，而木头上的那个缺口就是用来粘结或捆绑燧石薄片的槽口。虽然舍宁根出土的石器上没有发现使用过粘胶剂的痕迹，但是我们知道，这种情况确实是可能发生的，例如，比舍宁根人稍迟一点的尼安德特人，就曾经用天然树脂来充当粘胶剂。

如果舍宁根出土的这些木头确实是某件复合工具的手柄，那么这一技术进步要比下一个针对石器本身的重大技术进步整整早了十万年，或者更准确地说，至少在欧洲，确实如此。在距今大约30万年至20万年以前的整个时间，"预制"石核工具出现了，它代表了一种全新的制造石器的方法，这种方法需要使用高品质的、裂纹可预期的燧石或硅质岩，还要求工具制造者对石材有相当深的了解。在制造过程中，工具制造者对石核的两边都要精心打造，他要耐心地完成无数次定位敲打，打掉最后一片多余的石片，才算制成一件石器；在这过程中通常还要用到以兽骨或鹿角制成的"软"锤。这样最后得到的将是一件有许多个切削刃的石器，这些切削或连续或不连续，几乎环绕着整个石核。石核也可能被丢弃，或者继续从它上面敲一些石片下来。敲打下来的石片，如果可用的话，将会被改造成其他形状，例如可以制成刮削器或切割器。

从这种制造工具的新方法中，我们清楚地看到，原始人类的行为表现出来的认知复杂性已经进入了一个新的层次。工具制造者不仅必须在开始制造工具之前就预见到制成品的形制，而且还必须对接下来要完成的若干个加工阶段进行计划和概念化，而不能"直奔"自己想要的最终形状而去。不过，这种新的制造工具的方法最早出现在欧洲，还是非洲，目前仍然不清楚，因为"发明人"的确切身

141

份还无法确定。但是毫无疑问的是，它代表着一个新的时代的到来，而且海德堡人肯定见证了这一切。有趣的是，在非洲大陆的肯尼亚，考古学家也发现了这种工具制造方法的早期证据，那里的原始人类使用的是石锤和"刀片"——这里所说的"刀片"，是指有平行边且长是宽的两倍的一种石片。这些原始人类生活在距今大约 50 万年以前，正是海德堡人的活跃时期。非洲在如此久远的年代就出现了"刀片"，这一点特别有趣，因为这种工具是从圆柱形的石核上敲打下来的，欧洲要再过几十万年后（即拥有完全认知能力的现代人类登上历史舞台之后）才出现类似的工具。要制造"刀片"绝非易事，因为这不仅涉及一系列高度复杂的动作，而且还要求工具制造者非常了解石材的性质。无论这些生活在肯尼亚的早期"刀片制造者"属于哪一个物种，他们都完成了一个非常艰难的认知任务。

总而言之，海德堡人"主宰"地球的这个时期——即距今大约 60 万年至 20 万年以前——见证了原始人类生活方式的变迁和发生在他们中间的一系列重大技术创新。虽然我们现在仍然不能确定，完成这些创新的到底是哪一个原始人类物种，但是我们还是有一定理由把它们归功于海德堡人或类似于海德堡人的某个物种的。海德堡人很顽强、又有相当高的智慧，他们发挥了惊人的科技和文化创造力，"征服"了整个旧世界。他们是熟练的猎人，采用先进的狩猎技术追杀大型猎物；他们为自己建造了"庇护所"，能够利用和控制火；他们对自己身处的环境的了解也达到了前所未有的深度；他们制造的石器精妙程度令人钦佩，他们甚至偶尔还会组装复合工具。总之，他们过着一种比他们之前的任何原始人类都要更加复杂的生活。

然而，我们不可能仅仅根据原始人制造石器的技术来解读他们的符号化思维过程，而且在海德堡人生活的全部时期，也没有任何一个原始人在任何一个地方留下任何一件我们可以肯定地说成符号性对象的东西。直到很久之后，才偶尔出现了一两件或许有资格被认定为符号性对象的东西。第一个"候选人"是以色列考古学家

1981 年在戈兰高地的贝列卡特—拉姆（Berekhat Ram）发现的一个被称为"维纳斯"的石人像。这个遗址有 23 万年历史，而这个"维纳斯"实际上是一块卵石，其形状隐隐约约地类似于人类女性的躯干。有人认为，这个器物显然是拟人化的，因为它有三个明显是有意刻削而成的凹痕，但是，我们仍然不能确定，这些凹痕真的是人类有意图的行为的结果。第二个潜在竞争者则是，在肯尼亚发现的一对用鸵鸟蛋壳制成的有穿孔的小圆盘，有人认为，它们是个人装饰品（因此是符号化的，有象征意义）；而且据说，这对小圆盘已经有 28 万年的历史了。但是，这些都只是猜测。总之，可以肯定的是，现在没有任何实质性的记录可以表明，对于信息的符号化处理已经成了海德堡人的日常认知活动的常规组成部分。如果真的是这样，我们肯定能够发现更多的物证。

海德堡人无疑是引人注目的，并且在他们所生活的年代，他们肯定是地球上曾经存在过的最聪明的生物。但是，虽然我们可以在他们身上看到许多与自己类似的东西，海德堡人确实仍然不是我们现代人类的"简化版"——事实上，我们在黑猩猩身上不是也能看到许多与自己类似的东西吗？这些原始人类尽管看上去已经相当有智慧了，但是他们的智慧仍然只限于纯粹的直觉，或者说，那只是非陈述性的（non-declarative）。他们既不像我们这样，能够进行符号化思维，也没有自己的语言。因此，我们不应该把他们视为另一个版本的自己。相反，我们需要根据他们自己的特殊特点去理解他们。当然，正如我在本书前文中已经强调过的，这并不是一件容易的事情。而且，就海德堡人来说，由于现在我们已经拥有的线索非常诱人，同时数量却极其稀少，这种困难就更大了。

143

第九章
冰河时代与早期的欧洲人

在原始人类演化过程中，非洲大陆一直是创新的源泉。但是，欧洲也提供了大量信息，使我们能够更加深刻地理解现代人类与我们最相似的（已经灭绝的）近亲之间的巨大差异——当然，这部分是因为我们在搜寻人类过去的踪迹时对欧洲的"发掘"要比其他各洲更加"彻底"的缘故。这里的关键在于，我们对于欧洲特有的原始人种尼安德特人的了解比对其他任何原始人种都更全面、更加深入。尼安德特人留下的化石记录以及其他证据比其他任何已经灭绝的原始人种都要多，而且，特别重要的是，尼安德特人的大脑容量与我们现代人类一样大——有人说，甚至比我们现代人类还要更大一些。因此，尼安德特人占尽了天时、地利、人和，是我们观察自己的独特性的最佳镜像。这种"脑袋很大"的原始人，可以帮助我们思考：我们引以为豪的精神力量是否只是那个代价高昂的"大脑越大越好"主题带来的一种被动的副产品？无论出于何种原因，这个主题似乎已经支配了人属的演化历史。甚至，为了使这种对比显得更加完整，我们还可以将我们自己的行为与我们推断出来的尼安德特人的行为进行对照，这是因为他们给我们留下了关于他们的存在的不同寻常地完整记录。通过这样的对比，我们可能得到一些启发，从而有助于搞清楚我们自己到底是什么、我们为什么会成为当今世界上唯一的人类物种并以前所未有的方式与外界产生联系。但是，在叙述尼安德特人的故事之前，我们先简单地看一下原始人类演化后半程的各种事件得以发生的气候背景。这是因为，（不同尺度上的）环境变化一直是有机体世界演化的最重要驱动力。人类也不例外。

冰河时代

在前面的章节中，我们已经看到，早在人属登上演化舞台之前，世界各地的气候就开始趋于恶化了，这是推动栖息在地形开阔的非洲各地的早期原始人类演化的一个重要刺激因素。距今大约 300 万年前，这一趋势突然加强，北美板块和南美板块的碰撞导致了巴拿马地峡的出现，这道新的屏障阻碍了大洋之间的循环，使来自温暖的太平洋的海水无法进入大西洋，从而加速了非洲大陆的变冷、变旱的过程，并促成了北极的冰盖的形成。从非洲出土的距今大约 260 万年前的化石上，我们可以清楚地看到这个事件所带来的一系列后果，例如，适应草地环境的哺乳动物的活动范围在不断扩散，而原有的一些动物则渐趋消失。许多权威学者认为，发生在这个时期的环境转变（它集中反映在动物区系变化上）是我们人属得以出现的最重要刺激因素。无论实际情况是否真如这些专家所说，以下这一点都是毋庸置疑的：在这个新的气候周期内发生的一系列事件，对原始人类进化的后期阶段产生了深远的影响。在非洲大陆，气候仍然相当温暖，但是整个大陆的降雨量却出现了剧烈的波动。而在欧亚大陆，气候的影响显然还要更大，因为它的纬度更高。这样，大约从距今 200 万年以前开始向高纬度地区迁移的原始人类无疑也会受到显著的影响。

距今大约 260 万年以前，北极冰盖形成了，这标志着冰河周期的开始。自此之后，随着南北两极的冰盖的定期扩张和收缩，冰期和间冰期交替出现。冰盖的面积之所以会出现这种波动，是因为当地球围绕着太阳运转时，接收到的太阳辐射随它在轨道上的位置的

147 变化而不同。[1] 大约距今 100 万年前，非洲出现了许多类似于塞伦盖蒂草原的热带稀树草原，这个冰河周期已经演变到了一个相当稳定的阶段，从最冷变为最暖的周期为大约十万年（最温暖的时候的气候与我们今天的气候差不多）。而在这最冷与最暖这两个极端之间，还会出现无数次短期的振荡。在某些时候，这种振荡确实是"非常短期"的，而不像后来出现的"小冰期"。（横跨了 16 世纪至 19 世纪的"小冰期"内，前后共出现了三个最低温度。）

在最寒冷的时候，北极冰盖会一直扩张到北纬 40 度一带，从而覆盖了欧亚大陆的大部分地区；同时，阿尔卑斯山、比利牛斯山以及欧亚大陆的其他山脉的冰盖也将大幅扩张，甚至有可能连成一体，形成不可逾越的地理障碍。由于冰层的迫近，各地环境会发生显著的变化，具体程度则取决于当地的地形特点及其距离海洋的远近。不过，在大多数地方，冰层一般都会迅速消退，使原本被覆盖的土地变成苔原：冻土上面有一层薄土，供苔草、地衣和其他一些草生长，而食草动物（如麝牛和驯鹿）则以这些草为生。在冰层无法覆盖的南方，越往南，植被越高大，而森林也从松林变为针阔混交林和落叶林，还有鹿群在里面游荡着。随着气候回暖，冰层向北退缩，植被带则紧随其后，相应的动物群也如影随形。在南方，阔叶林在温和的时期占主导地位，不过在干燥地区则让位于地中海式的灌木丛。由于在寒冷期，冰盖会将海水中的大量淡水锁住，所以整个地理面貌也会随之发生变化。在冰盖面积最大的时候，世界海平面大幅下降（与今天相比，整整低了 300 英尺）。因此，在较暖和的时候被海洋隔开的岛屿（例如英伦三岛和加里曼丹岛）都将与大陆相连，而且大陆海岸线也会远远向海洋延伸。而到了温暖期，海平面上升，原始人类在寒冷期建成的许多定居点无疑会被海水淹没。

根据最新的地质分期，冰河周期的开始（距今大约 260 万年前）同时也是地质学家所称的更新世（"最近的时代"）的开始。更新世

---

[1] 原文如此。但是冰期旋回现象的原因可能并不是这样。——译者注

一直延续到距今大约 1.2 万年之前，那也正是最后一个大冰盖退缩
的时候。在那之后，就进入了地质学家所称的全新世（"彻头彻尾最
近的时代"）。事实上，如果不考虑我们人类的影响，事实上并没有
充分的理由认为现在已经走出了冰河周期。因此，无论你怎么定义
人属，它都是更新世的产物。关键是，我们的祖先是在一个时刻都
在变得越来越不稳定的环境中继续演化的。不管是在非洲大陆（那
里降雨量在短短的时间内就发生了显著变化），还是在欧亚大陆（那
里许多地方都会定期地变得不适宜居住），情况都是如此。因此，只
要秉承实事求是的精神，我们就不可能想当然地认为，原始人类在
更新世的演化是一种对特定环境的稳定适应；事实上，甚至连稳定
的环境趋势也不存在。毫无疑问，更新世原始人类的演化故事肯定
是一个戏剧性更强的故事，因为弱小的原始人类种群要一直与不断
变化的环境相抗争，他们不得不经常撤退，甚至被"就地消灭"。在
许多情况下，他们就是出现在了错误的时间和错误的地点的受害者。

　　然而，特别值得指出的是，在更新世时期，原本已经非常分散
的原始人类种群还会定期地进一步"碎片化"，因此无论是在非洲和
欧亚大陆，新遗传结构的固定以及物种形成都获得了非常难得的理
想条件。这两个演化机制都依赖于物理上的隔离和小群体。对于原
始人类个体来说，冰河时代的生存条件当然是非常恶劣的，但是从
另一个角度来看，对于我们这些流动性很高、适应极强且足智多谋
的祖先来说，更新世也提供了以前从来没有过的有利于演化变革的
条件。这一点意义极其重大。把内部因素和外部因素结合起来，我
们就可以解释为什么原始人类在更新世的演化速度快得简直惊人了。
毫无疑问，原始人类在这个时期的演化速度比演化史上任何可比的
哺乳动物都更快，发生的演化事件也更多。我们现代人类与刚进入
更新世时的人类祖先之间的差异，大于地球上的任何其他动物。

　　不过，这种快速的演化几乎可以肯定得归功于我们的"生态多
面手"祖先将灵活性和弹性很好地结合了起来，并形成了乐意进入
快速变化的新环境的倾向。这一点颇具讽刺意味，因为"生态多面

手"的物种形成速度和灭绝率通常比"生态专一者"低得多。这个
过程还得益于原始人类十分稀疏的人口分布和高度分散的人口结构，
而后者又源于原始人类所采用的作为狩猎者的生活方式。最近的一
项研究的结果也表明，在环境波动极其剧烈的更新世，新的基因很
可能是通过演化谱系上彼此相近且差异较少的不同原始人种之间的
偶尔混杂相处而引入原始人类种群的。这个看似令人惊异的结论其
实并不意外。

　　还有一个重要的因素是原始人类特有的，即他们拥有复杂的
"文化财产"，尤其是当"文化财产"以技术的形式表现出来的时候。
不过，这个因素从某些角度来看是自相矛盾的。我们祖先的探索倾
向永远也不可能因为自己没有能力从技术的角度去适应不熟悉的和
极端的条件而"沉溺"。文化通常——而且名正言顺地——被视为一
种有助于将原始人类与他们的环境隔离开来的因素，因而也有助于
原始人类摆脱自我选择的桎梏。但是，在这个特殊的背景下，文化
所发挥的作用——促进原本就很稀疏的原始人类进一步分散到广大
的地域空间上——实际上很可能有助于解释人属在更新世为什么会
演化得这么快。

　　早期的地质学家构造了一个"更新世年表"，他们利用的是随着
冰河的进退而出现的物理证据，例如，被冰河带来的巨岩在山谷两
侧和地面上刻出的划痕，或者冰河融化时被遗留下来的堆积如山的
磐石。但是这种做法有一个问题，那就是，每一期的冰川都会把上
一期冰川留下来的证据冲刷掉一部分，因此也就很难解释最后观察
到的结果。自从 20 世纪 50 年代以来，原来的更新世分期法——分
为四大冰期和间冰期——就让位给了基于现代地质年代学和地球化
学分析的新分期法了。也就是说，被分析的是从海底沉积物中提取
的岩芯，或者从格陵兰岛及南极冰盖下提取的冰芯。

　　在这两种情况下，比较可取的方法是度量冰芯的各个分层中较
轻的氧同位素与较重的氧同位素之间的比率，或者，度量微生物的
壳中较轻的氧同位素与较重的氧同位素之间的比值（这些微生物生

活在表层水中，死后沉没于海底，形成沉淀物堆）。这个比率能够告诉我们有关当时的温度的信息，因为较轻的同位素更容易从海水中蒸发掉。在非常寒冷的时期，蒸汽凝结为雨或雪之后，就会被冰川吸附，因此，冰川可以"锁定"较轻的同位素。由此而导致的一个结果是，较冷的海洋和生活在其中的微生物就会富集较重的同位素，而冰盖则会富集较轻的同位素。而且，冰芯（或海底石芯）中这两种同位素之间的比率与该冰块（或沉积物）形成时的温度密切相关。冰芯（或石芯）提供了一个连续的关于两种同位素比率变化的记录，从而也就提供了气温随时间变化的连续记录。

在这类数据的基础上，古气候学家已经辨识出了自更新世以来的 102 个不同的海洋同位素阶段（Marine Isotope Stages，简称 MIS），并且按照从最近到最早的顺序，依次进行了编号。这种编号方法的一个结果是，温暖的阶段都是奇数号，而寒冷的阶段都是偶数号——我们现在正处于温暖的 MIS 1 阶段，最近一个冰期的高峰期则用 MIS 2 表示……依此类推。在每一个主要阶段内部，气温也会出现相当大的波动，这些波动中，比较显著的那些也有自己的编号。例如，同位素 5 阶段（MIS 5），又可以进一步细分为 5A、5B、5C、5D 和 5E 等阶段，其中，最久远的那个阶段（5E）是很温暖的，当时的海平面比现在还要高数米。

在更新世早期，气温波动频繁，不过变化幅度并不是太大；但是到了后来，气温波动涉及的范围变得广泛了，而且也更强烈了。可惜的是，要把各个原始人类化石遗址与海洋同位素序列或冰盖序列匹配起来并不容易，尤其是当我们不可能确定具体日期的时候。尽管如此，由于不稳定的环境条件通常会导致动物区系的频繁变化，因此相关的动物化石通常还是可以提供有价值的线索。无论如何，只要将上述方法与其他确定年份和气温的科学方法（例如，花粉化石和土壤分析）结合起来，我们就可以很好地了解我们的祖先不得不努力应对的各种环境挑战了。

150

151

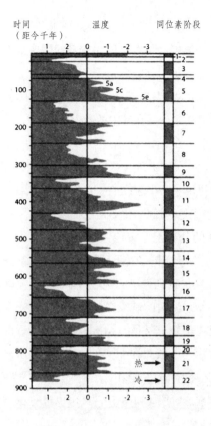

过去 90 万年以来的全球气温的氧同位素记录。这是基于从印度洋和太平洋海底钻取的石芯中的 $^{16}O/^{18}O$ 的比率给出的。偶数阶段相对寒冷，而奇数阶段则相对温暖。在各主要阶段内部，气温也会出现相当大的振荡。本插图由詹妮弗·斯特菲绘制。数据源于沙克尔顿和霍尔的论文（Shackleton and Hall，1989）。

最早的欧洲人

在讨论早期原始人类"占领"欧洲的历史过程的时候，我们必须将如上所述的不稳定的气候条件和地理环境考虑在内。直到不久前，仍然有人认为，早期人类是在相当晚近的时期才第一次进入欧洲的——至少肯定远远晚于原始人类沿着亚热带海岸线来到亚洲南部的时间。然而，德玛尼斯城的发现证明（它就位于亚洲与欧洲的交界处），原始人类很早就已经进入了温带地区。现在，伊比利亚半岛上的遗址提供的直接物证足以证明原始人类早在距今大约 120 万年以前就来到了欧洲。其中一项证据是一些化石，源于西班牙北部阿塔普尔埃卡山（Atapuerca）中的一个被称为德尔埃尔芬特裂谷遗址（Sima del Elefante）的考古现场。这个标本是一块人属的下颚骨 152 化石，上面还带着几个有所磨损的牙齿；由于太不完整，无法确定它究竟属于哪个物种。同一个遗址出土的与这个标本相关的一些哺乳动物化石表明，这些原始人生活在一个相对温暖的阶段。与此同时，他们所用的石器类似于奥杜瓦伊文化时期的石器，说明他们的技术虽然还不是太先进，但是已经足以让他们深入到伊比利亚半岛内部了。至于生活方式方面，却没有多少值得大书特书的地方。纯粹是出于方便起见，发现司马德尔埃尔芬特遗址的那些考古学家决定暂时把这个标本与附近的格兰多利纳（Gran Dolina）遗址的阿塔普埃尔卡（Atapuerca）发掘点出土的一些类似的不完整的人类化石归为同一个物种，即他们所称的先驱人或智人先驱种（*Homo antecessor*）。

　　格兰多利纳遗址出土的这个标本大约有 78 万年的历史，它特别令人感兴趣，因为在阿塔普埃尔卡进行发掘的科学家们认为，它可能代表了智人和尼安德特人这两个谱系的共同祖先。不过，虽然单单从时间的角度来看，格兰多利纳的原始人似乎真的有机会扮演这一角色，但是他们在演化进程中的位置仍然是含糊不清的。事实上，至少同样可能的是，先驱人只不过是早期走出非洲来到欧洲但遭到了"失败"的某个原始人类物种，而与后来在欧洲各地"称雄"的尼安德特人的直接祖先却没有什么联系。不过，如果真的能直接回溯到斯马德尔埃尔芬特原始人，那么最早"占领"欧洲的原始人类的历史就相当漫长了；而且，如果你渴望发现的是某种连续性，那么你可能会发现这样一个事实：从上述两个"阿塔普埃尔卡"出土的石器都很粗糙，而且彼此几乎没有什么差异。

上述原始人类化石是在格兰多利纳的一个洞穴中发现的。这是原始人在那个相对温和湿润的时期占据的古老洞穴的典型代表。在阿塔普埃尔卡发掘的科学家除了声称先驱人代表了尼安德特人与现代人类的共同祖先之外，还提出了另外一个耸人听闻的观点，即化石证明这个物种是"食人族"。到目前为止，格兰多利纳发现的骨骼化石一般都遭到了严重损毁，其中许多化石都留下了曾经遭受切割、砍斫、用石器刮削的痕迹，它们强烈地暗示，其主人是被屠杀后吃掉的。更重要的是，尽管不同物种间存在着解剖差异，但是所有的骨骼，包括人类的和非人类的，都遭到了同样的对待。这就意味着，这些骨骼化石所代表的遗体是被用于相同的目的，即被吃掉。另一方面，没有任何证据表明，原始人类遗体得到了任何特殊的优待。因此，说 78 万年前生活在格兰多利纳的原始人类会吃其他原始人，这个观点还是有强大的证据支持的（尽管并不是所有人都完全赞同）。最近，阿塔普埃尔卡研究团队又发布了一些证明，试图进一步证明其结论的稳健性。

不过，证明人吃人仅仅是一个开始，事实上，这个结论还带出了一系列问题，其中最重要的问题就是，到底是谁吃谁？以及，为什么要人吃人？对于我们现代人来说，同类相食无疑带着浓厚的象征色彩，例如，这种行为的意义在一定程度上取决于，你吃的是你的亲人还是陌生人。阿塔普埃尔卡研究小组没有考虑格兰多利纳遗址发现的化石的象征性意义，他们强调，那 11 名被屠杀的儿童和青少年都没有得到特殊的"优待"，而且从他们被"屠宰"的手法来看，屠杀者所使用的"技术"就是专为最大限度地获取可食用物质而"设计"的，例如，脑壳内的大脑也不放过。那么，在格兰多利纳，这些不幸惨遭屠杀的人是不是一个单一事件——即一群饥饿至极的原始人不得不尝试人吃人——的受害者？阿塔普埃尔卡研究小组未能找到任何证据来证明这个猜测，相反，屠杀者的栖息地其实相当富饶，因此这些科学家认为，这种屠杀事件在长达数万年之久的时间内一直在发生，吃人很可能就是智人先驱人的生存策略的一个常规的组成部分。他们甚至进一步推测，从被吃者的年龄都很小这一点来看，这些体弱力小的受害者很可能是本群体派出去突袭相邻群体的猎人的"猎物"。

可惜的是，格兰多利纳本身并没有提供太多的直接证据。除了那些被屠宰的"猎物"的化石和石器之外（其中大部分石器就是在肢解"猎物"的洞穴中敲打而成的），没有任何迹象表明，这些原始人（先驱人）已经开始使用火，也没有任何可以说明他们平时的活动内容和从事的"职业"的记录，尽管现场也留下了一些植物的遗迹，它们或许表明先驱人的饮食结构并不限于那些骸骨化石所能暗示的肉食。总之，几乎可以肯定，阿塔普埃尔卡研究团队的观点——原始人被集体屠杀并不具备任何仪式性意义——是正确的；而且，如果他们的结论——在先驱人而言，吃人不过是寻常事，人肉是他们日常饮食常规组成部分——也是正确的，那么很显然，这些原始人完全不考虑他人，而关心他人却是生活在现代社会的人的典型特征。从现存的历史记录来看，"食人"作为一种社会惩罚手段，无论是发生在群体内部还是群体之间，一直都只能是一种非常"特殊"的活动，必定伴随着特定的仪式和复杂的象征性意义。而发生在格兰多利纳的同类相食则只是一种"平淡无奇的日常行为"，与仪式性的食人完全不同；当然，对我们来说，却意味着完全陌生的"异类"之举。

154

尼安德特人的崛起

虽然我们无法画出一条直线，把格兰多利纳的先驱人与后来的尼安德特人直接联系起来，但是，阿塔普埃尔卡地区的其他遗址还是为我们提供了很好的证据（这个地区真是考古学的福地！），证明属于尼安德特人谱系的某个早期成员确实曾经在那里生活过。从欧洲各地出土的化石来看，尼安德特人的历史似乎不足 20 万年。然

而，就在距离格兰多利纳不过一箭之遥的马约尔洞（Cueva Mayor）
发现了堪称古人类学史上最不寻常的现象，它给了我们一个非常好
的机会，使我们能够一窥早期尼安德特人的生活的奥秘。马约尔洞
是一个溶洞，在它的深处有垂直的风洞（立井），它差不多深 50 英
尺，在其底部逼仄的空间内，到处都是原始人类的化石。这是迄今
发现的人类化石最集中的地方。原始人类化石是非常稀少的，一个
古生物学家一生中能够找到一个或两个，就已经非常幸运了。但是
指挥发掘这个西班牙"聚宝盆"的科学家告诉我，他的团队是全世
界唯一一个能够自己决定发掘出多少人类化石的团队：先计划好在
下个阶段的发掘中准备发掘出多少块化石（十块？还是一百块？），
然后开始发掘，等"配额"足了，就马上停手！难怪这个神奇的胡
瑟裂谷遗址（Sima de los Hues）又被称为"骨坑"了。尽管在这个
狭小局促的地方进行考古发掘无疑是不舒服的，但是可以肯定的是，
任何这类痛苦都是非常值得的。

　　这个"骨坑"最初是由一些洞察探险者发现的，他们马上通知
了古生物学家。自从 20 世纪 90 年代初开始系统性的发掘以来，这个
遗址已经出土了几百块古人类化石，它们分别来自 28 个原始人，男
女都有。虽然从单块骨头来看，它们通常都被损坏得相当严重了，但
是骨骼本身还保存得不错，因而科学家们能够将它们重新组合起来。
到目前为止，科学家们已经用这几百块骨头拼合出了好几个基本完
155 整的颅骨，此处还整理出了许多颅后骨骼标本。这确实是前所未有
的：在同一个地方发现了如此大量的源于同一个已经灭绝的原始人类
物种的同质标本。更加重要的是，"骨坑"不仅使我们有机会从生物
学的角度去了解一个已经灭绝的原始人类物种，甚至还使我们有机
会从人口学的角度去了解它。从已经发掘出来的骨骼化石来看，这
些原始人当中包括了一个年幼的孩子、几个年龄在 35 岁至 40 岁之
间的较年长的成年人，其余大多数人的年龄则介于 10 岁至 18 岁之
间。男性个体比女性个体更加高大，男人的体型与女人的体型的差
异程度与现代人相仿。通常来说，男性成年人的身高大约为 6 英尺。

这些胡瑟裂谷人都是身强体壮的人，他们拥有粗大的骨骼，体重可能要比身高相同的现代人更重一些。而且，几乎可以肯定的是，相对于我们现代人类，他们无疑是非常强大的。不过，他们的平均大脑容量则比我们现代人类小一点，大约为 1 125 立方厘米至 1 390 立方厘米。女性的骨盆很宽，产道已经能够容纳现代人类新生儿的头部通过。这些原始人类出生之后可能不用面临太大的食物压力。通常来说，如果一个人在发育过程中营养不良，那么就会反映在牙齿牙冠的珐琅质上。"骨坑"中出土的牙齿表明，与更晚近的智人相比，生活在这里的原始人类身上很少发生这类事件。考虑到当地环境适宜、物产丰富，这一点并不令人意外。

对与胡瑟裂谷遗址差不多同一时期的哺乳动物骨骼化石的研究表明，在那个时候，西班牙北部地区的气温已经比格兰多利纳时期低一些了。当时，胡瑟裂谷人的栖息地位于开阔的林地旁边，林地上还生活着多种多样的动物。阿塔普埃尔卡地区的研究者们认为，这些原始人类是当地的动物的主要"天敌"，尽管他们也需要与至少两种大型猫科动物竞争（这些外表像狮子的猫科动物也是不久前才迁移到该地区的）。骨骼化石表明，这些原始人的颌关节患关节炎的比例相当高，这一点与他们的牙齿磨损非常严重的事实是一致的。他们的牙齿状况也意味着，他们吃的食物是相当坚硬、相当难以嚼碎的，可能包含了一些强韧的植物成分；此外，他们的牙齿还承担了许多其他的"任务"，例如加工皮革。保存最完好的一个头骨表明，它的主人牙齿被感染了，可能（很痛苦地）导致了其死亡。但是，许多牙齿化石同时还表明，他们相当重视口腔卫生，因为留下了频繁使用牙签的证据。

然而，无论是从颅骨还是从颅后骨骼的形态来看，"骨坑"发现的这些胡瑟裂谷人都与其他原始人不一样，尽管他们与尼安德特人似乎有某种相近之处。当然，他们显然也不是尼安德特人。尼安德特人是一个早就得到了精确界定的物种，这个物种的成员的头骨形态有非常明确的特征。尼安德特人的某些鲜明特征，也体现在了这

156

些胡瑟裂谷人身上，例如，每只眼睛上方的眉嵴很高，且弯成了美妙的曲线，而其后面则是一个令人惊异的椭圆形凹陷区，形成了人们所称的眶后窝（suprainiac fossa）。不过，胡瑟裂谷人在"物种形成"方面仍然显得不够彻底，他们身上的"祖先特征"还有很多，这尤其表现在他们的陡峭的颅拱顶和相对广阔的下颜面部上。毫无疑问，胡瑟裂谷人作为"先行者"，肯定早于尼安德特人，但是他们并不属于同一个物种。

要确定这一大堆深藏在深坑底部的骨骼化石的年代并非易事，不过幸运的是，这堆白骨堆积起来之后不久，就不断有富含石灰质的水在上面流过，最后在这些沉积物上面形成了一个"石灰岩"盖。现代技术的发展，使人们有可能通过测定沉积在构成这些"流石"的方解石晶体内部的放射性铀同位素含量，来确定它们的年代。这是因为，这些不稳定的铀同位素会以恒定速率衰变为原先并不存在的钍同位素，因此确定了这种同位素之间的比例，就可推算出这个过程所经历的时间。在对胡瑟裂谷的流石中这两种同位素的含量进行高精度测量之后，科学家们已经确定了一系列年代，它们基本上集中在距今大约 60 万年前，其中最近者为距今 53 万年。当然，"骨坑"中的原始人类骨骼化石的"年龄"可能会稍稍小一点（考古学最初的看法正是如此），但是无论如何，这些胡瑟裂谷人生活的时期肯定早于尼安德特人。

那么，这些断手断脚、甚至身首异处的原始人到这个既深又窄的阴森森的洞穴底部来干什么呢？或者更恰当地说，他们是怎么来到这里的呢？显然，这不是一个生活的好地方，他们不可能生活在这里；同样地，这 28 个人也不可能都是不小心跌进这里来的。另外，也没有任何迹象表明，这是某种食肉动物的巢穴，尽管里面也发现了多种食肉动物的骨骼化石。例如，其中就包括了洞熊的化石，这种动物可能是在寻找冬眠的地方时误陷此地的。其他食肉动物则可能是受腐肉气味所诱而落入这个深坑的。然而，有意思的是，在所有骨骼当中，并无当地常见的食草哺乳动物的骨髓。对此，阿塔普

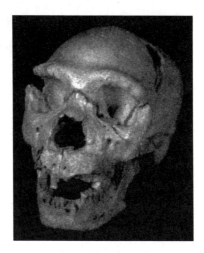

　　西班牙阿塔普埃尔卡山区的胡瑟裂谷遗址出土的第 5 号颅骨。这个颅骨出土时是破碎了，后来又被复原了。这个遗址是迄今所发现的最神奇的原始人类化石的宝库，在已经出土的至少 28 个人的大约有 60 万年历史的骨髓化石中，这个颅骨化石是最有代表性的。这些原始人是尼安德特人的先驱。图片摄影：肯·莫布雷（Ken Mowbray）。

　　埃尔卡研究小组认为，这些原始人必定是被他们的同伴故意扔进这个深坑里的，这可能是他们处置死者的一种方法：将死于洞外某处的人，全都丢到洞内的这个深坑里。

　　这种解释诚然令人印象深刻，但是仍然未必所有人都会信服。不过，为了支持这种解释，阿塔普埃尔卡研究小组又提出了一个引人注目的证据：在这个"骨坑"中发现的唯一一件人工制品恰恰是一柄"光辉夺目"的用玫瑰石英板岩（rosy quartzite）制成的手斧。这几乎可以说是一件"神器"，这样说不仅是因为阿塔普埃尔卡一带这个时期的遗址向来很少出土手斧，而且玫瑰石英板岩本身也是极其罕见的。早期的石器制造者向来很重视选择质地上好的石材，尤其是，如果石材本身也很美观的话，那他们就更加珍爱了，因此，当阿塔普埃尔研究小组认定，这件"神器"对它的拥有者有特殊意义的时候，他们几乎肯定是对的。不过，他们接着又声称，这是一件仪式性的工具——因为它显然从未用于任何实际用途，这个观点可能就值得商榷了。他们还进一步推论道，这件工具还是一个符号性的东西，之所以要把它扔到坑里，就是作为陪葬仪式的一部分。

158 这就纯属假说了。当然，如果它确实是这样一个东西，那么它就至少在一定程度上意味着这些原始人已经开始拥有了同情心。事实上，这些西班牙学者确实认为，胡瑟裂谷人已经具备一些符号化思维能力了。

不过，这种做法无疑有削足适履之嫌，因为它把许多不同的东西都曲解成了同一个现象，而这个现象的真正意义则完全依赖于推测。然而不幸的是，关于胡瑟裂谷人，我们迄今所有的考古学知识也就只有这么多了。其他地方从来没有发现过同样的化石，而且我们也无法确信，是否可以将他们与欧洲差不多同一时期的其他考古遗址发现的（非常罕见的）器物联系起来，尽管以下这种情况也不是完全不可能的：舍宁根长矛或泰拉阿马塔木屋可能出自他们的后代（即尼安德特血统的成员），而不是出自当时的海德堡人之手。

由于胡瑟裂谷化石的发现者把胡瑟裂谷人归类为海德堡人，而没有把他们归类到另一个与隶属于尼安德特人的新的人种当中，这种混淆局面就进一步加剧了。胡瑟裂谷人显然不是海德堡人，海德堡人也显然不同于尼安德特人。事实上，也许还有另一种方法来确定胡瑟裂谷人到底是否拥有符号化思维能力，因为根据他们的形态，他们无疑属于先于尼安德特人的"先驱种"。在他们之后出现的尼安德特人留下了丰富的考古记录，这为我们做出这类判断提供了一个坚实的基础。如果尼安德特人是使用符号的，那么胡瑟裂谷人也可能是使用符号的；但是，如果作为他们的后继者的尼安德特人也不拥有象征性思维能力，那么他们就不可能拥有。

第十章

尼安德特人到底是何方神圣？

在"原始人类神殿"中，尼安德特人占据了一个非常特别的位置，因为早在19世纪中叶，它就成了第一个被发现且被命名的已经灭绝的原始人类物种。作为这一"历史偶然事件"的结果，在我们思考自身的演化问题时，尼安德特人始终被看得很重，尽管事实早就很清楚，他们并不是人类的直接"先驱"（那只是尼安德特人刚被发现时的一种误解）。现在的普遍共识是，尼安德特人应该得到重视，但是只能凭他们自身的因素，即作为一个已经灭绝的、独特的原始人种而得到应有的重视。尼安德特人的独特性是显而易见的，以下事实就是明证：古人类学家对于化石的归属，通常都会争论不休，但是对于尼安德特人的化石，却几乎总是能够很快就达成一致意见。

在法国北部的比亚什圣瓦斯特（Biache-St-Vaast）遗址出土的一个颅骨标本是最早的独特的尼安德特人化石的代表。这个尼安德特人生活于距今至少17万年以前（即 MIS 6 阶段），一起出土的动物化石表明，当时的气候条件是中度寒冷。如果你想把尼安德特人出现的最早时期再往前推，那么或者可以考虑在德国莱林根（Reilingen）遗址发现的一个略微不那么完整的颅骨化石，它生活于MIS 8 阶段，即距今大约25万年以前。这个标本的"年龄"与另一个出土于德国斯德海姆（Steinheim）遗址的更完整的标本差不多。不过，斯德海姆标本虽然拥有比胡瑟裂谷人更多的"尼安德特人特征"，但是却与后者一样，仍然没有完全"尼安德特人化"。这些化石告诉我们，这个演化阶段发生在欧洲原始人类的历史事件要比人们通常所认为的更加复杂得多，这也就意味着，我们或许永远不可能找到一个历史超过 25 万年的真正意义上的尼安德特人化石。然而，很明显，尼安德特人的血统一定出现在胡瑟裂谷人的生活时期与莱林根尼安德特人的生活时期之间的某个时间。至于具体的时间，由于欧洲在此期间多次出现的冰期和冰消期的影响，就很难确定了。

为什么原始人类在欧洲活动的记录能够保存得这么好？一个重要的原因是石灰岩。在石灰岩地区，有大量的洞穴和溶洞，为原始人类提供了他们一直渴望得到的庇护所。尽管在原始人类离去后，他们占用期间留下的大部分痕迹和碎片都会因为冰盖的定期融化而被冲洗或淹没，但是，遗存的部分记录已经足以告诉我们，在尼安德特人谱系的原始人活跃于欧洲期间，海德堡人也生活在欧洲。这也就支持了这样一种观点，即在中更新世（距今大约 78 万年至 12.6 万年之间）的欧洲，不同原始人类物种跳起了复杂的共处和竞争的"小步舞曲"。如果真的是这样，那么大脑袋的尼安德特人无疑是这个特殊的竞赛的胜利者，因为自从比亚什圣瓦斯特时代以后（或许还要更早一些），他们就已经独占了整个欧洲大陆。

在身为"欧洲占领者"的长达 20 万年的时间里，尼安德特人不仅扩展到了欧洲各地，甚至来到了西亚地区。他们的化石在南至直布罗陀和以色列、北至芬兰的广阔地区都有发现。考虑到在尼安德特人活跃期间也出现一些比较温暖的时期，在芬兰发现尼安德特人遗址也是合情合理的。事实上，最近的一份科学考察报告指出，尼安德特人甚至曾经到过俄罗斯北部距北极圈不远的地区（不过，这是根据出土的工具，而不是骨骼化石来推定的），时间则是在距今大约 3.4 万年至 3.1 万年以前，其时气候条件相当寒冷。往西方，英伦三岛的北威尔士也发现了尼安德特人化石；往东方，乌兹别克斯坦也广泛分布着尼安德特人遗址。甚至，在更远的东方，即西伯利亚南部的阿尔泰山脉的一个地方，也发现了一个带有尼安德特人基因特征的骨骼化石。

由此可见，尼安德特人遗址散布于欧洲大陆各地，这些地区的 161
海拔高度、地形地势和经度纬度彼此相去甚远。很明显，如果单从
它的分布范围来看，尼安德特人无疑是一个强大的、适应性很强的
人种，他们能够应对各种各样的环境。不过，尼安德特人也显然在
尽量避免过于接近冰川前沿，而且他们在特定的时间点上能够占据
的"领土"的总面积必定随着中更新世变幻莫测的气候变化而变化。
例如，在距今大约 7 万年至 6 万年前的严寒时期，尼安德特人似乎
被"压制"在了欧洲的地中海沿岸一带；而在随后的最温暖的 MIS
3 阶段，他们的足迹又遍布欧洲北部和中部各地。

这一点特别有意义，值得强调一下。因为长期以来，由于起源
于冰河时期，活动的地区又处于北半球，人们一直认为尼安德特人
是"适应寒冷气候"的。在许多人的观念中，尼安德特人与起源于
非洲、"适应热带气候"的智人形成了鲜明对比，堪称"冰与雪之
子"。然而，事实并非如此。以往人们曾经把尼安德特人的特殊的
鼻腔构造解释为一种适应寒冷气候的机制：吸入寒冷而干燥的空气
之后，先进行"加温"、"加湿"处理，以免损害脆弱的肺部。尼安
德特人的特殊的四肢比例也被做类似解释。长期以来，尼安德特人
的这些特征一直被视为适应了严寒的北极的结果，但是实际上，它
们其实与现代高级掠食者适应于不同环境的身体特征完全是同一个
性质。现实情况是，在他们漫长的活跃期间内，尼安德特人必须适
应各种各样的地理条件和气候条件。事实上，尼安德特人是根本不
可能"适应"冰期的严寒的。科学计算已经表明，在极度寒冷而又
没有御寒衣服的条件下，一个体重为 180 磅的尼安德特人必须拥有
110 磅以上的皮下脂肪，才不会冻死。然而，尼安德特人是猎人，
如果长得像相扑选手一样，他们就几乎不可能成为优秀的猎手，从
而也就无法适应狩猎生活了。如果真的生活在严寒的环境中，那么
更有可能的是，尼安德特人的体形或许接近今天生活在北极的人，
通常要依靠衣物和其他具有文化意义的装备来隔绝寒气和保持体温。

有趣的是，对两份尼安德特人的 DNA 样本的分析结果表明，

他们有一个影响皮肤和头发颜色的基因是失活的。尼安德特人由于
起源于温带地区，他们皮肤白皙，并拥有漂亮的红色头发。但是，
162　值得注意的是，这里所说这个基因变异与现代人类导致红头发的基

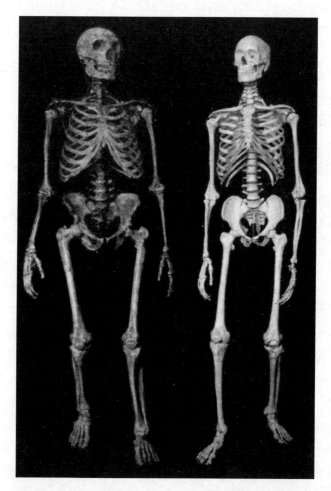

　　复原的尼安德特人的骨骼（左）与身形相似的现代人类的骨骼（右）的比
较。这是两个存在着明显反差的人种。除了颅骨特征有明显差异之外，两者的胸
部和骨盆区域的形状也有显著的区别。图片摄影：肯·莫布雷。

因变异并不是同一个。这个事实告诉我们，我们需要摆脱把尼安德特人看作"我们自己的不太成功的版本"的传统思维方式。我们不能再认为，尼安德特人是现代人类的一个变体，只不过他们下错了赌注，把所有的鸡蛋都放到了错误的篮子里。

像我们现代人类一样，从个体角度来看，这一个尼安德特人与另一个尼安德特人、这个地方的尼安德特人与另一个地方的尼安德特人、这个时期的尼安德特人与另一个时期的尼安德特人都会有些许的不同。当然，也与我们现代人类一样，就他们独特的总体生理特征而言，所有尼安德特人都是相同的。尼安德特人颅壳相当宽广，同时也显得比较长和浅，而且侧面鼓胀且背面突出。（相比之下，我们现代人类的颅骨则显得比较轻巧，更接近于球状，颜面部也较小，位于高高的气球形的脑壳的前下方。）尼安德特人的脸部有些突兀地位于颅顶之前，有一个非常显眼的大鼻子（它里面有一些非常不同寻常的骨骼结构）；他们脸部两侧的颧骨迅速向后退缩。此后，从颈后骨骼来看，尼安德特人与现代人类的差别也同样引人注目。尼安德特人比我们现代人类更加强壮，他们的肢骨粗壮，长骨不仅骨壁很厚，而且两端的关节也很大，甚至显得有些粗笨。我们现代人类的躯干有点像一只桶（顶部和底部向内逐渐变细），但是尼安德特人的躯干则是漏斗形的，从狭窄的顶部，呈锥形向外和向下伸展，直到宽宽的骨盆部位。骨架连接的这些特征，再加上其他方面的证据，支持了以下这种观点：尼安德特人的步态与我们现代人类不同——步幅显得更紧，同时臀部旋转幅度则更大。除此之外，尼安德特人的粗壮的骨骼表明，他们力量很大，同时代谢需求也非常高。总之，我们现在看到的这种原始人类，虽然是智人的相当近的"近亲"，但是从解剖结构上看，还是有许多细节上的不同的。然而，变得非同寻常地纤巧和灵活的并不是尼安德特人，所以从根本上说，偏离原始人类身体形态发展的一般趋势的，似乎是我们，而不是他们。从我们现在看到的不那么完整的颅后化石记录来看（包括胡瑟裂谷人的化石记录），宽阔的盆骨和强大的骨骼结构似乎是所有属于尼安德特人谱系的原始人类的特征，而不是早期智人的特征。

我们现代人类长大成人的方式也不同于尼安德特人——而且，据我们所知，也不同于所有其他原始人类物种。在本书前面的章节中，我们已经看到，"图尔卡纳男孩"以及匠人／直立人的其他个体长大成人的速度似乎比智人快很多，因此他们依赖父母生存和学习知识技能的时间也要短得多。尽管大脑容量比较大，尼安德特人也没有偏离这种模式。最近，在一项针对尼安德特人牙齿发育的研究中，科学家们利用超高分辨率技术揭示，虽然与更早期的原始人类相比，尼安德特人的发育期确实有所延长，但是仍然显著短于智人（我们现代人类）。例如，尼安德特人在 6 岁之前就开始长上智齿（第三磨牙）了，这比现代人类儿童要早 3 到 4 年。同样，尼安德特人长出第一磨牙的时间也大大早于我们现代人类。用发展量表的术语来说，这些数据有力地表明，尼安德特人依赖于父母的时间比我们现代人类短得多，进入青春期后性成熟的速度也快得多。这个结论与尼安德特人基因组分析的结果也是一致的：尼安德特人控制身体和智力发育的基因与我们现代人类基因组中的对位基因不同。

此外，就尼安德特人那形状独特的头颅而言，不仅生长速度明显比我们现代人类快得多，而且其发育轨迹也明显不同。利用先进的成像和建模技术，科学家们已经证明，将我们现代人类的脸与尼安德特人的脸区分开来的那些特征，不仅在出生后遵循着独特的发育途径，而且有许多是在出生时就已经确定的，因此我们不能认为这些差异只不过是表面性的差异。不过，在众多从一出生就有明显区别的特征中，大脑的实际形状并不在其内。与尼安德特人一样，人类的头骨在出生时是显得有些拉长的，只有这样，人类婴儿才能通过狭窄的产道顺利来到人世。但是在出生后的第一年，我们人类的脑部就迅速长成圆球状了，大脑的迅速发育，推动着脑壳呈现出了独特的外形。现代人类的大脑和颅骨的外形在人的发育早期的这种急剧变化是极不寻常的；而且这种变化只能发生在分娩过程结束、颅骨发育不再受约束之后。科学家们推测，这个过程很可能与大脑内部的某种重组有关，而且，正是这种重组，才使得现代人类拥有了符号化的认知能力。

尼安德特人的基因

　　1997 年，尼安德特人成了第一个完成了 DNA 测定的已经灭绝的原始人类物种。在这一年中，一群德国科学家巧妙地从 1856 年在德国尼安德特山谷发现的尼安德特人原始标本中提取出了一段线粒体 DNA（Mitochondrial DNA，简称 "mtDNA"）。线粒体 DNA 是驻留在线粒体这种很小的细胞器内的 DNA 小环，它的作用是为细胞提供能量。这些线粒体 DNA 独立于细胞核内数量更大的 DNA，对于那些试图对演化过程中的累积突变进行比较分析的科学家来说，这无疑是一个巨大的优势。它的优势源于这样一个事实，线粒体 DNA 只通过母亲遗传（这一点与细胞核 DNA 不同），不会因为父母双方的精子和卵子的结合而混杂，换言之，它包含的历史信息更加易于梳理。科学研究已经证明，在现代人类当中，在标记不同种群、跟踪他们的传播过程等方面，线粒体 DNA 是一个极其有用的工具。研究还证明，尼安德特人线粒体 DNA 远远地落在了今天所有人类群体的 DNA 变异包络线之外。更准确地说，这些德国研究人员发现，现代人类不同种群之间，相对应的线粒体基因组平均有 8 个不同之处；人类与黑猩猩之间大约有 55 个不同之处，而尼安德特人与人类之间也有 26 个不同之处。更加重要的是，尼安德特人与所有被检测过的现代人类种群的线粒体基因组差异都一样。

　　自从 1997 年以来，科学家已经从不同遗址出土的各个时期的尼安德特人化石样本中采集了线粒体 DNA，最后的结果全都一样。正如人们所预料的那样，不同的尼安德特人之间存在着些微的个体差异。相对较低的多样性意味着，尼安德特人的群体规模通常是很小的，关于这一点，考古学家们也早就猜测到了（他们的依据是，尼安德特人留下的遗址的数量相对较少）。在某个时点上，往往是所有的尼安德特人都聚集在一起，这也与智人不同。另外，尽管进行了许多研究，但是科学家们一直无法在现代欧洲人的 DNA 样本中检测到尼安德特曾经做出过贡献的迹象。

　　这些 DNA 研究结果进一步确证了古人类学家根据解剖学研究得到的结论，即尼安德特人是一个独立的物种，一个完全"个性化"的物种，有着它自己的历史、自己的命运。然而，大自然并非一片净土，各原始人类物种也不是永保贞洁、老死不相往来的圣女，在更新世，作为瞬息万变的演化大戏剧的主角，彼此之间有着密切关系的各原始人类物种肯定尤其如此。2010 年，前述德国研究小组又创造了一个"世界第一"：他们公布了完整的尼安德特人基因组图谱。这些科学家所用的三个骨骼样本来自克罗地亚一个名叫凡迪亚（Vindija）的山洞出土的、生活在距今大约 4 万年前的尼安德特人化石。寥寥几个样本最终生成了一个庞大的数据库。人类基因组总共有超过三十亿个"核苷酸"，它们构成了基本的数据点。要想解释尼安德特人基因组，意味着必须通过某种非常复杂的计算机算法处理所有数据点。经过必要的处理后（并不是所有人都对这种处理很认同），这些研究人员报告说，"尼安德特人与今天生活在欧亚大陆的现代人类共享的遗传变异，要比他们与今天生活在非洲撒哈拉以南地区的现代人类共享的遗传变异更多，这表明，在欧亚大陆各人类群体分化之前，基因就从尼安德特人流入了非洲人以外的人类的祖先的。"不过，更细致的考察表明，基因流（即由于杂交繁殖而出现的基因转移）的数量只有 1％ 至 4％。这个数量几乎可以称为渺小，而且相当奇怪的是，这种流动完全是单向的：只从尼安德特人流入现代人类。

　　更奇怪的是同一个研究小组不久之后发布的另一份报告的结果。这些科学家确实非常勤劳，在此之前，他们已经发现，在南西伯利亚地区一个名为丹尼索瓦（Denisova）出土的一块大约只有 3 万年历史的手指骨化石的 DNA 指纹图谱既不同于现代人，也不同于尼安德特人（这块化石还未从形态上进行归类），尽管它与尼安德特人似乎有某种联系。现在，他们又从这个标本得到了一个完整的基因组，并宣称它与现代美拉尼西亚人（而不是其他人种）有一小部分基因是共同的。如果确实如此，那么也就意味着，美拉尼西亚人祖先在走出非洲、跨过亚洲走向太平洋的过程中，可能发生了这些遗传变异。另外，同样出土于丹尼索瓦的一颗磨牙也带有基本相同的遗传特征，但是这颗牙齿非常大，而且形态也不同于已知的如此晚近的任何其他人类化石，这说明形态学证据与遗传学证据并不完全一致。不过，这些结果最终还是得到了解释，它们表明，在原始人类演化的后期，事情可能会变得非常复杂，而且从历史和功能角度来看似乎相互独立的一些原始人种也可能偶尔会交换遗传物质。

在人类演化的历史上，这种交换甚至可能是人类基因创新的一个重要源泉。不久前，一组分子生物学家在芝加哥发布了一个研究报告，指出，在调节容量大小方面发挥着重要作用的小脑症基因（microcephalin gene）的一个传播得非常迅速的变体，似乎是在距今大约 3.7 万年之前才被导入我们智人这个物种的。他们的研究结果表明，这种基因可能源于我们的一个"近亲物种"，而该物种则早在大约 100 万年以前就离开了我们的演化谱系。看起来，尼安德特人似乎就是这个"近亲物种"——当然，任何其他原始人类物种都可能是这个"捐助者"。尽管现在就下结论似乎为时尚早（而且 3.7 万年也太短了一些，不足以使我们这个物种出现实质性的重大差异），但是这种可能性确实是值得考虑的：彼此之间有密切关系的原始人类物种在某个较早的时间发生的规模很小的基因交流，可能会在为智人祖先提供重要的新遗传材料方面发挥不可忽视的显著作用。

说到底，这其实并不是什么了不起的新鲜事。人们早就知道，在高度分化的不同哺乳动物之间，偶尔会出现基因交换。事实上，在南卡罗来纳州的动物园里，现在就生活着一对狮虎——那是一种由狮子和老虎杂交生下的大型动物。确实，类似的动物都是相当可怕的，尤其是考虑到，狮子和老虎其实不是最近才分化的最近的

167

"近亲"。狮子其实与美洲豹更近一些，而老虎则与雪豹更近一些；事实上，狮子和老虎的最后的共同祖先生活在距今大约 400 万年以前。但是，尽管已经出现了这样一些令人印象深刻的"杂种"，仍然不会有人认为狮子和老虎是没有完全实现"个体化"的动物。是的，它们都有自己独立的历史和演化的轨迹。而且，尽管出现了基因交换，但是没有人认为这两种大型猫科动物会合并成一种结合了两个亲本物种的所有特点的物种。比狮子和老虎更加"接近"原始人类的是灵长类动物，它们也经常出现类似的杂交现象。在埃塞俄比亚的某个地区，狒狒和狮尾狒狒之间经常杂交，尽管这两个密切相关的猴子物种从外表上看是截然不同的。但是，即使在那里，也没有任何迹象表明，这两个亲本物种正在失去其独特的生理特征。

168 　　尼安德特人与智人之间在头骨结构上的差异远远大于狒狒与狮尾狒狒之间、狮子与老虎之间的差异。而且，无论这两个原始人类物种的成员之间是否偶尔发生过交配行为，他们之间出现任何在演化意义上有显著意义的遗传交换的概率都是可以忽略不计的。换句话说，并没有发生什么可能影响这两个物种的未来命运的事情，这两个物种的成员的特征也没有出现任何显著的"融合"现象。只要仔细观察，那些被称为"杂种"的非常晚近的原始人类化石，例如在葡萄牙的拉格韦柳（Abrigo do Lagar Velho）山洞发现的骨骼化石，以及在罗马尼亚的"骨头之洞"（Peştera cu Oase）出土的有些奇怪的早期智人头骨化石，就会发现它们其实只不过是有点不寻常的现代人类骨骼而已。更重要的是，考古记录还会"平行"地向我们提供一些关于文化"杂交"的无关紧要的信息，以及无中生有的信息。总而言之，从我们现有的证据来看，智人和尼安德特人确实是两个明显不同的物种，两者都拥有只属于自己独特的历史和维持生存之道。当然，在更新世，这两个物种之间偶尔发生一些意外事故也是合情合理的，但是，偶发的基因渗入并不能改变根本性的现实。

尼安德特人的饮食

正如我们在前面的章节中已经看到的，遗传证据表明，尼安德特人的总数一直都很少，他们遗留下来的遗址规模都很小、密度也很低，就是这个事实的反映。无论是在温暖期还是寒冷期，生活在季节性很强的环境中的尼安德特人能够获得的植物性食物并不丰裕，他们很可能相当严重地依赖于动物脂肪和蛋白质来维持生存。当然，依赖于动物性食物的程度肯定不是一成不变的。总体上看，依赖程度的变化在很大程度上似乎是时间和环境的函数，因为尼安德特人是非常灵活的掠食者，他们很清楚如何利用环境提供了一切可以利用的资源。

对此，意大利西部相邻的两个遗址很能说明问题。尼安德特人只是短暂地占据了这两个地方，那是在距今大约 12 万年以前的一个温暖期（MIS 5 阶段）。这两个遗址出土的与尼安德特人有关的动物遗骸主要是一些老迈动物的头骨。研究人员的结论是，这些原始人吃的是死于自然原因的动物被其他大型食肉动物啃食后剩下的东西：在大型食肉动物吃完之后，动物的头是唯一可能还剩一些肉的部位。相比之下，从另外一些遗址来看，在距今大约 5 万年以前，气候要冷得多（很巧合，不是吗？），尼安德人留下来的就是一些壮年动物遗骸了，而且动物身体的各个部位都有。此外，这些遗址出土的石器也更加密集，这些事实告诉我们，尼安德特人是长期占据这个地方的，而且他们已经学会了先进的伏击狩猎技术，能够把猎得的整只动物带回"家"屠宰。不过，仅仅凭借这些考古证据，只能解释原始人类生活的一部分——当然，这并不容易解释。无论如何，我们已经知道，较早期的尼安德特人与较晚期的尼安德特人之间的反差是惊人的，这不仅体现在他们获取动物性食物的技巧出现了很大的变化，而且还体现在他们的"职业习惯"上。毫无疑问，这些原始人肯定不会一成不变地重复他们的生存战略。

生活于不同时期、不同地区的尼安德特人可能有所区别，但是在考古学界，一个越来越强大的共识是，在适当的条件下，尼安德特人是顶级掠食者。在比较寒冷的日子里，动物性食物是尼安德特人的主要食物，甚至可能是唯一的食物；而且，越来越多的证据表明，他们经常去猎杀体型庞大的哺乳动物，包括地球最凶猛、最可怕的食肉哺乳动物。最有说服力的证据是在尼安德特人的牙齿和骨骼中保存下来的稳定同位素的比率。在本书前面的章节中，我们已经了解到，关于南方古猿的饮食结构的变化，碳同位素能够告诉我们很多信息。类似地，就尼安德特人而言，氮的稳定同位素也能发挥同样的作用。事实证明，你在食物链的位置每提高一级，氮的两种同位素 ^{15}N 和 ^{14}N 在你的组织中的比率就会略有增加——比率越高，说明你吃的肉食越多。从 20 世纪 90 年代初以来，科学家们发现，尼安德特人的骨骼化石中的 ^{15}N 和 ^{14}N 比率总是高于同一个地方出土的食草动物的骨骼化石。事实上，尼安德特人的骨骼化石中的 ^{15}N 和 ^{14}N 比率与狼、狮子和鬣狗相当——如果不是更高的话。

170

这一观察结果与如下事实也是一致的：在各个尼安德特人遗址中，总是能够发现很多被屠宰的食草动物的遗骸。到了 2005 年，最后的决定性研究结果出现了。一个法国研究小组发现，一个名叫圣·塞萨尔（St. Césaire）的地方出土的非常晚近的尼安德特人的骨骼化石的 $^{15}N / ^{14}N$ 比率极高，甚至远远高于他们在同一个地点所发现的鬣狗的骨骼化石。因此，这些科学家们认为，要让自己的骨骼的 $^{15}N / ^{14}N$ 比率达到如此高的地步，唯一的可能途径是，尼安德特人必须专门吃 ^{15}N 含量非常高的食草动物。这样一来，受害者就只能是众所周知的最吓人的大型野兽了，即猛犸象和披毛犀。更加重要的是，这些法国科学家还指出，圣·塞萨尔尼安德特人是不可能靠食腐——吃猛犸象和披毛犀的尸体——来维持如此之高的氮同位素比率的。因此在他们看来，这些原始人类必定是积极主动地去猎杀那些庞大的哺乳动物的——或许，长期以来，猛犸象和披毛犀的肉就是他们的传统食物结构中的重要组成部分了。这个案例非常有说服力。由此可见，尼安德特人确实是可怕的猎人，尽管人口有限，但是他们还是能够猎杀最强大的猎物。在他们的生活场所，尼安德特人肯定长期在炉灶中保持着火种。火堆或篝火除了用来烹制食物和阻吓天敌之外，也成了他们的社交活动的主要重心。

不过，同样重要的一点是，我们不能忘记，在大多数地方、在大部分时间里，植物性食物必定在尼安德特人的食物结构中发挥着显著作用。不少人都忽视了他们的食物结构的这个方面，这一点不难理解，因为多下来的植物性食物会迅速腐烂殆尽，几乎不可能作为考古记录保存下来。然而，随着科学技术的发展，许多天才学者想出了许多令人惊叹的新方法来研究这类问题。例如，最近的一份科学报告描述了尼安德特人的牙齿表面的菌斑中包含的植物微体化石（包括淀粉粒和植硅体，是出现在植物的根、叶、茎等部分，并随植物种类不同而不同的微小的刚性物体）。由此，牙医的噩梦变成了一个古人类学家的宝库！这些科学家研究了两个著名遗址的牙齿化石，其中一个是位于伊拉克北部的名叫沙尼达尔（Shanidar）的山洞，涉及的尼安德特人标本有大约 4.6 万年的历史。顺便说一句，沙尼达尔遗址之所以出名，是因为那里出土了一个著名的老年男性尼安德特人的骨骼，其中有一只手是残废的。在这个尼安德特人的一生中，这个残废之肢肯定是没有任何用处的。那么，这个人是如何维持生存的？这引起了很多猜测，有人认为，他得到了他所在的社会群体的支持。另一个遗址是位于比利时的间谍之洞（cave of Spy），这个遗址比沙尼达尔遗址迟大约 1 万年，在尼安德特人的历史中，属于很晚的时期。

尽管无论从时间上看还是从空间上看，这两个遗址都有很大的不同，而且它们也确实代表了不同的环境（一个是地中海地区，另一个是寒温带地区），但是它们却讲述着类似的故事。在这两个地方生活的尼安德特人都食用多种植物性食物，它们反映了当地环境中可用的资源的范围。没有任何迹象表明，尼安德特人以某种特定的

171

食物为主食，不过，在这两个地方，他们通常都只吃经过一定处理的食物，事实上，一些含淀粉的植物是煮熟后才食用的。顺便指出，食用淀粉类食物与氮同位素记录之间不会产生矛盾，因为同位素只能显示肉类食物和蛋白含量高的植物性食物的消费量。在沙尼达尔，植物微体化石表明，这里的尼安德特人的植物性食物包括了红枣、薏米和豆类，这些植物都是在每年的不同季节成熟和采集的。这也就意味着，收集植物性食物是一个贯穿全年的活动。总而言之，这项最新的研究告诉我们，现代意义上的狩猎—采集型生活方式的要领，尼安德特人就已经掌握了。像今天的智人一样，尼安德特人也是一个机会主义的杂食动物，这也提醒我们，尽管我们在后来也采用了掠食性的生活方式，但是我们从来没有把古老的素食传统完全抛在脑后。

尼安德特人的生活方式

直到最近，除了规模很小这一点之外，关于这些围绕着火堆烹制食物的尼安德特人群体的情况，我们所知不多。我们只能依据一些石器和骨骼（它们往往是碎裂或折断的），以及这些东西散落在他们的居住地周围的方式，来得出一些推测性的结论。这些东西的散落方式通常（但并不总是）是随机的，一般不能告诉我们，尼安德特人的生活空间是不是被划分成进行不同活动——例如屠宰猎物、制造石器、睡觉、吃饭，等等——的不同区域。在拥有了符号化思维能力的现代人类的住处，我们是可以看到这种活动区域的划分的。由此可见，智人和尼安德特人这两个物种的家庭生活的方式是不同的。不过，直到最近，对于尼安德特人的群体的具体组织方式，我们仍然几乎一无所知。现在，一群西班牙科学家，正在对一个距今大约 5 万年以前的尼安德特人遗址厄尔斯德隆（El Sidrón）进行研究，他们收集了许多物理—生理证据和分子证据，提出了一些非常有意思的看法。

　　厄尔斯德隆遗址本身是一条很长、很复杂的由地下洞穴组成的通道，而这个地下通道则是石灰岩在地下河的不断侵蚀下形成的。这个遗址的历史很复杂，其中最值得注意的是，在某个事件中，地面（或者，也可能是较高的洞穴的底层）塌陷下来，把许多尼安德特人的遗体压在了下面，从而使许多骨骼化石集中地沉积在了洞穴一翼。与这些骨骼化石混杂在一起的，还有大量的石器（敲开的石头），以及其他杂物。许多石片仍然可以拼合成完整的鹅卵石，这表明发生塌方的地方是制造石器的场所。发掘出来的 1 800 块骨骼化石碎片代表了 12 个尼安德特人的破碎的遗体：6 个成人（男女各 3 人）、3 个青少年、2 个少年和 1 个婴儿。有迹象表明，坍方是在这些人死后不久发生的。更加值得注意的是，研究人员证明，这些尼安德特人不但是死的，而且是一场大屠杀的受害者，因为许多的骨头都有切割和敲打的痕迹，这些痕迹是在剥皮过程中留下的，因此，他们可能是被食人者杀害的。

　　剥皮的证据在尼安德特人（以及海德堡人）的骨骼化石上并不鲜见。许多科学家认为，原始人死后，尸体被剥皮去肉并不一定是同类相食的证明；但是，在厄尔斯德隆遗址，这些尼安德特人的骨头都被打碎了（以便吸食骨髓），这是一个强有力的证据，说明这种食人行为确实可能是尼安德特人习以为常的"保留节目"中的一种。有趣的是，研究厄尔斯德隆遗址的这些科学家还认为，与格兰多利纳发生的"美食性食人行为"（即同类相食行为是因习惯而导致，而不是必需的），这些厄尔斯德隆尼安德特人则是"求生性食人行为"的受害者。他们指出，骨骼化石表明，这些尼安德特人明显承受着巨大的环境压力，这主要表现在，他们的牙齿的珐琅质有许多缺口，而在胡瑟裂谷人那里，则几乎观察不到这种现象。如果食物紧缺确实成了这些原始人必须面对的重大问题，那么相邻的尼安德特人群体对有限的可用资源的竞争就可能非常激烈。把各方面的证据集中到一起后，这些研究人员最后得出的结论是，这 12 个厄尔斯德隆尼安德特人全都属于一个被伏击的社会群体。这个群体是被另一个群体消灭的。

在"厄尔斯德隆事件"中，整个尼安德特人群体都被彻底消灭了，这个结论还有两个佐证。第一个证据是，这个群体共有 12 个人，其成员既包括成年人，也包括未成年的青少年人及幼儿，涵盖了各个年龄段，这与我们所预想的尼安德特人群体的构成几乎完全一致。专门以估计尼安德特人群体规模为目的的研究并不多见，但是在最近，在对西班牙一个名为阿布里克罗姆（Abric Romaní）大约有 5.5 万年历史的尼安德特人遗址进行研究后，科学家们得出的结论是，占据了那个岩洞的尼安德特人群体的规模在 8 人至 10 人之间。如果阿布里克罗姆这个尼安德特人群体是有代表性的，同时科学家们对他们的群体的规模的估计也是准确的，那么从尼安德特人的标准来看，厄尔斯德隆这个由 12 名成员组成的群体其实是一个规模比较大的社会单位。

第二个证据是，无论厄尔斯德隆尼安德特人群体的规模算大还是算小，这些人的线粒体 DNA 有力地证明，这个群体确实构成了一个单一的社会单位。由于洞穴内温度较低，环境适宜，这些人的线粒体 DNA 都被很好地保存了下来。首先，在这个群体的各个成员之间，线粒体基因组的多样性非常低，与家庭成员之间的多样性一致。不过，最明显、最有说服力的是，这 3 个厄尔斯德隆尼安德特人成年男子全都属于同一个线粒体 DNA 谱系，同时，3 个成年女性却各自属于一个不同的线粒体 DNA 谱系。这就为我们提供了关于尼安德特人的社会组织的潜在的（尽管还不是决定性的）关键信息：男性出生后会一直留在自己原来的群体里，而女性则要出嫁到其他群体中去——她们在进入青春期后，或青春期结束以后就要加入相邻的群体。这是有史以来第一次。对此，《纽约时报》所引述的一位科学家说得非常煽情："我情不自禁地设想，在'出嫁'那天，这些尼安德特女孩会不会像现在的新娘一样流下'幸福的眼泪'，因为她们马上就不得不离开亲密的家人了。"当然，这是一种拟人化的说法，但是面对这种情境，即便是原始人也很难全然无动于衷，尽管在灵长类动物当中，雌性个体在"出嫁"时通常都会表现得很冷漠。

研究者们根据这个厄尔斯德隆群体得出的关于尼安德特人社会结构的推论还不止于此。他们进一步指出，两个孩子（一个五到六岁，另一个三到四岁）很可能是同一个成年女性的后代。而这就表明，尼安德特人的生育间隔为三年左右，这与考古学家们观察到的历史上的狩猎—采集民族的生育间隔是一致的。这又意味着，尼安德特人实现了长期性的排卵抑制，而要做到这一点，最有可能的方法就是长期的母乳喂养。一个极富想象力的进一步猜测是关于这个厄尔斯德隆群体制造石器所需的材料的：能够取得合适的石材的最近的地方也离这里有几英里远，因此研究者们推测，这些厄尔斯德隆尼安德特人曾经到邻近群体的"领土"上窃取制造石器所需的材料，因而遭到了报复性袭击，付出了致命的代价。

所有这些源于厄尔斯德隆群体的证据都非常吸引人，它们使我们对尼安德特人的生活面貌的描述更加清晰、更加细致、更加深入。通过高科技的实验室分析，我们知道，每一个尼安德特人群体的成员人数都极为有限，但是他们英勇过人，敢于在荒凉的苔原上无所畏惧地猎杀庞大的猛犸象。这些苦命的、敢想敢做的原始人不能不让我们油然而生钦佩之情。但是尼安德特人的故事还有另外一面。当我们考虑尼安德特人的生存和死亡时，上面这个充满了浪漫豪情的画面与厄尔斯德隆尼安德特人群体死亡的历史情景大相径庭。这是一个尼安德特人大家庭，正当他们所有人都聚在一起，安安静静地制造石器的时候，却遭到了致命的袭击，然后所有人都被谋杀、被分尸，并被吃掉，而凶手竟然是他们的同类。这无疑是另一个极度令人不安的极端。但是，话又说回来，放在当时的情境中，当尼安德特人看到这一切时的感受，可能与我们现代人类在电视中看到血腥的犯罪现场时没有太大区别。原因很简单：习惯了！

从另一个角度来看，我们之所以能够拥有如此完整的尼安德特人 DNA 样本，一个原因就是这些原始人死去得到了"安葬"。这似乎是整个事件中唯一有些人性化的一面。有人认为，尼安德特人死后从来就没有墓葬；另一些则认为，他们死去不仅会被安葬，有时甚至还会有陪葬品。我们相信，真相应该介于这两个极端之间。是的，尼安德特人确实发明了将死人埋葬于地下的做法，但是，目前也没有真正有说服力的证据能够证明他们确实曾经举行过类似于现代人类的墓葬仪式。尽管我们非常希望在尼安德特人身上看到我们自己的做法的"镜像"（因为最先发明墓葬的显然是尼安德特人，而不是我们现代人类的祖先），但是我们不知道尼安德特人在下葬死者时是不是也像我们这样会举行充满象征意义的仪式，并在墓中加入许多符号性的因素。在一定意义上，尼安德特人似乎已经拥有了同情心，但是就我们所了解的他们的生活背景下，他们应该不是因为相信有来生而将死者下葬，因为这需要相当高的象征性认知能力。

尼安德特人的工具

尼安德特人生活在欧洲的那个时期，利用"预制"石核技术来制造石器的传统已经根深蒂固了。这也是所谓的"莫斯特文化"的特点。事实上，在欧洲，莫斯特人几乎是尼安德特人的同义词，尽管北非和地中海东部其他原始人类也在制造类似的工具。莫斯特文化最具特色的石器包括大小适中的尖状器（point）和凸边刮削器，以及用石片制成的比较小巧的泪滴状手斧。当然，其他形制上稍有变化的石器还数不胜数。这么多的石器形制也许并不是当时的工具制造者特意创造的。20 世纪中期，考古学家已经定义了 50 多种不同的莫斯特文化石器，最近的研究人员则已经认识到，石器的形制其实可能说是无穷的——它们构成了一个连续统。这是因为，石器的制造和加工过程是非常复杂且不连续的，而且用优质的材料制成的工具还有可能不断被重新加工。事实上，石质清晰、裂纹容易预测的那种岩石本身才是制成最好的莫斯特石器的关键。很显然，原始人一旦看到优质的石材就如获至宝，他们还会定期到遥远的地方搜寻合适的材料。不难想象，莫斯特文化遗址中发现的石器，可能有许多是用好几英里之外的石头制成的。厄尔斯德隆尼安德特人的悲惨命运可能就是一个例证。

　　莫斯特人卓越的技能导致他们需要更多优质石材。他们堪称天才石匠，对那些庸材俗料根本看不上眼，只要在确实找不到更好的材料时，才会勉为其难地用劣质石材打制粗糙的石器——可惜的是，这种情况经常发生。尼安德特人本能地知道哪里有好的石材，就像现代社会的天才木匠天生就精通木材一样。对于一块硅化灰岩来说，能够制成一件简单的片状石器就不错了，当它的锋刃变钝了，这件石器也就被丢弃了；但是，当发现了一块优质的燧石或硅质岩的时候，莫斯特人会精心地塑造它，即使它的锋刃在使用中变钝了，他们也会一遍又一遍地重新打磨它，直到变得太小，无法继续使用

176

　　在法国若干个遗址出土的尼安德特人的莫斯特燧石工具。这些石器形制巧妙，包括两个小手斧、两个刮削器、一个尖状器。它们都是用"预制"石核技术制成的。图片摄影：伊恩·塔特索尔。

为止。刮削器和尖状器上面经常带着树脂的痕迹，这证实了以下结论：尼安德特人经常将这样的石器安装在木头柄上，或者把它们当成矛尖使用（用皮制的带子或皮筋绑结实）。很显然，莫斯特人的工具包必定出自一个集智慧和灵巧于一身的物种。

　　然而，这个物种与我们现代人类也许并不完全相像。尽管这些莫斯特石器相当美观，展现了它们的制造者的高超技能，但是它们总体上仍然显得非常单调：在尼安德特活动的广大地区内出土的石器的制造观念全都千篇一律。在莫斯特文化中，几种新的工具已经得到了命名的，并得到了承认，但是，工具背后的观念仍然是统一的。我们所观察到的尼安德特人的工具包的细微变化，很可能只是因不同地区可得资源的不同而导致他们的活动的区域性差异的反映，或者，只是随着时间流逝而偶尔出现的某种改进，并不能说明他们像分散在各地的现代人那样，在试验一些完全不同的制造工具的方
177　法。更加重要的是，虽然他们已经懂得将石器捆绑或粘接到木头上，但是尼安德特人似乎仍然不知道利用其他软质材料制造工具。在尼安德特人的遗址出土的骨头和兽角很多，但是莫斯特工具制造者却对这些材料视而不见，尽管后来欧洲人利用它们制成了大量器物。只有一个非常罕见的例子：在距今大约 5 万年的基纳（La Quina）遗址，出土了一件莫斯特骨制工具，它似乎是用一块原始人类颅骨制成的，目的是用来修整石器。不过，在这个例子中（以及在其他例子中），莫斯特人也是把骨头当成石头来使用的，他们对软质材料没有表现出任何接近于后人的敏感性。总之，尼安德特人的工具尽管洋洋大观，但是其工艺仍然是相当刻板的。

　　把目前所有证据归结到一起，我们只能得到这样一个结论：尼安德特人不是有符号能力的思考者。是的，他们拥有相当复杂的技术，但是仍然与我们现代人类不一样。作为一个物种，尼安德特人似乎也已经全面走上了这样的道路：随着时间的推移，自己的行为变得越来越有挑战性了，与环境的关系也越来越微妙和复杂了。同时，尼安德特人身上也呈现了原始人类演化的另一个趋势，即大脑

变得越来越大;甚至可以说,他们把这一倾向推到了极端。但是,他们的行为模型与过去相比,并没有质的突破。尼安德特人只是简单地重复了他们的先驱所做过的事情,当然,他们显然做得更好了。换句话说,他们像他们的祖先,只不过超越了一点点。我们人类则不像我们的祖先,因为我们是象征性的。

第十一章　古老的与现代的

我们很难把石器以及制造石器的方法当作工具制造者的符号化思维过程的外在对应物来看待。事实上，我们确实不知道，在旧石器时代的技术当中，是不是真的有什么东西可以将这种心理过程呈现出来。在整个旧石器时期，我们能够自信地推断出象征性意图的情况只限于以下两种：或者从公认的象征性的物体推断，或者从有明确的象征性含义的行动的结果推断。而且，要辨识出这类东西也是说易行难。以埋葬死者这种做法为例，正如我们已经看到的，它可能有其他的动机。又如，尽管赭石颜料被后来的人们广泛使用于象征性的情境当中，但是我们也没有任何明显的理由认为，许多尼安德特人遗址中发现的他们已经开始研磨这种颜料的证据表明他们已经有了象征性意图。甚至，连确定哪些对象是"象征性"的，也是一件非常困难的事情。一个洞穴的内壁满满地装饰着各种生动的动物形象，这不会留下可供争议的任何疑点；但是，如果你渴望把各种划痕和其他奇怪的标记解释为有象征意义的符号，那么你就进入一个非常不确定的灰色地带。

我们发现，就尼安德特人的情况而言，最多只能认为他们已经接近了这种灰色地带的边界区域。考虑到尼安德特人生活的时间跨度之长、活动的空间的范围之大，我们竟然无法满怀信心地把任何一件与他们相关的东西明确无误地解释为现代意义上的认知过程的结果，无疑，这本身就是一个相当突兀的结果。当然，不能说连任何一点奇异的预兆都没有，科学家们也确实仍然在对若干众所周知但没有定论的事实争论个不休。由于尼安德特人脑容量很大、与人类关系很"近",而且清楚地表现出了复杂的行为模型,出现这类争议也是人们预料中的。但是,几乎肯定比这种假定性的象征精神的偶然闪现更能说明问题的是,没有任何实质性的证据可以表明,我们现代人的符号化思维及其表现形式已经成了尼安德特人的意识或尼安德特人的社会的常规组成部分。

不过,这一切当中最引人注目的一点是,尼安德特遗留下来的那些乍一看使人眼前一亮,但是终究归于平淡的记录,与在他们之后生活在欧洲的现代意义上的人类所拥有的处处渗透着符号的光辉的人生之间形成的惊人反差。这些新来者,就是通常所称的克罗马侬人(Cro-Magnon),他们是在距今大约 4 万年前进入欧洲大陆的,带来了所谓的旧石器时代晚期文化。克罗马侬人留下的化石记录充分证明,虽然他们的文化与我们现代人类仍然大不相同,但是他们观察和体验的世界的方式却已经基本上与我们现代人类一样了。在这些证据当中,就包括我们在本书第一章中讨论过的拉斯科(Lascaux)、肖维(Chauvet)和阿尔塔米拉(Altamira)等地的岩画,以及其他令人惊叹的伟大艺术品。克罗马侬人进入尼安德特人的"领土"同时还预示着技术变革也将获得同样有力的加速度,因为艺术家及其同伴们的全新思维形式为他们创造了潜力无穷的机会。尼安德特人的勇敢、灵活和技巧固然令人赞叹,但是很显然,克罗马侬人才是能够带来新秩序的造物。

关于这一点,我们不仅能从克罗马侬人制造的工具等有形产品上看出来,也可以从一些间接指标,例如克罗马侬人遗址的数量和规模,以及这些遗址所反映的较高的人口密度中看出来。事实上,在克罗马侬人来到欧洲之后不到 1 万年内,尼安德特人就彻底消失了,导致这种结果的原因很可能是,克罗马侬人拥有高效、密集地利用环境资源的能力,而且当他们与尼安德特人发生直接冲突时,他们在谋划、计算等方面都拥有非常明显的优势。有的学者指出,在最后一个严寒期,即距今大约 2 万年前,尼安德特人就已经逐渐

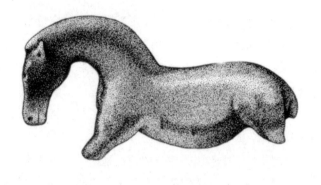

世界上最早的艺术作品之一：猛犸象象牙雕刻而成的马。这件艺术品大约完成于距今 3.4 万年以前。它显然是一个高度符号化的物品，其流畅的线条不仅活灵活现地刻画了冰河时代漫游于欧洲草原的矮胖的马的形象，而且还是对马的优雅本质的抽象。德国福格尔赫德（Vogelherd）出土。本插图由唐·麦格拉纳汉绘制。

走到历史的终点了。尼安德特人的消失可能是一个依区域而定的事件，例如在伊比利亚半岛，早期尼安德特人似乎是在克罗马侬人到达之前就放弃了这里的。但是，要说在尼安德特人曾经占据过非常广袤的"领土"上，这两个原始人类物种之间没有出现过任何直接接触，那也是不可能的。事实上，除了 DNA 证据之外，还有一些间接证据可以证明，这两个物种确实曾经发生过"遭遇战"。

在欧洲的石灰岩地区，洞穴入口和悬空的岩石（或称岩窟）随处可见，它们都是早期原始人类最喜欢的居住地，因为它们能够为他们提供天然的庇护所。尽管如此，把尼安德特人称为"穴居人"依然是没有多大道理的。尼安德特人与克罗马侬人一样，都喜欢四处漫游，并随遇而安地在开阔地带安营扎寨。我们之所以常常把他们与洞穴联系起来，无非是因为这些地方受到的侵蚀相对较少，从而能够把原始人类曾经占据过的痕迹比较完整地保存下来。许多洞穴和悬岩"庇护所"都保存了不止一层遗物，第一层遗物都是连续几代尼安德特人或克罗马侬人依次留下的（通常是通过他们留下的器物来辨别这些的，他们的骨骼则比较少见）。在这两个原始人类物种都留下了活动证据的那些遗址里，旧石器时代晚期文化层（克罗马侬人留下的）几乎无一例外地覆盖在了莫斯特晚期文化层（尼安德特人留下的）的上面，而且这两个最明显的遗物层往往是由一些"洁净"的沉积物分隔开来的，这表明该遗址中间曾经被遗弃过一段时间。只有两个遗址的旧石器时代晚期文化层曾经被晚莫斯特文化层覆盖过，不过，最终尼安德特人还是被克罗马侬人彻底取代了。

　　但是，在少数非常晚近的遗址里，还出土了关于另一个被称为沙特佩隆尼文化（Châtelperronian）的文化传统的证据。这些遗址散布在法国西部和西班牙北部。沙特佩隆尼文化整合了莫斯特文化和奥瑞纳文化（Aurignacian）的部分特征（奥瑞纳文化是旧石器时代晚期第一个农业阶段的文化）。沙特佩隆尼文化的器物不仅包括了莫斯特文化的"石片"型工具，还包括了许多"刀片"型工具，后者是奥瑞纳文化的特色工具——此外还有用骨头和象牙制作的工具。读者应该还记得，刀片是指非常薄的石片，其长度超过宽度两倍；在更早的时候，"刀片"偶尔也在非洲出现过。而在欧洲，这种工具则是克鲁马努人的"标志"。近年来，沙特佩隆尼文化已经普遍被视为是尼安德特人创造的，它很可能是尼安德特人与更现代的人类物种交流增多后的"文化互渗"或"涵化"（cculturation）的结果，因为在沙特佩隆尼文化时期，现代人类已经稳固地定居在欧洲了。沙特佩隆尼文化时期持续的时间比较短，其历史为距今 3.6 万年至 2.9万年以前，而放射性碳测定的结果表明，克罗马侬人早在距今 4 万年以前就已经来到了西班牙——他们可能是从东方而来的。不过，值得指出的是，要对如此久远的年代进行放射性碳测定是相当棘手的，这部分是因为留存的放射性碳的数量可能过于微小。最近的研究表明，使用原先那些旧方法确定的年代往往偏小。最近的高精度年代测定方法给研究人员的一个重要提示是，尼安德特人和克罗马侬人出现相互重叠的时间要比传统上所认定的早，同时重叠延续的时期则要比传统上所认定的短。这正是我们得出这两个人种迅速实现了切换这个结论的另一个理由。

再者，沙特佩隆尼文化代表的任何可能的涵化在很大程度上只是一种推测。学者们认为，不同文化的各种特征实现组合的途径可能包括：贸易、模仿，甚至偷窃。然而，最近一些研究的进展可能使这一切都变得毫无意义，因为潮流已经发生了转变——相反的观点似乎正在成为主流。人们不再认为，沙特佩隆尼文化中的骨头和象牙制品是尼安德特人制造的，尽管"刀片"这种器物曾经被认定很明显是属于旧有的尼安德特人的传统。最著名的有潜在象征性意义的沙特佩隆尼文化的器物是在一个名叫格罗特杜雷内（Grotte du Renne）的洞穴中发现的，它位于法国屈尔河畔的阿尔西（Arcy-sur-

183 Cure）。在这些器物中，包括一个非常漂亮的抛光象牙挂件，大多数人都把它视为一个象征性的物件；而且直到不久之前，它们都被认为与同一个遗址出土的破碎的尼安德特人骨骼化石有关。但是，最近几个相互独立的研究的结论都表明，这些器物很有可能是从位于上面更晚近的文化层掉入更早期的尼安德特层的，在山洞的特定环境下，通过自然的地层混合，这种情况确实时有发生。类似地，圣·塞萨尔遗址的尼安德特人骨架与沙特佩隆尼文化之间的联系也在最近的研究中受到的质疑。这里的关键在于，虽然尼安德特人与克罗马侬人似乎不可能从来没有相遇过，但是我们也缺乏可以证明他们之间曾经有过互动的有力证据，更不用他们是以什么形式来互动的。

因此，最重要的问题，即这些"大脑袋"的尼安德特人是否从新进入者（克罗马侬人）那里获得了全新的符号化信息处理方法，我们仍然无法基于现有的实际证据给出答案。但是，当我们把全部间接证据都考虑在内之后，答案似乎是这种"涵化"应该不太可能。我们不妨想象一下尼安德特人与克罗马侬人在旷野中相遇时的情景。

尽管从后来的旁观者的角度来看，这两个物种之间存在着不少相似性，但是我相信，当他们第一次见面的时候，肯定会认为对方是"外星人"，因为各自观察和应对世界的方式天差地别。而且毫无疑问，除了其他问题之外，语言也会成为一个重大的问题。我们今天知道，尼安德特人应该还没有自己的语言，而克罗马侬人则几乎肯定已经拥有了自己语言——尽管他们的语言可能与现代人类所说的以及历史上有记载的任何一种语言都不同。正如我们将在本书正文中详细阐述的，说话是一种非常强烈、非常密集的符号化活动，在人类获得现代意义上的符号化思维能力的过程中发挥了独一无二的、举足轻重的作用。当然，我们也不能完全排除，某个特别有天赋的尼安德特人也许会说几句话，但是没有任何有力证据可以证明，尼安德特人与克罗马侬人之间可能发生过对他们的文化演化或生物演化的轨迹产生了重大影响的交流。

在克罗马侬人的生活中，像我们一样，无疑充满了神话和迷信；当我们试图在精神或灵魂的层面上对克罗马侬人与尼安德特人进行比较时，我们的第一印象可能会被厄尔斯德隆的那些倒霉的尼安德特人的悲惨命运所左右，但是从尼安德特人自己的角度来看，这不过是一个平淡无奇的事件而已；另外，基纳（La Quina）遗址出土的那件莫斯特文化的骨制工具，是尼安德特人在不经意间用一个原始人类颅骨制成的，这就是说，同类的头颅被当成了最无关紧要的工具来使用。从尼安德特人留下的这些"遗物"中，我们可以清楚地看出，尼安德特人拥有无比强烈的"实用精神"，同时相应地，他们也严重缺乏符号化的想象力。这些大脑袋的现代人类"近亲"无疑是相当聪明的，但是这种聪明与我们现代人类的聪明不同。对于这种差异，我们很难完全理解。正如我在本书前面的章节中已经强调过的，一个拥有符号化思维能力的现代人根本不可能想象得出，当他（或她）自己变成了一个不拥有这种思维能力的物种的一员时，会是什么样子，无论这个物种的大脑容量有多大，无论这个

184

物种在演化谱系图上的距离与我们现代人类有多近。这种认知鸿沟实在是太过巨大了。根据我们目前所拥有的认知能力，我们根本不可能知道尼安德特人体验到的主观世界是怎样的，也不知道他们彼此之间是如何交流这种主观经验的。我们可以肯定的只是，如果我们把尼安德特人看成我们自己的"不成功的版本"，那将是非常不公平的。

第十二章　智人谜一般地登场了

就在尼安德特人最早出现在欧洲的同一时期，我们现代人类所属的物种——智人也在非洲崛起了。不过，就欧洲的尼安德特人而言，胡瑟裂谷人化石的出土，给了我们一个相当不错的了解他们的"先驱"的机会；但是，非洲却没有地位与胡瑟裂谷相当的遗址，因此我们对智人的"先驱"的了解非常有限。尽管非洲东部和南部的许多遗址都出土了一些生活在距今大约 40 万年至 20 万年以前的原始人类化石，但是从解剖学的角度来看，这些原始人类物种没有一个是智人的祖先。然而，我们还是可以确信，非洲就是我们智人出生的大陆，这不仅是因为最早的公认的智人化石都是在非洲发现的，而且对大量现代人进行 DNA 比对的结果已经确凿无疑地证明，他们全都可以回溯到同一个非洲祖先。智人的"先驱"的化石迟迟未能面世，这可能是因为以下这个简单的事实：非洲的面积太大了，目前的发掘还远远称不上彻底。另一个可能是，这表明，我们所属的这个不寻常的物种起源于某个系统性的"基因调控"事件，我在前面讨论匠人——它也是作为"全新"的物种登上人类演化舞台的——时曾经提到过这类事件。智人的许多特征都明显不同于早期的原始人类，包括尼安德特人以及已经灭绝的其他人属物种。不过，这还并不是智人的故事的全部。智人的身体形态只是一方面，重要的另一个方面是他们的符号化认知系统，这是我们智人明显区别于所有其他生物的原因。智人这两个方面的特点并不是同一时间获得 的。事实上，当解剖学意义上的最早的智人刚刚出现时，他们在认知上与尼安德特人以及其他同时代的原始人类并没有什么区别。

解剖学意义上的现代智人

骨骼结构与我们现代人类完全一样（或几乎完全一样）的智人的活动痕迹最早是在非洲东北部的两个遗址发现的。20 世纪 60 年代末，埃塞俄比亚南部的奥莫盆地（Omo Basin）的山区出土了一些大约有 19.5 万年历史的颅骨碎片，经复原成一个颅骨后，它看上去非常像智人的颅骨，尽管与今天活在世界上的人相比，似乎还称不上完全一模一样。再后来，考古学家们又在埃塞俄比亚北部的赫尔托（Herto）发掘出了三个头骨，其中包括一个相当完整的儿童头骨和一个成人头骨，他们也都被认定为智人，尽管少许细节与现代人有所不同。赫尔托出土的成人头骨特别能说明问题：在大容量的颅顶之下，是往后缩的小小的脸部，这些都是我们这个物种明显而独有的特征。值得指出的是，赫尔托遗址出土的这些化石的年代已经准确测定为距今 16 万年至 15.5 万年了，这也就意味着，根据奥莫原始人和赫尔托原始人生活的年代，我们可以明确地认定，在距今大约 20 万年至 16 万年以前，智人的基本颅骨解剖结构就已经确定了。重要的是，这个年代范围与分子人类学家根据溯祖理论（并利用世界各地不同种群的现代人的资料）计算出来的智人的起源时间也是完全一致的。

然而，从文化的角度来看，智人对地球的统治似乎是在悄无声息中开始，而不是在"砰"的一声爆炸中实现的。前述埃塞俄比亚两个遗址发现的石器都乏善可陈。在奥莫遗址，出土的石器不但数量很少，而且显得有些"不伦不类"；同样地，在赫尔托遗址，虽然发现了一些手斧和预制石核工具，但是并无多少新异之处。这也是非洲有化石记录的最晚近的手斧的，它也给赫尔托遗址的石器定了性：恰好位于一个从阿舍利文化时代向中石器时代（Middle Stone Age，简称 MSA）过渡的最末期。这是一个非常复杂、非常漫长的过渡期。中石器时代与一些较晚近的原始人类有关，被视为非洲与欧洲的尼安德特人的莫斯特文化时期相对应的一个时代，这种看法的主要根据是，这两个传统都依赖于预制石核技术——不过事实证明，这种看法并不是很恰当。正如我们在下文中将会看到的，中石器时代发生的事情似乎比莫斯特文化时期多得多。不过，根据我们目前掌握的证据来看，这些事件在很大程度上都只是一些蛛丝马迹，它们的影响，要等到奥莫／赫尔托时代之后才充分地显露出来。

　　综观人类演化技术进步史，最突出的一个特点就是：旧技术与新技术长期、持久地缠绕在一起——事实上，这种趋势直到今天仍然存在，甚至有增无减。也正因为如此，我们很难准确地断定，中石器时代是从什么时候开始的。尽管如此，学界通说是，中石器时代起源于距今大约 30 万年至 20 万年之间，即很可能早于公认的智人出现之前。这一点显然也是与我们已经提到过的人类演化过程的一个基本趋势——即生物上的创新与文化上的创新之间的不同步——相一致的。

　　由于在古人类学家当中长期存在一种倾向，智人起源这个问题在很大程度已经被模糊化了，这个倾向就是，他们一直试图把各种大脑容量比较大但是不像我们现代人类的非尼安德特原始人类物种界定为"早期智人"或"古老智人"。这个称谓已经被广泛应用于非洲以及其他地区发现的标本。但是，它其实没有多大帮助，无法准确地概括不具备我们这个物种的最基本的解剖结构（最突出的一点是，脸部较小且向后回缩）的物种的特点。其中最令人费解的是北非出土的一些颅骨化石，它们当中有一些与考古学们所称的阿特利文化（Aterian）有关。阿特利文化是以阿尔及尔的比尔阿特（Birl Ater）遗址命名的。阿特利文化的工具基本上可以定性为中石器时代的工具，但是它们也包括了其他一些独特的工具，例如其中最著名的是"有柄尖状器"，这种工具可以用来作为矛尖，在更晚近的时期，甚至也被作为箭镞使用。

　　长期以来，阿特利文化都被认为是相当晚近的一个文化，但是，

187

最近也在一些相当古老的遗址中发现了阿特利文化的工具，一些考古学家据此兴奋地联想到，阿特利文化的创造者很可能在智人走出非洲的过程中发挥了重要作用。从地理的角度上看，这种猜测是有一定道理的，因为在历史上，撒哈拉沙漠并不像现在这样一直严重地阻碍着人们的迁移。现在已经有充分的证据可以证明，原始人类，特别是阿特利人，曾经在那里建立过好多个定居点，尽管它们后来都变成了一片荒漠。撒哈拉地区现在已经被沙子覆盖的排水系统遗迹表明，在阿特利人生活的时代，这里是阶段性的绿洲：每当降雨

188　增加的时候，湖泊就将会出现，植物生长旺盛，一片生机勃勃。其中一个最潮湿的时期出现在距今大约 13 万年至 12 万年之间，大致相当于欧洲最后一个间冰期的时间。在那个时候，撒哈拉几乎肯定会成为各种现代意义上的种群向北扩张的一个重要通道。当然，另一方面，应该还有不少阿特利人仍然留在非洲，至少从长远来看肯定是这样。

　　导致这种不确定性的其中一个原因是阿特利人的身份本身就是不确定的。虽然一般来说，排他性地把任何一个特定的原始人类物种与某个工具包联系起来肯定是不明智的，但是，确实不能排除这种可能性，即这种出现在北非的原始人种确实与早期阿特利人社会有关，而后者则属于概念上非常可能的"早期智人"的范畴。这些化石中最有名的是一个不完整的颅骨化石（以及同时出土的一些零碎的化石），这个标本是在摩洛哥的达累斯索乌坦二号（Dar-es-Soltan II）遗址发现的，距今大约 11 万年或更多一些。另一个曾经引起公众关注的标本是一个差不多同一时期的儿童的颅骨，它虽然有所破碎散落，但是仍然大体上保持完整，出土于摩洛哥的坎特里班迪耶斯洞（Contrebandiers）。从重建后的标本来看，这个儿童虽然脑壳比较大，但是显然仍然离标准的现代人类形态有一段距离。而从另一个名为杰贝尔依罗（Jebel Irhoud）的摩洛哥遗址出土的那几个头骨化石则更加不像现代人类了，它们的历史可能超过了

189　16 万年。与比较早期的原始人类标本有关的工具类似于尼安德特人

的莫斯特文化的工具，尽管这些原始人类本身的样貌看上完全不像尼安德特人。另一方面，所有这些出土于北非的标本，没有一个是明显像智人的，尽管杰贝尔依罗人的大脑容量已经达到了 1 305 毫升至 1 400 毫升的水平。从一个更完整的标本——杰贝尔依罗人 1 号——来看，他们的颜面部已经相当小了，但是整个面部的骨骼仍然向前突出，并且眉骨很高，前额则迅速向后退缩，这些都明显不同于现代智人。

要根据骨骼化石识别相互之间有"近亲"关系的不同物种，这是一个非常艰难的任务：在有些时候，同一个种群内部在没有出现物种分化的情况下就可能会积累起来相当可观的生理多样性；而在另外一些时候，源于同一祖先的两个物种的骨骼化石很可能几乎没有任何区别。因此，如果没有一个标准的形态学尺度，我们就无法绝对保证阿特利人或杰贝尔依罗人没有与"主流"的解剖学意义上的智人交换过基因。事实很可能恰恰相反——正如我们在下文中将会看到的，完全有理由认为他们曾经这样做过。然而，尽管如此，

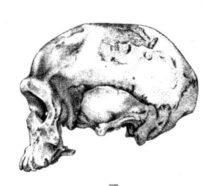
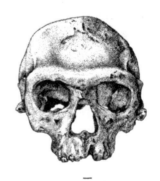

摩洛哥的杰贝尔依罗遗址出土的一个颅骨化石的前视图和侧视图。这个化石据说已有大约 16 万年的历史。虽然有人认为杰贝尔依罗人接近智人，但是他们的面部结构实际上仍然与现代人类大不相同。杰贝尔依罗人所属的文化大致相当于欧洲的尼安德特人。本插图由唐·麦格拉纳汉绘制。

我们也将看到，虽然阿特利人可能在一个非常早的时期就已经走出过非洲了，但是他们肯定未能像走出非洲的智人那样，在全世界发挥那么大的作用。现在，让我们把目光转移到黎凡特，那是地中海沿岸的东部边缘地区。原始人类离开非洲后，向北方和西方扩张的线路的第一站就在这个区域。因为黎凡特的动物群与非洲，而不是与位于它的北边的欧洲地区的动物群更加接近，因此生物地理学家实际上经常把它视为非洲大陆的延伸。继奥莫／赫尔托时期的标本之后，我们发现的非洲原始人类的颅骨化石头越来越多了，它们都毫不含糊地展现出了一些现代智人特有的形态特征，但是它们全都不如以色列杰贝尔卡夫泽（Jebel Qafzeh）洞穴出土的一个相当完整的骨架引人注目。据推测，这个标本大约有 10 万年的历史，其主人显然是我们自己物种的一员；而且在它旁边发现的一个青少年也肯定如此。然而，就在同一遗址，考古学家们还发现了更多的明显不符合现代智人标准的大脑袋的原始人类的化石，当然，他们也肯定不是尼安德特人。这是一个演化之谜。更令人不解的是，所有这些原始人都与莫斯特文化的工具有关。这些工具基本上完全等同于同一时期生活在以色列的尼安德特人使用的工具。后者在以色列的存在是有据可查的，事实上，大量的化石记录有力地证明，距今至少 16 万年以前直至大约 4 万年以前，尼安德特人一直活跃在这个地区。

经常与卡夫泽原始人相提并论的还有发现于斯库尔遗址（Mugharet-es-Skhūl）的原始人类。斯库尔遗址是一处岩石墓地，位于迦密山西坡几十英里开外，俯瞰着地中海。考古学家们在斯库尔遗址发掘出了 10 个成年人和青少年的遗骨，他们生活在距今大约 100 万年以前。这些化石在物理外观上的一致性，比卡夫泽遗址出土的化石高得多，但是与现代人类仍然有所不同。虽然与现代人类类似，斯库尔人的颅顶高且圆，大脑容量之大令人惊叹，达到了 1 450 至 1 590 立方厘米，但是，与我们不同，他们的脸部却显得过于"粗犷"，不但不像我们这样向后收缩，反而"昂然"向前突

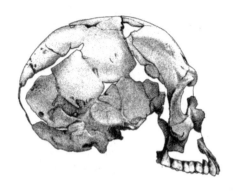
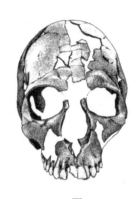

　　目前已知的在非洲以外发现的最早的现代人类化石。这是一个颅骨化石，出土于以色列杰贝尔卡夫泽遗址，被称为"卡夫泽9号"。这是一个解剖学意义上标准的现代人类。但是，同一遗址出土的其他原始人类颅骨化石则不拥有典型的现代人类头骨解剖结构。生活在卡夫泽遗址的所有原始人类都属于某种莫斯特文化，它与同一区域由尼安德特人创造的莫斯特文化类似。本插图由唐·麦格拉纳汉绘制。

出，超出了颅顶的位置，上面不是平直的额头，而是一块突起的横骨。这个遗址是在第二次世界大战之前发现的，当时报告这些化石的考古学家对斯库尔人这些奇怪的形态特征非常困惑。虽然他们撰写了大量论著，但是他们在最后下结论的时候——如果说他们已经有了结论的话，却仍然对斯库尔人的身份欲言又止。

　　当然，也不能完全排除这样一种可能性，即斯库尔人代表着一个介于现代人与尼安德特人之间的"混合种群"，或者，"混血物种"。从地理的角度来看，这种推测是有道理的，因为那个斯库尔墓葬与尼安德特人曾经长期占据过的坦布恩（Tabūn）洞穴的距离非常近——轻松漫步几分钟即可到达。事实上，尼安德特人似乎一直住在距离斯库尔人非常近的地方，尽管没有独立的证据可以证明，在某个特定的时期，他们确实共存过。然而，从生物学的角度来看，这种情况却是不怎么可能发生的。尼安德特人与现代人是基于两个

191

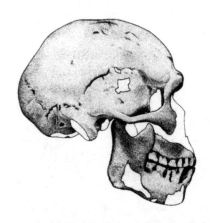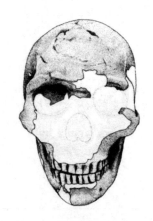

以色列斯库尔遗址出土的第 5 号颅骨化石（Cranium V）。现在公认，斯库尔遗址的化石的历史远远超过了 10 万年。长期以来，斯库尔人一直被归属于智人，但是从形态上看，他们实际上是不同的。本插图由唐·麦格拉纳汉绘制。

根本不同的"演化计划"；虽然我们无法确切地知道，现代人与尼安德特人杂交后生下来的混血儿应该是什么样子，但是我们确实知道，混血儿通常都会表现出两个亲本群体的特质。而我们在斯库尔身上却看不到这种现象。

正是因为考虑到解剖结构上的这种模棱两可的结果，近年来，古人类学家通常都采取了以下这种看上去颇具吸引力的做法：避开这些原始人究竟是什么物种这个令人烦恼的问题，而用"早期智人"一词轻轻带过。但是说到底，这种做法不仅回避了真正的问题，同时还忽视了其他的可能性。显而易见，其中的一种可能性是，卡夫泽人／斯库尔人有可能代表了一个完全不同于我们智人的原始人类谱系。另一种更加有意思的可能性则是，他们这种令人惊奇的解剖结构并不是现代智人与尼安德特人之间杂交繁殖的结果，而是现代智人与北非阿特利人及其后裔（以杰贝尔伊罗遗址和达累斯索乌坦遗址出土的化石为代表）之间杂交繁殖的结果。尽管我们并不知道这些种群杂交后生下来的混血儿应该是什么样子，但是无论如何，这种"配对"似乎更加合理一些，因为这两个物种都是在相当晚近的时候起源于非洲的，而且人们普遍相信他们之间有很密切的关系。另外，从当时的环境条件，以及非常重要的时机来看，这也说得通。研究显示，距今大约12万年以前，出现了一个丰水期，阿特利人先向东扩张到了整个北非，然后转而向北跨过了当时环境仍然相当不错的西奈半岛来到了地中海东部，而在同一时期，撒哈拉以南的非洲人则直接沿着尼罗河走廊向北迁移，再辗转进入了以色列。在某一时间、某一地点，这两个原始人类种群有可能相遇，并可能成功实现"混血"。尽管他们之间仍然存在不少差异，但是显然比现代智人与尼安德特人之间的差异少得多。莫斯特文化制造石器的方法是如何在这些地方被采用的，这仍然不清楚，不过，无论如何，这种方法与前述两个种群（现代智人和北非阿特利人及其后裔）祖传的石器制造方法并无显著区别，因此北非阿特利人及其后裔的石器也被认定为属于"莫斯特文化"。随着DNA测定技术的提高，在不久的未来，我们或许就可以对关于可能发生过的"混杂"情形的各种假说进行科学检验了。

　　而在另一方面，至少从表面上看，杰贝尔卡夫泽遗址出土的那几个解剖结构上与现代智人几乎完全一样的颅骨化石则支持存在一个混血种群（或者更准确地说，新出现的混血种群）的猜测，同时也表明，当地解剖学意义上的现代人类与莫斯特文化之间存在着一定关系。无论这些发现于卡夫泽的现代人类究竟是谁，他们在行为上都不存在任何明确不同于尼安德特人的地方。斯库尔人也是如此，他们也肯定属于莫斯特文化。不过，斯库尔的情况要更加复杂一些，因为最近，那里还出土了一些颜料和贝壳（那些贝壳显然是串起来当挂件用的）。对于这个发现的意义，我们在下文中将展开讨论。就目前而言，我们只需明确如下一点：无论他们采取了什么形式，解剖学意义上的现代人类走出非洲、挺进欧亚大陆的早期努力，最终都并没有取得成功。距今大约6万年以前，尼安德特人卷土重来，再一次占据了地中海东部地区。我们没有发现同一时期智人在该地区活动的任何证据。直到很久之后，即直到我们这个物种已经拥有了以往明显缺乏的认知能力和技术优势之后，才重新回到了这里。

总之，从我们现在所掌握的非常有限的信息（这令人沮丧）来看，似乎有理由把解剖学意义上的现代智人早期走出非洲、进入邻近的黎凡特这个事件视为环境条件——特别是有利的气候条件——变化所导致或促成的一个结果。不久之后，这些人就撤回了非洲大陆（或者，更加可能的是，他们都死在了"远征"过程中），而这也同样可能是因为气候条件恶化所导致的。这是因为，正如我们已经知道的，在开始于距今大约 6 万年以前的严寒期中，气候变得极其干燥。严寒和干旱对这些来自撒哈拉地区的阿特利人造成了极大的打击，到了距今大约 4 万年以前，这种文化已经仅限于地中海沿岸的少数几个据点了。但是，不管阿特利人的真正身份是什么，不管他们的最终命运如何；也无论卡夫泽和斯库尔出土的那些化石多么令人迷惑、多么富有启迪意义，我们还是没有证据可以证明智人成功地完成"入侵"欧亚大陆的"使命"——那是很久之后的事情。

分子证据

行为学意义上的早期智人在最初走出非洲之后，在环境的压力下退回到了非洲，这个结论与分子人类学证据也是完全一致的。对来自生活在世界各地的现代人类的大量 DNA 样本进行全面测定后，分子人类学家得到的结果表明，我们智人这个物种起源于非洲大陆的某个地方（最有可能的地方是非洲的东部和西南部的某个地区）。随后，智人的"创始成员"们向非洲大陆的南、北、西三面扩张，然后来到了欧亚大陆，并最终遍布于全世界。随着智人向世界各地的传播，他们的人口迅速膨胀，并因时因地呈现出了多样化趋势。单以非洲本土而论，就从祖先种群繁衍出了至少 14 个不同的现代谱系，而且每个谱系都有自己的变种。这种多样化是遗传多样性的表现，它也表明，与世界其他地方相比，人类在非洲演化的历史要长得多。而且，最关键的是，所有在世界其他地区发现的主要遗传谱系，都可以解释为在非洲发现的变种的不同子集，这也就再次证明我们这个物种是起源于非洲的。有趣的是，分子人类学家还发现，他们的结论还得到了语言学和文化学方面的证据的支持，尽管文化创新（因为它们可以在同一代人内部进行"横向传输"）传播所受的约束要比生物创新传播所受的约束弱得多。

另一组分子学研究得出的结论则更进一步：现代人类的"创始成员"不但全都源于非洲，而且还是一个非常小的群体。事实证明，与其他物种（甚至我们人类的近亲）相比，现代人类的结构化 DNA 差异非常不显著。例如，仅以生活在西非的黑猩猩这个物种而论，它们的线粒体 DNA 的多样性就已经超过了今天的整个人类。这个事实可能意味着以下两种可能情况之一（或全部）：第一种可能是，我们智人这个物种起源于非常晚近的时期，因此还没有足够长的时间产生足够显著的多样性；第二种可能是，我们智人这个物种的"创始成员"群体的规模非常小。根据我们现在掌握的证据，上述两种可能都有。智人与（现已灭绝）的最近的近亲"分手"后所经历的时间，最多只是目前仍然存活于世的两个黑猩猩物种在当年相互分开后所经历的时间的十分之一。而且，虽然我们不知道黑猩猩还有什么已经灭绝的近亲，但是很明显，从哺乳动物的一般标准来看，智人无疑是一个非常年轻的物种。但是，这还不是全部。对当今人类 DNA 变异在世界范围内的分布情况进行更细致的研究后，分子人类学家发现了一个模式，它强烈暗示，在晚更新世的演化过程，古人类群体是冲破了一个或多个瓶颈（或者说，严重的人口收缩）才繁衍下来的。而在这些瓶颈中，最重要的一个很可能产生于当解剖上和智力上都已经实现了"现代化"的智人离开非洲的前后。大量考古学证据和古生物学证据都证明了这一点。

至于这个瓶颈出现的具体年代和持续的时间长短，不同的学者根据不同的数据得出的结论略有不同。但是，一般的主流看法是，这个事件出现在距今大约 7.5 万年至 6 万年以前的这段时间内。我

195

之所以要把上面这个较早的年代包括进来，主要是因为距今 7.35 万年前，印度尼西亚东巴火山（Mount Toba）爆发，造成了极其严重的环境后果。东巴火山爆发肯定是最近的地质历史上最大和最猛烈的火山爆发之一，它不仅破坏了当地生态，而且将数百万吨火山灰抛到空中，生成了持续时间长达数年之久的可怕的火山灰云。火山灰阻隔了太阳辐射，造成了漫长的"火山冬天"，整个"旧世界"几乎所有地区都受到了影响。权威学者指出，在东巴火山爆发之后不久，即距今大约 7.1 万年之前，MIS 4 阶段开始了。这两个事件结合到一起，使地球气温迅速下降，导致各原始人类物种的人口急剧减少，其中当然也包括刚刚出现在非洲不久的智人。虽然也有人对印度尼西亚东巴火山爆发所起的破坏性作用表示怀疑（理由是，相隔的时间已经相当久远了），但是无论如何，我们都可以肯定，在寒冷的 MIS 4 阶段（距今大约 7.1 万年到 6 万年以前），生活在"旧世界"的原始人类种群面临着非常困难的挑战。

在非洲，这段残酷的岁月始于一个似乎永远没有尽头的大旱，它迫使阿特利人离开了现在的撒哈拉沙漠。毫无疑问，其他原始人类也肯定深受大旱的困扰。正如我们在本书前面的章节中已经看到过的，面对气候条件恶化所导致的环境破坏，那些分散的小型原始人类群体必须做出反应。因此，在这种情况下，起源于非洲、拥有完全的符号化能力的智人，离开非洲去开拓新的世界，是完全可能的。事实上，符号化思维能力（或象征精神）的第一缕曙光早在 MIS 4 阶段开始之前就已经出现了。

为了完整地描述智人这个新人类物种出现并扩展到全世界的过程，分子人类学家们通过研究各种各样的 DNA 标记在不同人类群体中的分布绘制出了智人"殖民"整个地球的路线图。由于使用了不同的数据集（例如，线粒体 DNA、Y- 染色体、细胞核 DNA 标记，等等），他们画出来的路线图的精度非常高，涉及的历史细节也非常准确。男性的移民过程不同于女性，这个事实使人类走出非洲的历史变得更加复杂化了。虽然，考虑到男性和女性在社会和经济事件中分别扮演的角色之间的差异，这种情况是可以理解的，但它还是会使整个群体的历史面目变得含混不清。智人身上发生的任何事情，似乎都不可能是简单的。尽管如此，总体来看，分子学研究的结果与我们所掌握的化石记录（虽然有点失于简略）的一致性程度非常高。

分子学研究可以告诉我们，在某个特定的地方，可能找到的智人化石是哪个年代的。事实上，除了那些早期来到以色列的"头脑简单"的"流亡者"留下的化石之外，在非洲以外的任何地方，我们确实没有发现过比分子证据告诉我们的年代还要早的化石。在中国南方，一个名叫智人洞（Zhirendong）的洞穴中出土过一块不完整的下颌骨化石，它属于一个生活在距今 10 万年前的原始人，有的考古学家把这个原始人吹捧为智人，但是，从其特征来看，这个原始人实际上分明属于一种地方性的直立人——北京人，而不可能是潜在的早期现代智人"侵略者"。分子学研究告诉我们，一般来说，在距今大约 6 万年以后，即"严酷"的 MIS 4 阶段已经结束，比较"亲和"的 MIS 3 阶段开始之后，非洲 DNA 谱系若干承载者才相继离开了非洲大陆。第一条主要的移民通道是通过小亚细亚进入印度，另一条重要的移民通道则是沿着海岸进入东南亚。这一切都发生得很快。根据考古证据，我们知道人类至少在距今 5 万年以前就已经抵达了澳大利亚。这是一个很了不起的壮举，因为第一批来到澳大利亚的人类必须跨过至少 50 英里的洋面，才能到达他们的"新家"。这就意味着，他们不仅懂得造船（或者，至少是相当复杂的木筏），而且还拥有了出色的航海技能。

与此同时，现代意义上的原始人类移民的一个分支继续在东南亚各地扩展，而另一支则开始"殖民"中国和蒙古，最终又回到了中亚地区。大约在距今 4 万年以前，"非洲裔移民"来到了欧洲（可能是通过小亚细亚）。甚至，在最后一个冰期到来之际，即距今大约 2.1 万年以前，现代意义上的原始人类也仍然在北极圈以北的西伯利亚北部地区冒险。这是一个非凡的成就，如果没有借助文化因素是

197 不可能实现的。智人可以在这个星球所能提供的最艰难的条件下生存下来，而据称"适应严寒"的尼安德特人实际上却不得不对这样的环境退避三舍，躲到几百英里之外。

当然，现代智人"占领"旧世界——后来还"占领了"新世界和太平洋——的过程，并不是一种有意图的冒险或"远征"。几乎可以肯定，人类在很大程度上是通过简单的人口扩散来扩大其"领土"范围的——随着人口的增长，新出现的人类群体进入了新的疆域。当然，受制于当地环境等因素，这个过程既不是定期定量的，也不能说是"不可阻挡的"。各个小型群体肯定会随着气候变迁和人口变化而不断扩张或收缩，有的成功地实现了扩展，有的却可能灭绝。但是，这并不意味着人群扩展是不可能迅速的。事实上，如果一个群体能够在一代人的时间内将自己的"领土"扩大10英里，那么在2 500年的时间内，他们就能扩展到1 500英里的范围（2 500年也确实是一个相当合适的时间尺度）。总之，无论智人向全世界移民的细节是怎样的，如此大规模的人口增长本身就意味着，这些新移民拥有了一种前所未有的尽可能地利用他们周围的环境的能力。不断增长的人口，以及由此而导致的不断的"领土"扩张，就是这种能力的反映。

这种人口地理学上的差异也隐含着如下这个事实，即智人往往是新来者，他们所迁入的，并不是无主的"处女地"。基本上可以肯定，绝大多数土地原本都是由作为"土著"的其他原始人类种群占据的。当不同的原始人类物种相遇时，最主要的模式是很清楚的：当行为上已经完全现代化的智人迁入欧洲时，行为上古老的尼安德特人让步了；当他们进入南亚时，当地的土著——直立人——虽然曾经盛极一时，但是在丢掉了位于东南亚岛屿上的最后堡垒之后，就迅速消失了。稍晚一些，原来就定居在弗洛勒斯的那些不幸的霍比特人也难逃同一命运。事实上，就是在非洲本土，好不容易从MIS 4阶段幸存下来的任何其他原始人类的命运，也是如此。很明显，这些新"侵略者"肯定有什么特别之处。自从原始人类演化的历史开端以来，地球这个星球通常能够支持好几种不同类型的原始人类共存于同一时期，有时甚至允许几个不同的原始人种同时生活在同一个地方。但是，与此形成了鲜明对照的是，行为上已经完全现代化的智人诞生于非洲之后不久，整个世界就迅速被这个原始人种完全占据了。这无疑揭示了一些对于我们这个物种有着非常重要的意义的东西：说我们过于轻率也好，说其他什么也好，我们不但完全不能容忍其他人类物种的竞争，而且拥有一种独特的能力，能够表达和强加这种不宽容性。当我们继续花大力气迫害幸存下来的我们最密切的近亲（直到灭绝）的过程中，我们可能会牢牢记住这个事实。

第十三章 符号化行为的起源

　　从非符号的、非语言的处理和交流关于世界的信息，到我们今天所享受的符号化的、充满语言的一切，我们的祖先完成了一个几乎无法想象的转变。这是认知能力和精神世界的一个史无前例的质的飞跃。事实上，正如我在本书前面的章节中已经说过的，我们相信这样的飞跃能够实现的唯一理由，就是它真的已经实现了。而且，这个飞跃似乎是我们这个物种在生物学意义上已经拥有了独特的现代特征（即已经成为解剖学的意义上的现代人）之后很久才发生的。

　　许多相当早期的迹象就已经有力地暗示我们这个物种拥有象征能力或符号感受力，它们源于生活在非洲以及非洲周边的一些新出现的智人群体。其中最古老（同时也有一定争议）的证据是，斯库尔人早在 10 万多年以前，就已经把小型贝壳刺穿，用线串起来；同时还会对颜料原料进行加热处理，以便把颜色从黄色变成更具吸引力的橙色或红色。贝壳串是特别有意思的，因为它可以当作个人装饰用的项链或手镯（而颜料则是用来染色的），从有历史记载的民族来看，这种挂饰通常蕴含着深厚的象征意义。你怎么打扮和装饰你自己，这很重要，因为这标志着你作为某个群体（或某个阶层、某个职业）的成员的身份，或者，也可以表明你的年龄。然而，总体上看，我们现在拥有的这类早期的"推定证据"还是相当薄弱的：斯库尔遗址出土的两枚在最薄弱的位置穿了孔（也可能是因为自然原因所致）的贝壳，还有一枚在阿尔及利亚的一个阿特利文化遗址出土的年代不能确定的贝壳。不过值得注意的是，在这两个地方生活的原始人类，都必须从相当遥远的地中海海岸辗转得到贝壳，这就意味着，这些贝壳确实对它们的拥有者有特殊的意义。更加重要的可能是这样一个事实，这两个遗址出土的贝壳都源于同一种海洋生物——织纹螺；大量证据表明，这种贝壳后来被广泛用于装饰和观赏。

比上述证据更有力的，是另几个阿特利文化遗址出土的距今大约 8 万年以前的贝壳串。例如，在摩洛哥境内的"鸽子洞"（Grotte des Pigeons），人们发现了一打织纹螺贝壳，上面全都穿了孔。由于这个洞穴与以色列和阿尔及利亚的那些遗址一样，也是远离海岸的，因此这些贝壳也是被原始人有意地带进来的——很可能是通过交换。但是，我还得再强调一次，目前还没有确凿的证据可以证明，这些贝壳上的孔确实是原始人有目的地打出来的。不过，其中几只贝壳上面有颜料的痕迹，这表明它们可能曾经被刻意着过色。这些贝壳还有一个令人奇怪的地方，它们都光滑发亮，这可能是经常与人的皮肤摩擦的结果。

北非海岸线上的其他遗址也有类似的发现，因此，来自"鸽子洞"遗址出土的这些证据并不是孤立的。但是，有一些最有力的证据却表明，这些东西其实只是另一个更大的"模式"的组成部分。而且奇怪的是，这种模型源于非洲大陆的另一端，距离北非足有 4 000 英里之遥。在靠近非洲大陆南端的布隆伯斯洞穴（Blombos Cave）遗址，考古学家们发现了许多穿了孔的孔织纹螺贝壳，其磨损形式强烈地暗示，它们都曾经被串成珠串，并被戴了很久。这些贝壳珠子出现于距今大约 7.6 万年以前，那正是石器时代。这些贝壳珠子作为证据是令人信服的。这些身处非洲南端的原始人，其活跃时期与前述生活在北非的原始人大体相当，所属的文化背景也基本相似，但是他们已经普遍把贝壳珠串当成个人装饰物来使用。这也就意味着，在中石器时代的非洲，至少已经有些原始人类种群早在距今大约 10 万年的时候已经开始装饰自己的身体了。

不仅如此，这些原始人还留下了更明确的符号化行为的证据。布隆伯斯洞穴出土的这些织纹螺贝壳珠串，是最早的可以确切地解释为象征性物品的东西。一起出土的还有两块几英寸长的小块赭石，每块都有一面已经被磨光滑了，上面清晰地刻着一些相互交叉的线段，构成了特定的几何图案。这些几何图案要表达什么信息？我们可能永远都无法知道了，但是，这两块赭石被发现时在地层中的位置表明（它们在出土时彼此相隔几英寸远），随着时间的推移，这种几何图案的意义一直保持了一致性，因此它们不是某一个原始人在闲着无聊时偶然地在赭石块上刻出来的。此外，在距离布隆伯斯洞穴 250 英里远的一个悬岩"庇护所"里，也发现了一块赭石。这块赭石出现的历史可能稍晚一些，它上面的图案则是同一母题的简化版。这就进一步证明，这种几何图案肯定包含着一定意义。更加重要的是，在布隆伯斯洞穴的同一沉积带中，还出土了原先有柄的骨制工具。我们知道，与这些原始人类同时代的生活在欧洲的尼安德特人显然不拥有这种工具。

在距离布隆伯斯洞穴不远的品尼高点（Pinnacle Point），还有另一个沿海洞穴群。在中石器时代，这里也曾经居住过原始人类。在这些"居民"留下的遗物中，最早的距今大约 16.4 万年以前，而最晚近的则大大迟于距今 7 万年以前；但是中间出现了一段空白期（那可能是因为，在 MIS 5 阶段，海平面上升，冲刷掉了一些沉积物）。从出土的化石来看，在距今 16.4 万年以前，这些洞穴的"居民"的饮食结构中就已经包含了相当难以获取的海洋动物了——这可能是为了应对 MIS 6 阶段的寒冷的气候条件。与此同时，这些原始人类经常配制颜料。他们还制造了小石刀（bladelet）——装上了手柄的锋利的石片。在非洲之外，这种工具要很久之后才会出现。毫无疑问，这些原始人类生活在一个重要的文化变革的大时代。虽然可能不无争议，但是我还是倾向于认为，这些技术表达形式必定是符号认知（能力）的预兆。

尽管我在前面已经说过，在旧石器时代，几乎没有什么技术可

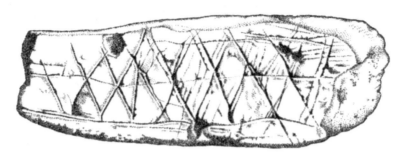

位于南部非洲海岸的布隆伯斯洞穴遗址出土的一块有几何图案的赭石。这块赭石的年代大约为距今 77 000 年以前，它是最早的刻有象征性符号的器物。本插图由帕特里夏·韦恩（Patricia Wynne）绘制。

以当作能够证明当时的原始人类拥有象征性符号思维方式（或，符号化认知能力）的表面证据，不过，我们在品尼高点这个遗址发现的东西应该是一个例外。在这个地区，适宜于制造石器的好石材是极其罕见的，但是现在已经有充分的证据可以证明，距今大约 7.2 万年以前，生活在这里的原始人类已经学会了一种相当复杂的技术，去改进自然环境提供给他们的低劣的原材料的质量。在当地，多的是硅结砾岩，这种类型的岩石有时会转变成富含硅的土块。硅结砾岩很适合从上面剥落石片，但是剥下来的石片在自然状态下却无法长期保持锋利；然而，生活在品尼高点地区的石器制造者发现，如果进行适当的加热和冷却处理，那么经过一系列相当复杂的步骤之后，硅结砾岩石片就会变硬，从而成为非常好的工具。这个过程涉及的技术非常复杂，而且需要事先制定多阶段的"远期规划"，因此几乎可以肯定，这些工具制造者已经拥有了抽象思维能力，能够分析相当长的因果链条（不然这种技术就是不可想象的）。由此可见，在距今 7.2 万年以前，就在布隆伯斯人"生产"出了那些有象征意义的赭石块的同时（不过是以一种完全不同的方式），生活在品尼高点地区的邻居们也已经证明自己初步拥有了符号推理能力。在品尼高点地区，更早一些的地层中也出土过一些几乎同样复杂的硅结砾岩工具，但是没有充分的证据可以证明，这些工具所用的材料也是经过热处理的。

仿佛是要与品尼高点洞穴一争高低似的，在布隆伯斯洞穴，最新的研究结果表明，早在距今大约 7.5 万年以前，布隆伯斯人就已经表现出了可能更加强大的技术实力。这是因为，现在已经证实，布隆伯斯人不仅会使用经过加热硬化的硅结砾岩来制造工具，而且能够用一种被称为"压力剥落法"的技术来增加石刀的锋利程度。这种高超的技术大约在 2 万年之后才出现在欧洲（据称，那是克罗马侬人的贡献）。这是一个出人意料的发现，也是一个令人惊喜的发现。有了这个发现，我们也就更加容易相信以下这个考古报告了。刚果东部的一个名叫卡坦达（Katanda）的遗址上，发现了一些距今大约 9 万年以前的骨制鱼叉。这比以往我们所知的最早的有倒钩的鱼叉早了整整几万年。（倒钩的鱼叉据信也是欧洲的克罗马侬人发明的，时间则在前述"压力剥落法"技术出现很久之后。）因此，越来越多的非常有说服力的证据表明，在中石器时代的中期和晚期，非洲发生了一些重要的事件。

但是，中石器时代生活在南方的这些原始人类究竟是谁？这至今仍然是一个未解之谜。他们似乎没有将死者埋葬在自己生活的地方（或邻近的地方）的习惯，因此他们的骨头很少被保存下来。在品尼高点遗址，考古学家曾经发现过几个孤立的牙齿化石，它们并不能说明太多东西。总体来说，中石器时代的人类骨骼化石并不多见，不过，一个明显的例外是，克莱西斯河口（Klasies River Mouth）洞穴的发现。这个遗址位于布隆伯斯以东几百英里的海岸地带。在克莱西斯河口洞穴的中石器时代的不同沉积层上，考古学家发现了不少有意义的化石记录。在距今超过 10 万年以前的地层中，他们发现了当时的原始人类把自己的生存空间划分成不同的功能区的证据；在距今 9 万年至 8 万年以前的地层中，他们发现了一些非常零碎的骨骼化石，它们可能是一个"食人盛宴"后的余物。这些遗骸通常被认为是智人的；即使他们与我们现代人类不完全相同，也肯定是非常接近的。

　　布隆伯斯时代可以证明原始人拥有符号化思维能力的证据令人兴奋，但是在随后的时代，类似的证据并不是太多。这或许可以让我们的头脑冷静一点。在非洲南部和东部的不少遗址，都出土过鸵鸟蛋壳碎片，里面似乎被原始人有意地刻上了什么图案。这样的"作品"最集中的地方是南非迪克鲁夫（Diepkloof）悬岩"庇护所"。这个遗址的年代为距今大约 6 万年以前，稍迟于布隆伯斯洞穴遗址，但是它仍然肯定属于中石器时代。从这些鸵鸟蛋壳碎片来看，这些鸵鸟蛋壳似乎是被原始人当成盛水的容器来使用的，里面刻上了象征性的图案。这些证据令人信服地证明，在中石器时代，南部非洲原始人的符号化思维传统正在形成。在年代稍晚的东部非洲的一些遗址，鸵鸟蛋壳也是原始人类制造有象征性意义的工具的材料。在东非这些遗址中，最著名的一个是"曙光之窟"遗址（Enkapune Ya Muto，意为"黑夜与黎明之界"）。这是一个悬岩"庇护所"，位于肯尼亚大裂谷。"曙光之窟"遗址的年代为距今大约 4 万年以前，刚好处于中石器时代向晚石器时代（Late Stone Age，简称"LSA"）过渡的阶段。晚石器时代是非洲史前史的一个分期，起始时间与欧洲的旧石器时代晚期大致相当。在较宽泛的意义上，晚石器古代与旧石器时代晚期这两者通常可以认为是基本等价的。根据目前所掌握的证据，我们可以断定，晚石器时代是属于完全意义上的现代人的。在"曙光之窟"遗址，鸵鸟蛋壳上没有雕刻痕迹，但是它们被打磨成了造型优美的磁状物品，然后被串成珠串，这不同于迪克鲁夫人的做法（他们把鸵鸟蛋壳加工成了有饰纹的容器）。无论如何，"曙光之窟"遗址发现的珠串与南部非洲中石器时代的遗址中发现的珠串类似，这意味着存在着某种文化传承。

204

　　与欧洲相比，非洲是一个非常大的大陆，对于关注旧石器时代的考古学家来说，这里仍然存在着大片大片的"未开垦的处女地"，留下了许多未解之谜。因此，特别令人沮丧的一个问题是，除了上面提到过的少许诱人的发现（例如，卡坦达遗址出土的化石记录）

之外，当同一个大陆的遥远的北方和南方已经露出了人类的"现代性"耐人寻味的曙光（以现代的方法去对待这个世界）时，非洲中部地区到底发生了什么事情？对此，我们真的没有太多的线索。中石器时代生活在非洲北部和非洲南方的人类种群之间到底有多少间接的接触，对于这个问题的答案，我们在很大程度上也只能猜测；同样地，这些人群之间在生物学意义上存在着什么区别，我们也无法确知。非洲南部和北部的原始人类很早就不约而同地选中了织纹螺的贝壳，这个事实很有启发意义，不过，对此也不能寄望过多。在距今大约 12 万年前，气候还比较湿润，今天将非洲分为南北两部分的巨大生态屏障——撒哈拉沙漠——当时可能并不存在，因此，我们有理由假设，在人类象征性意识逐渐觉醒的这个时期，今天极度荒芜的撒哈拉沙漠地区是不可能存在着贸易通道的。但是，在接下来的 MIS 4 阶段，沙漠化加剧，撒哈拉沙漠逐渐变成了一个难以克服的障碍（或者，至少有些时候是如此）；到了距今大约 8 万年以前，即我们所发现的一系列令人寻味的关于人类新认知模式的证据形成的年代，这种常规性的文化交流和生物交流就不一定能够存在了。（也许，通过尼罗河河谷还可以在一定程度上维持。）

不过，如果分子人类学家的结论是正确的（他们的观点得到了现有的考古记录的支持），那么，最终占据了整个世界的认知意义上的现代人源于非洲东部的一个群体，而且很可能是一个规模相当小的群体。这个群体很可能出现在布隆伯斯时代之后。之所以会由来自非洲东部的一个群体完成这个"使命"，也可能与以下事实有关：距今 8 万年前至 6 万年前，原始人类符号化思维能力出现了一个迸发期，象征性器物的创新也形成了一个小高潮，然而就在那之后不久，南部非洲就陷入了一个漫长的极度干旱期，内部大部分地区都在很大程度上变成了无人区。在这种情况下，我们可以肯定，非洲南端的布隆伯斯和品尼高点人成为非洲北端的原始人的直接先驱的可能性不会太大，尽管两者的文化的表达形式是相近的。更加有可能的是，在中石器时代的晚期，非洲各个地方的原始人类的创造性精神都迸发出来了，从而使智人与生俱来的趋向于符号化思维的一般倾向变成了现实。这种倾向是早在中石器时代刚刚拉开帷幕，当智人刚刚以一个身体形态与以往的人类完全不同的新物种出现时，就已经具备了的。

无论当今所有人类的祖先到底来自非洲的哪个智人群体，无论这个群体的后代是沿着什么路线走出非洲的，都不会改变这个显而易见的事实：最晚在距今不到 6 万年以前，认知意义上的现代人就已经出现在欧亚大陆了。在本书前面的章节中，我们已经看到，人类是在距今大约 5 万年以前抵达澳大利亚的，不久之后，他们就在那里留下了"艺术活动"的痕迹。位于印度南部的一些遗址（年代为距今大约 5 万年以前），也都出土了与非洲南部和东部的遗址（例如布隆伯斯、迪克鲁夫和"曙光之窟"，等等）非常类似的化石。在其中一个遗址，考古学家还发现了鸵鸟蛋壳的碎片，上面的交叉线段图案与布隆伯斯和迪克鲁夫出土的鸵鸟蛋壳几乎如出一辙。最引人注目的是，根据克罗马侬人的骨骼化石和他们创造的艺术，我们有充分的证据可以证明，在那个时候，"现代敏感性"已经完全成熟的人类也已经来到了欧洲（要知道，欧洲是一个相对偏远、交通不便的"半岛"），因为我们在黎巴嫩和土耳其的旧石器时代晚期的遗址中发现了贝壳珠串。这些化石证据的年代为距今超过 4 万年以前。这也就进一步证实，克罗马侬人的先驱在那时早就扩展到了西部和北部。

克罗马侬人留下的大量化石证据足以证明，在认知的意义上，他们与我们现代人类完全一样。不过，我们之所以能够获得这些证据（它们证明了克罗马侬人的认知能力），在一定意义上却是一种偶然，这既与他们所用的文化表达形式有关，也与有地形地貌方面的因素有关。用神话般的动物形象和大片的几何符号去装饰潮湿、幽深、危险的洞穴，这种艺术活动，我尽量说得客气一些，是一种极不寻常的追求；而且，虽然一切有历史记录的人类社会显然都是已经实现了符号化的，但是选择了这样一种"大气"且特别耐久的表达形式的，却绝无仅有。当然，更加重要的是，大多数克罗马侬艺术被幸运地保存在了他们所居住的洞穴和石缝中，这得益于石灰岩地区特有的地貌。在其他地质环境中，类似的艺术品可能根本无法保存下来。无论如何，这种偶然事件令我们庆幸不已。这些艺术作品确定了我们获得完全"现代"意识的最迟日期。

有的学者提出，克罗马侬人这些令人眼花缭乱的艺术作品标志着一个"彻底的决裂"：克罗马侬人的谱系上肯定出现了显著的基因转变（genetic modification），不然这一切就不可能被创造出来；不过，这种基因转变的影响只限于他们的神经信息处理过程，而没有反映在骨骼化石上（尽管，化石是我们能够找到的唯一实物证据）。然而，从生物学的角度来看，发现这种基因转变的可能性似乎还不如其他一些可能性高。根据布隆伯斯和品尼高点出土的化石记录，我们有理由相信，符号化的感受力（克罗马侬艺术就是这种能力在早期最优秀、最全面的表现）在更早的人类演化历史上就已经在驿动了。除此之外，确实无法想象，这种认知能力的拥有者怎么可能在刚刚获得这种能力后就立即在各个方面发挥出来。事实上，人类后续的所有技术史和经济史也几乎完全等同于这种新发现的能力的进一步延伸，而且直到今天，我们仍然摸索着，向它的无形的最终限制逼近（如果存在这种限制的话）。

第十四章
"太初有道……道即语言"

从生物学的角度来看，在第一个织纹螺贝壳珠串出现10万年以前，解剖学意义上的智人很可能就已经诞生了。这当然是一个非常重大的事件。我们这个物种与已知的最接近的近亲之间，无论是从颅骨来看，还是从颅后骨骼来看，都存在着许多重要的差异；当然，无论是大脑发育过程，还是大脑内部的组织及其关键功能，也都存在着明显的区别。这些差异之大，绝对是非同寻常的。至少在我们现代人类的眼中，绝大部分灵长类动物都与自己最接近的近亲相差不远，即使有所不同，很大程度上也只是表现在外表特征上，例如毛色、体型或发声上面，骨骼结构方面的差异往往相当有限。与此形成了鲜明的对照的是，即便在化石记录有限的条件下，我们也可以清楚地看出来，与最接近的已经灭绝的近亲相比，智人无疑是独特的、前所未有的。尽管如此，我们这个物种很明显是在最近才获得了不同寻常的解剖结构和无与伦比的能力的。没有任何证据可以表明，我们是在很长的演化过程中逐渐成为我们现在这个样子的——无论是从身体的角度来看，还是从智力的角度来看，都是如此。正如我在本书前面的章节中已经指出过的，这表明我们这个物种的身体起源于一个较短时间内完成的"发展重组"事件，当然，在 DNA 的层面上，这个事件也可能是由一个相当小的结构创新所驱动的。由于以下事实的存在，上述这种情况发生的可能性更大了：导致智人这个物种出现的那种遗传创新，通常最可能被"固定"（即成为正常基因）在小型的、遗传上相互隔离的人群内，例如，原本就稀疏地散布于各地的非洲祖先，由于变幻莫测的气候条件往往会变得更加"支离破碎"，因此他们的群体规模都非常小。换句话说，尽管晚更新世的气候非常恶劣，但是从演化和基因变异的角度来看，晚更新世又是"慈悲"的，因为像我们智人这样非同寻常的物种得以出现所必需的各种条件，凡是你能够想象到的，晚更新世都已经具备了。

我们知道，智人的"独一无二性"表现在他们所拥有的以符号化方式处理信息的能力。我们必须先搞清楚我们这个物种是如何获得这种能力的，这是了解我们自己的基础。有些可能性是我们立即就可以排除掉的。首先，我们这种处理信息的新方式不可能是之前任何能够辨识出来的趋势可以预测的结果；它也不可能是大脑容量随着时间的流逝变得越来越大，最终突破了一个特定阈值的结果（就像更聪明的人繁衍的后代比较笨的人更多那样）。我们之所以知道这一点，不仅仅是因为没有符号认知能力的尼安德特人的平均大脑容量比我们智人还大，而且是因为智人大脑容量自从克罗马侬人时代以来至今，似乎已经"萎缩"了差不多10%——但是我们的大脑容量显然还没有跌破所谓的"阈值"。你或许对这个事实不以为然，但是它最起码表明，要解释我们智人不同寻常的认知方式，我们就必须放弃简单地只考虑大脑容量的思路。

我们智人这种非凡能力既然归结于大脑容量，那么最明显的另一个选择是某种新型的神经结构，即我们大脑的内部组织和"连线"发生了变化。神经结构出现变化在演化历史上并不是第一次，毕竟，人类的大脑本身就是长期"堆垛"的产物，它可以追溯到5亿前的最古老的脊椎动物的大脑（甚至更早的动物）。事实上，从根本上说，智人的大脑并不是什么全新的东西。但是，这次大脑结构变化的结果却是革命性的：用今天许多学科的专业人士都喜欢用的一个术语来说，这是一种"涌现"，即当预先存在的结构上增加了某种东西，或者偶然发生了某种变化之后，就导致整个系统的功能复杂性上升到了一个全新的水平。

那么，我们智人究竟是从什么时候开始获得这种惊人的能力的？对此，我们无法直接从化石记录看出来。古神经学家们（那些擅长通过化石来判断颅腔内的大脑的结构和功能的专家）甚至无法在原则上就以下这个问题达成一致意见：我们在现代人类大脑与尼安德特人的大脑之间观察到的表现在外部形状上的差异，是不是具有任何显著的功能上的意义？我们能够肯定的只不过是，考古证据表明，智人和尼安德特人确实是两个行为差异很大的物种。尼安德特人似乎是原始人类处理外界刺激时所用的完全直观的"旧式"方法的集大成者。相比之下，我们，拥有符号思维能力的智人则以一种革命性的、前所未有的方式处理信息，尽管在我们脑壳深处，基本上仍然是那个非常"古老"的大脑。

209

基因、语言与声带

在本书前面的章节中，我已经简要地提到过，有些学者认为我们智人物种对待世界的新方法可以归因于一个非常晚近的时期才获得的"符号化"基因。当科学家们发现，人类身上一个名叫 FOXP2 的基因与我们的语言能力密切相关时，这种论调更是甚嚣尘上。医学研究表明，FOXP2 基因发生了某种变异时，患者就无法正常说话（不过，他们似乎不会出现其他认知障碍）。影像学研究则表明，这些患者的大脑的布洛卡（Broca）区的活动减少了。当研究进一步证实，尼安德特人也拥有与正常人类一样的 FOXP2 基因时，人们就更加兴奋了，因为这引发他们猜测，从这个证据来看，尼安德特人应该已经拥有了语言能力。如果这种猜测是正确的，那么也就意味着尼安德特人拥有了非常复杂的意识，因为语言是一个超级符号化的系统，它的存在，严重依赖于"精神符号"的创建和处理。任何一种生物，如果能够创造语言，那么就几乎肯定已经拥有了所有其他与符号思维相关的能力。当然，事情不会如此简单。进一步的科研证明，与人类的语言能力有关的基因有很多个。事实上，我们任何一个人能够正常地长大，就几乎可以称是一种奇迹了，因为在我们的生长发育过程中，那么多的基因都必须紧密地"编排"到位。从这个角度来看，把某一个基因"称为"语言基团（或者，语言的调控基因，例如 FOXP2）的做法，显然是错误的，尽管这样做可能是有吸引力的。尼安德特人所拥有的 FOXP2 基因或许是语言能力的必要条件之一，但是它绝非充分条件。

至少到目前为止，没有任何证据可以证明，我们智人物种的认知独特性的根本原因可以归结为某种神奇的"银子弹"式的基因。事实证明，对于我们智人拥有一个有利于"复杂思维"的大脑解剖结构这个事实，还有一个更好的、更一般的解释，同时，这个解释与智人刚开始把这种独特性表现出来时的环境也更加一致，尽管我们对那个时期智人的行为的了解还相当有限。当然，许多细节仍然付诸阙如，而且我们也不知道到底是什么形式的基因重排给智人带来了独特的解剖结构。我们现在可以肯定的只是，这个事件确实发生了。总之，这个解释的根本要旨是，最可能的情况是这样：与我们智人物种所有其他独特的结构特性一样，我们的新认知能力也是一个重大的遗传分支事件所带来的一个副产品。当然，这个事件就是智人变成了一个独立的物种。令人高兴的是，分化出来的这个物种显得非常成功。

从这种视角出发，我们这个物种大脑中使我们倾向于符号思维的那种"神经成分"，只不过是发生于距今大约 20 万年以前的、使解剖学意义上可以辨识的智人物种得以出现的发展重组过程的一个被动结果。对此，不妨作一个简单的类比：在建造拱桥的时候，如果拱心石（keystone）没有放置到位，那么整座拱桥就无法发挥作用。更加重要的是，无论我们人类的"拱心石"是什么，它所创造的新的潜能在相当长一段时间内一直没有发挥出来，直到其"主人"偶尔"发现"了它那一刻为止。

这种解释看上去似乎有点违反直觉，因此值得强调指出，智人身上所发生的事情，即一种新的潜能的获得与这种潜能被有效利用之间存在着显著的时间差（而且后来的事实证明这种潜能是非常了不起的），实际上不过是生命演化史上一种非常普遍的现象的一个例子而已。这是因为，相对于基因的承载体的环境条件来说，所有基因创新全都是随机发生的（当然，它们也可能被其"主人"的演化历史所引导），因此，它们最初必定不是作为对某种特定的生活方式的适应（adaptation）而出现的，而只能是作为扩展适应（exaptations）而出现的。这就是说，变异出来的特性必定是在事后才被用于某种新的用途。在本书前面的章节中，我已经简要地提到过了羽毛的例子。鸟类的祖先在数百万年前就已经拥有了作为皮肤毛囊变异结果的羽毛，但是一直没有飞起来。类似地，陆生脊椎动物的祖先在仍然完全水生的时候，就已经长出了腿，那时陆地生活的未来仍然遥遥无期。当这些结构刚刚出现时，你根本不可能预测他们在未来的功能。更加重要的是，只要不会显著地阻碍演化进程，这些新异结构都会完整地被"演化女神"保存下来。以智人而言，符号思维的潜力显然是很早以前就"潜伏"在那里的，一直未被发现，直到它在某种刺激的作用下"释放"出来为止。而这种刺激必定是文化上的，因为生物上的一切准备工作，都早就完成了。

211

上面所说的"生物上的一切"，不仅包括必要的大脑结构，例如负责语言的脑区，以及把相应的发声指令传递给周边发声结构的神经回路；还包括这些外围发声结构本身。关于历史上的智人的上声道（这是我们的发声器官，有了它，我们才能说出有声语言）的结构和特点，至今仍然聚讼纷纭。大部分讨论都涉及智人的喉道中的喉头位置（它有多低），以及应该怎样从骨骼化石中准确地辨别出喉头。喉头越低，位于喉头之上、喉部肌肉可以控制的咽部（声腔）就越大，这样才能以特定的频率振动，从而带着里面的空气柱振动发出声音。很多学者认为，从化石记录来看，原始人类的喉头的位置一直随着头骨化石分类体系的延伸而降低，因此有理由猜测，语言能力（以及更一般地，类似于现代人类的意识）是在人属演化的早期阶段就出现了。这种观点引起了很大争议。尽管出土的舌骨化

212

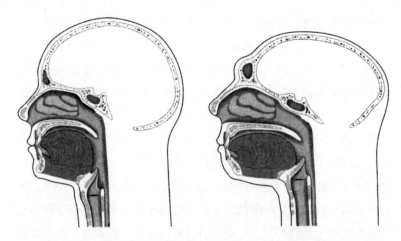

现代人类（左）的头部与尼安德特人的头部（右，重建图）的剖面对比。从图中可以清楚地看出两者的上层声道之间的差异。请注意，尼安德特人有腭部和舌头都很长，喉咙的位置也比智人更高。现在读者看到的这幅图是由戴安娜·塞勒斯根据杰夫·莱特曼（Jeff Laitman）的草图绘制的。

石已经有不少了（舌骨是喉头的骨质部分），但是这方面的争论一直没有平息。最近，学界的注意力已经转移到了上声道中口腔部和咽喉部各自所占的比例上来，有人认为，要发出声音，振动频率就必须落在一定范围之内，而这就要求一个较短的脸部。我们可以预期，这方面的争论还将继续下去。

与此同时，有些学者又提出了一个非常有吸引力的观点，即语言能力、说话能力和符号化思维的能力，都是在解剖学意义上的智人诞生时就一起形成的。这也就是说，所有的必要功能（特性）都是一开始就准备好的，就等着它们在日后（独立地）被用于新用途了。智人的脸部很短，且向后退缩，不管这种形态是为了什么功能而演化出来的，我们都可以肯定，必定与语言能力（甚或说话能力）无关。现在已经很难确定，这种脸部形态究竟是在什么样的情境中出现的，因为短小且向后退缩的脸部其实是有显著缺点的。首先，它减少了齿列的长度，因此牙齿变得很拥挤，从而经常导致牙齿咬合错位；其次，喉头位置降低使呼吸道与消化道交叉，这就很容易导致非常危险甚至致命的食物窒息，如果喉头较高，这种威胁就可以避免。这种影响不是一声"有所不便"就可以轻轻带过的：仅仅在日本，由于人们喜欢吃寿司，每年就有超过 4 000 人因食物窒息而死。至于这种头骨形态在智人早期生活中会有什么优点，我们现在谁也说不准。也许，上述缺点并不足以导致显著的差异，或者，体形纤细的智人与体形粗笨、不善行走的其他原始人类物种相比，"能耗"更低、效率更高，因而拥有足够大的竞争优势？无论如何，很显然，使智人拥有优势的只能是这个新的、不寻常的机体的整体，而不可能是它的某些创新性的解剖特征。

而且，早期智人也并不是一出现就压倒了自己的竞争对手的。 213 正如我们在前面已经看到过的，还未符号化的智人第一次"进军"黎凡特，显然没有取得永久性的成功。我们现代人类的先辈迅速"接管"全世界，得等到他们符号化的行为模式建立起来的那一天的到来。关于智人符号意识的觉醒，现有的零星的证据表明这个过程发生在非洲大陆内陆，但是它们无法排除以下两种可能性中的任何一种。第一种可能是，鉴于有关的生物潜力早就已经存在，非洲各地多个相互隔离的智人种群很可能早就分别独立地尝试着运用这种新的能力；另一种可能是，现代人类的符号思维能力只有一个"点源"。要想判断哪种可能性是历史上的现实，我们所需的信息肯定要比现在我们已经掌握的信息多得多。不过无论如何，广泛分布于非洲各地的早期智人遗址提供的化石记录表明，早在距今 8 万年以前，人类就已经掌握了符号化的信息处理能力了。

符号思维的觉醒

转型为符号化信息处理方式，这是一个几乎难以想象的改变，它究竟是怎么完成的？对此，我们的答案还停留在猜测的层面上。是的，我们很难抗拒给出某些猜测的诱惑。我们已经阐述过，我们需要找到某种文化上的刺激，因为是它推动生物上早就"预制就位"的智人大脑进入符号模式的。如果你问对这个问题感兴趣的科学家，这种刺激到底是什么，他们最有可能提出的"候选人"有两个。

第一个潜在的刺激是"心理理论"或"他心认知能力"（theory of mind）。我们智人物种是灵长类动物，而我们的高等灵长类"近亲"通常都比较"擅长交际"；但是，与此同时，我们智人物种还拥有一种特殊的社会性倾向，它不仅仅体现为关心他人的亲社会性（prosociality）——这似乎是猿类动物所不具备的，而且还体现为一种更超脱的、旁观者式的社会性。我们知道我们自己的想法（心理学家称之为"一阶意向性"），我们还可以猜测到别人在想什么（"二阶意向性"），我们还可以猜测别人拥有某种关于第三者的信念（"三阶意向性"），等等。猿类动物似乎已经拥有了一阶意向性，它们也可能是除人之外的灵长类动物中唯一拥有了二阶意向性的动物。而人类则一般最多能够应付六阶意向性（他相信她认为他们打算……

214 等等），但是在那之后，人类也会觉得头晕目眩了。一些科学家认为，我们的非凡的认知模式（能力）演化是由他心认知能力的不断提高驱动的，因为这是应对越来越复杂的社会交往的需要。换句话说，现代人类的认知能力是在日趋密集的社会互动的自我强化的压力下发展起来的。至于社会交往的具体情境，则很可能是篝火旁边。

这无疑是一个非常有吸引力的想法，尤其是因为我们精致微妙的社会规范和社交礼仪与我们处理关于我们同胞的信息的方式之间的关系是如此密切——同伴的需要往往是我们的当务之急之一。但是，这种机制无法解释以下两个问题：第一，为什么明显已经高度社会化的猿类动物未能在长期演化过程中发展出更加复杂的他心认知能力，要知道，它们的演化过程与我们（原始）人类是平行的；第二，考古记录表明，符号化思维是在非常晚的时期、没有任何预兆地出现于智人身上的，而且只出现在了智人身上，但是智人只不过是若干个拥有硕大脑袋的原始人类物种之一，为什么会这样？

第二种可能的刺激是语言。几乎所有人都会自然而然地把我们的语言能力与我们的认知风格联系起来。事实上，即使把语言称为"终极性"的符号化活动，也很难说是夸大之辞，因为语言的根本特征就是从有限的元素生成无限的表达形式。就像思想一样，语言先对我们周围的世界进行分门别类，转化成一个词汇表，然后再根据特定的规则组合起来，针对这个世界做出一些陈述。这些陈述不仅是关于我们所感知到的世界的（这个世界是什么样子的），而且还是关于一个可能的世界的（这个世界应该是什么样子的）。离开了语言，思维也是几乎不可想象的，因为如果没有语言发挥中介作用，思维过程就只能是完全凭直觉的、非陈述的；也就是说，在没有语言的情况下，思维将退化为在输入的刺激与记得的刺激之间建立关联，然后做出相应的回应。当然，我这样说并不意味着这种反应必定是非常简单的；事实上，不通过以符号思维为基础的抽象过程，也有可能建立起极其复杂的关联。在早期原始人类身上，我们已经看到过这方面的例子。在原始人类演化历史上，我们的祖先不仅能够建立起这种关联，而且取得了一些非常显著的技术进步，包括火的驯化、复合工具的发明，以及住所（"庇护所"）的建成。这些成就确实给我们留下了非常深刻的印象。不过，关键还在于语言。 215
有了语言，符号化信息处理过程才得以添附在了旧有的认知过程之上。这样一来，原始人类就增加了一个全新的对待世界的维度，最终，他们终于学会了重构这个世界。

这一划时代的重大事件肯定发生在非洲大陆。在非洲，我们发现了最早的看上去与我们完全相同的智人的骨骼化石，以及最早的符号化活动的考古证据（这些证据的年代比智人出现的年代稍晚一些）。最近的一项关于全世界各种语言所使用的声音（音素）的研究进一步证明了这一点。大量比较语言学研究的结果清楚地表明，语言的演化过程与生物有些类似，"后代"语言从"祖先"语言分离出来以来，共同起源的印记仍然可以长期保留下来。因此，许多科学家都以语言的分化为参考指标，来追踪人类在全球范围内的扩展。

他们在这类研究中关注的焦点是构成这些语言的词汇。不过，事实证明，这是一项相当困难的工作，因为个别单词会随着时间的推移而迅速改变：只要过了大约 5 000 年（最多 1 万年），就无法从词汇看出不同语言之间的关系。这样一来，尽管语言确实能够在"追踪"人类近几年来在地球上迁移的路线时发挥重要的作用，但是当涉及非常早期的语言演化问题时，这种方法就无能为力了。

最近，新西兰认知心理学家昆廷·阿特金森（Quentin Atkinson）提出了一个替代方法。阿特金森认为，在探求语言的起源的时候，我们最好还不要去考察作为一个整体的词汇（表），应该去追踪组成词汇的"声音元件"——即音素。这是很有道理的，因为音素受生物学因素的限制的程度要比由词汇（音素的组合）所表达的思想大得多。研究了世界各地的语言的音素的分布状况之后，阿特金森发现了一个非常显著的模式：距离非洲越远，用来生成词汇的音素的数量越少。在非洲，一些非常古老的民族至今还在使用着同样非常古老的以咂舌音多而著称的"咔哒语言"（"click" languages）。这种语言有一百多个音素。作为对比，我们使用的英语只有 45 个音素；而在夏威夷，地球上最迟被智人占据的地方之一，当地的语言则只有 13 个音素。阿特金森用人口遗传学家很熟悉的一个术语——连续奠基者效应（serial founder effect）——来描述这种模式。连续奠基者效应是指这样一种现象：每一次，后代种群离开原种群时，有效种群规模都会下降。这样一来，随着种群连续不断地"开枝散叶"，遗传多样性——显然，也包括音素多样性——就被逐渐削弱了，原因是我们在前面讨论过的瓶颈效应。

阿特金森发现，在他所分析的大约 500 种语言中，这种效应的信号要比基因中发现的信号弱一些，考虑到语言演化速度很快这个事实，这种差异是可以理解的。关键在于，从基本模式上看，基因与音素都呈现出了明显的连续奠基者效应，两者在这方面可以说是完全一样的，而且它们的原点都是在非洲。阿特金森的分析表明，两者的交点可能位于非洲西南部，这也符合最近一项遗传学研究的结果。阿特金森的研究结果意味着，不仅现代智人是起源于非洲的某一个地方的，而且语言也是起源于非洲的某一个地方的（或者，至少就现在仍然存在的语言而言是如此）。因此，这也就提供了一个有力论证，说明在现代智人快速"接管"地球的过程中的，语言因素和生物因素之间存在着一种有根本意义的强大协同作用。

转型时期

之所以说语言是推动我们的祖先完成了符号思维的惊险一跃的文化上的刺激的有力候选人，是有很多原因的。虽然所有的现代社会长期以来都根本不缺乏语言元素，但是，我们也知道，要创造一种结构性的"洋泾浜"语言（pidgin language）并不困难，而且无须外界的推动。这方面最著名的一个例子是尼加拉瓜聋哑儿童在 20 世纪 80 年代自发地创造出来的一种手语。20 世纪 70 年代期间，当这个国家出现了第一所聋哑学校之后，许多以前一直单独待在家里的聋哑儿童都聚到了一起，其中有不少儿童的亲人是不会手语的。这所学校成了尼加拉瓜第一个聋哑人社区，孩子们很快就独立创造了一门只属于自己的手语。这门手语在许多方面也像口语一样复杂，尽管它与这些聋哑儿童周围的人所讲的西班牙语毫无关系。

还有一个例子，那是一个令人难以置信的故事，它记录了一 217 个成人学会语言的过程：从头做起，从理解物体是有名字开始，从最基本的符号开始。在她的著作《无语问苍天》（*A Man Without Words*）中，手语专家苏珊·夏勒博士（Susan Schaller）感人至深地描述了她是如何认识到，在她的课上，有一名聋哑学生不仅不会手语，而且不知道其他人会使用名字来指称物体。这个男人，被她称为伊尔德丰索（Ildefonso），是在一个其他人都有听力的家庭中孤独地长大成人的，从来都没有人告诉他，物体是有名称的。他也没有接受过任何一种特殊教育，不懂得创造和识别符号。不过，幸运的是，尽管非常"沉默寡言"，伊尔德丰索还是来到了夏勒博士的课堂，并且他一上学，就给她留下了深刻的印象：这是一个既聪明又有旺盛求知欲的人。《无语问苍天》细致地描述了伊尔德丰索学习语言的过程：一开始，夏勒博士试着教他最简单的美国手语（ASL），但是很快就看出他甚至连手语是什么也搞不清楚。夏勒博士不断尝试，终于找到了适当的方法，取得了突破性进展。伊尔德丰索如被闪电击中般，突然顿悟了：原来每样东西都有一个名字！"他突然坐了起来，身体笔直，甚至完全变僵硬了……他的眼睛眼白急剧扩大，仿佛受到了惊吓……他突破了！……他终于进入了人类的世界，发现了心灵相通的快乐。"伊尔德丰索对世界的看法变得完全不同了。情感的洪流消退之后，伊尔德丰索回过神来，他立即如饥似渴地要求学更多的新词汇。

我们不难理解，经过 27 年没有语言、没有符号的生活，这种"顿悟"也可能会对伊尔德丰索造成巨大的创伤。在夏勒博士笔下，伊尔德丰索的痛楚感动人心弦。他发现，自己"在一个就像长期被单独关押在监狱里的人，与他人隔绝。"幸运的是，尽管伊尔德丰索在学习语言时碰到了很大的困难，也经历了不少挫折，并且需要更多的指导（哪一个像他这样的成年人不会遭遇这些呢？），他最终还是学会了美国手语。

夏勒博士从伊尔德丰索身上获得的经验其实是我们这个时代的任何人都有可能经历的：当准备好的大脑在突然间"发现"了它所拥有的能力时，符号化的人生一下子就涌现了出来。夏勒博士认为，伊尔德丰索的情况其实比一般人所想象的更加普通，她说，很多"聪慧的、理智的，但无法说话的人"都因为既聋哑又不会手语而遭到了有听力的人或会手语的人的误解。如果事实确实如此，那么通过伊尔德丰索的案例，我们或许可以从侧面去理解和体会"前语言"的人类境况，当然他与原始人类相比，也有很大的不同：一方面，他不拥有原始人类早期的交流方法；另一方面，他也没有伴随着他们的"认知后遗症"。

然而不幸的是，在我们判断一个拥有一切、唯独没有语言能力的正常智人应该是什么样子的时候，伊尔德丰索的经验并没有太大帮助。因为说到底，伊尔德丰索属于一个由聋哑人组成的小群体，其成员是通过手势而不是通过符号来进行交流的。讲手语的人无法通过将字词按规则组合起来，准确地描述自己的经验。说实在的，他们的交流更像是客人在晚宴后玩猜字谜游戏。毫无疑问，这种交流方式是非常麻烦的。以伊尔德丰索而言，一旦掌握了语言的精髓，并开始用更多的手语词汇"编写"句子，他就不耐烦再使用手语了，而且也不愿意再花时间与他以前的同伴交流了。更重要的是，在伊尔德丰索获得了"语言"能力之前，他非常不愿意描述自己的内心生活。这有可能是因为他实在没有办法解释各种微妙的差异，因此他不愿意与人分享自己的内心世界。因此，外在的语言是如何以及在何种程度上独立于我们自己内心认定的经验的，仍然无法以特定的个人经验为基础进行估计。

这确实是一个遗憾，因为搞清楚有语言的心理过程与没有语言的心理过程之间的区别，是我们准确地了解非符号化的智人与符号化的智人之间的认知差异的关键所在。那些生活在黎凡特早期的非符号化的智人似乎也生活得不错——他们的生活方式更接近于那些机灵狡猾、能干有成的尼安德特人。虽然他们没有语言，与我们现代人类相比，这似乎是一个缺陷，但是，我们不难想象，他们以及他们的祖先也没有生活在压抑的"认知黑狱"当中。（伊尔德丰索逃脱了这个"认知黑狱"后，如释重负。）他们的生活方式相当复杂，同时也非常适合他们。在他们之前，没有任何生物曾经有过如此复杂的生活方式。

又或者，我们可以通过吉尔·博尔特·泰勒（Jill Bolte Taylor）的经历，去间接了解、体味一下"前语言"智人的生活。泰勒是一位神经解剖学家，一次严重的中风夺去了她的语言能力，然后过了好几年又奇迹般地恢复了过来。那是在 37 岁那年，当泰勒失去了语言能力之后，她所有的记忆也随之消失了，她发现自己只能够生活在当下此刻。不过，另一方面，她也感受到了一种不寻常的宁静感，

219

而且觉得自己与周围的世界特别紧密地联系了起来。泰勒以往拥有的语言能力，似乎不仅允许她，而且强迫她与自己周围的世界保持一定距离。当然，这正是人类的符号化能力的本质所在，即能够把自己看成一个对象，并对自己的宇宙保持适当的疏离感。

　　泰勒在完全恢复后，回忆了这一段经历。无疑，这种经验非常难得，也非常迷人。然而，很显然，一个原本会说话的现代成年人在罹患脑疾后失去语言能力的故事不可能精确地反映正常的"前语言"的智人的大脑功能。好在还可能存在另一种途径，通过它我们可以一窥"前语言"的智人的心智状态。一些心理学家早就令人信服地指出，年幼的孩子们在还没有掌握他们的父母的语言的时候，思考方式是与成年人不同的。这是不是意味着，孩子们处理信息时的心理过程在某些方面可能类似于"前语言"智人。不过，尽管毫无疑问，孩子们尚未学会说话时的思维方式与熟练掌握语言的成年人有所不同，但是他们的大脑，当然却仍然是不成熟的（特别是，大脑中非常重要的前额叶皮层成熟得非常晚），所以他们无法像成年人那样在各种各样的信息之间建立真实联系。再者，年幼孩子也无法清晰地表述自己的心理状态——他们往往只能通过情感化的行动来表达。这种情况与我们在本书前面的章节中已经讨论论过的试图理解黑猩猩的"精神世界"时面临的困境类似。

　　从考古记录来看，在原始人类的世界，即使没有现代意义上的语言，复杂的生活方式、直观的认识以及"清晰的头脑"，也都是完全有可能实现的。在适当的环境条件下，没有语言能力并不一定是"残疾的"。不过，无论如何，语词是复杂认知的关键促进因素。操纵词汇意味着心灵的放大和解放。你拥有的语词越多，你眼中所看到的世界就越复杂。而在另一方面，当你找不到适当的词语来表述一个事物时，也就意味着你对这个事物的概念并不清晰。然而，考虑到如下事实，即我们的语言能力是以某种形式嫁接到或添附于最早的解剖学意义上的智人更早期的认知基本机制之上的，我们也就不难理解，现代人类今天的精神生活其实是在符号化思维与直观思维之间"走钢丝"。我们的符号化象征性的能力，说明我们拥有理性；而直觉，本身就是理性和感性的"神奇合金"，则解释了我们的创造性。这两者的偶然结合，使我们拥有了不可阻挡的力量——尽管对于自然来说，这种力量在一定意义上也许仍然是不完美的。

智人完成的这个惊险一跃——从一个无符号、无语言的物种转变为一个符号化的、语言化的物种，堪称地球上一切有机体出现以来令人难以置信的认知转型。我们或许永远不可能准确地描述这一转型的细节，而且我们设想的任何情景都可能低估了这种转变的难度。但是，从尼加拉瓜的聋哑中小学生和伊尔德丰索例子可以看出，这种转型也许并不是完全不可想象的，至少在原则上，我们已经知道，语言起源于生活在非洲某个地方的一个由生物学意义上早就准备妥当的早期智人组成的一个小型群体。事实上，就我本人而言，我非常愿意设想，最早的语言是由孩子们创造的，因为他们通常比大人更容易接受新观念。孩子们总是有他们自己的待人处事的方法；在许多时候，孩子们相互交流的方式实在令他们的家长百思不得其解。从解剖学的角度看，出于某些原因（这些原因与语言没有关系），未学会语言的孩子也早就拥有了所有开口说话必不可少的外围生理结构。除了作为抽象思维的生物基础的生理结构之外，他们还有以复杂的形式进行交流的先天性冲动。而且几乎可以肯定，孩子们也属于一个社会，这个社会内存在着一个复杂的用于保证人际交流的系统，它除了利用声音之外，还利用了手势和身体语言。毕竟，任何一种行为创新，都必定以早就存在的特定的生理结构为跳板。就尼加拉瓜聋哑儿童这个例子而言，我们不难设想（至少在原则上），一旦第一个词汇被创造出来了，参与其中的每个孩子的大脑中枢之间的相互反馈就会进一步推动他们创建自己的语言，同时型构自己的思维过程。尽管他们自己创造的语言被心理学家称为"私人语言"，但是对于他们来说，它很可能一个有效的管道，能够将直觉转化为清晰的概念。在此基础上，或许就可以进行符号化思维。

这种观点，即语言刺激了抽象思维，还有另外一个很吸引人的优点。不同于他心认知能力，语言是一种"公共财产"。高明的一个扑克玩家不会让别人猜到自己的牌；同样地，如果一个人告诉别人，自己拥有"读心术"，能够准确地猜出他人的心思，那也未必一定会对他（或她）自己有利。尽管只要他心认知能力只是广义的智力的一种表达形式，上述情况就不会阻碍这种能力在人群内部的扩展；但是无论如何，他心认知能力本身很难成为认知转型的驱动力。当然，我们现在已经进入了一个未知领域；事实上，即便如下观念——语言是作为一种沟通的手段而产生的——也完全属于猜测。（在当今世界，语言可能已经成了沟通的最大障碍。这实在是一个典型的人类悖论！）我们也可以想象，在最初的时候，语言也许就是作为思维的内部通道而出现的，或者至少可以说，语言这种功能从一开始就是极为重要的。不过，如果语言本身就是一种沟通手段，那么它在由生物学意义上早就"万事俱备"的个人组成的群体内部的传播肯定就是最容易、最迅速的；最终，语言超越了原来的小型"创始者"群体的界限，并扩展到了所有智人群体（因为他们天生就有语言倾向），依靠新发现的智慧，智人很快就"接管"了整个世界。

语言、符号与大脑

如果我们对大脑的工作机理已经有了很好的理解，那么要猜测智人在实现从无符号到符号化的飞跃过程中发生了什么，将会容易得多。遗憾的是，大脑是如何把大量结构性的电化学信号转换成我们所体验到的"意识"的？对于这个问题，至今仍然没有明确的答案。最近发展起来的实时脑成像技术，使我们能够观察人们在执行不同的认知任务时大脑内部所发生的事情（即大脑把能量用在哪些地方），从而揭示了不少东西。但是，我们是怎样控制各种器官，把刺激、信息以及其他所有东西融合在一起，变成了我们的主观想法和感受的？这在很大程度上仍是未解之谜。由此而导致的一个后果是，我们试图回答的一个问题本身就可能是有问题的——这个问题就是，确定我们智人物种刚出现时，哪些特定的脑区与以前的原始人类相比发生了变化，从而为全新的认知能力奠定了神经基础。不过无论如何，如果能够观察到我们智人物种的大脑确实与我们的"近亲"有很多差异，那么这也不失为一个不错的出发点。由于古人类学家现在仍然未能对原始人类的大脑的外部形态（通过颅骨化石呈现出来）与现代人类之间存在什么差异达成共识，因此我们不妨从存活于世的现代猿类动物的大脑入手。毕竟，我们已经相当清楚，哪些事情是我们现代人类能够做，而猿类动物却则无法做到的。当然，一个实际困难是，你很难让一只黑猩猩乖乖地躺在核磁共振成像仪里面执行认知任务。事实上，这个事实本身也从另一个侧面再一次突出了我们与猿类动物（以及原始人类）之间宽而且深的认知鸿沟。

222

因此，就目前而言，我们基本上还只能从大脑的静态结构角度去探寻我们之所以能够成为如此与众不同的"万物之灵"的生物学基础。虽然很久以前我们就知道，现代人类的大脑与猿类动物的大脑之间，所有比较大的组成部分几乎都存在着一一对应关系，但是随着神经生物学家使用的仪器的分辨率的提高，人脑与猿脑在组织结构层面的差异开始越来越清晰地呈现了出来。最近的研究发现，猿类动物和人类的大脑内都有一种纺锤体神经元（Spindle neuron），这在所有现存动物中是独一无二的，但是人类拥有的这种神经元的数量更多。在人类大脑中，纺锤体神经元位于那些负责复杂情绪——如信任、同情和内疚——的脑区。神经科学家们还不能肯定为什么会这样，但是一种可能性是，纺锤体神经元能够把这些脑区的刺激信号以极高的速度传导到大脑前部负责"高级规划"的脑区。大量纺锤体神经元的存在，可能是人类能够对复杂和不断变化的社会环境迅速做出反应的原因。随着类似这样研究结果的不断积累，终有一天，我们肯定能拼合出一幅更加完整的画面，解释人类大脑内部究竟发生了哪些别的动物的大脑内部不会发生的事情。但是就目前而言，我们可以确信的只是，人类行为中表现出来的优势，肯定不仅仅是因为人类大脑的容量更大，甚至其他，很大程度上就只是猜测了。

我个人最喜欢的猜想是伟大的哥伦比亚神经生物学家诺曼·葛许温（Norman Geschwind）早在 20 世纪 60 年代就提出来的。葛许温的基本观念是，对物体的——识别——即为它们命名——构成了语言的基础。考虑到语言与认知之间的关系，可以认为这也是符号性认知的基础。根据葛许温的观点，一个人之所以能够掌控语言，是因为他的一种生理能力所致，这种能力就是，能够在大脑皮层的不同区域之间建立起直接的联系，而不需要通过皮层下更古老的"情感中心"脑区。大脑皮层是一层薄薄的由神经细胞构成的组织，涵盖了大脑的整个外表面。在哺乳动物的演化过程中（尤其是在人类的演化过程），大脑皮层扩大了无数倍，因此，正如我们现在观察到的，它不得不折叠起来，以适应内颅顶对空间的局限。在神经科学中，最明显的皮层褶皱被用于区分皮层的各个主要功能区域，它们是：额叶、顶叶（上侧）、颞叶（下侧）、枕叶（背面），以及岛叶（里面）。在每个"叶"的内部，又用其他一些褶皱来区分主要功能区。例如，布洛卡区（Broca's area），即在运动控制，包括发声器官的控制方面发挥着关键作用的脑区，在于左额叶。现代脑成像研究已经表明，运动控制以及其他许多重要功能，其实都是广泛分布于大脑各脑区的，但是 19 世纪的神经科学家们天才地确定的大脑主要功能分区今天仍然得到了普遍承认。大多数现代神经科学家都乐于同意，位于大脑前端的前额叶皮层在整合来自大脑各个部分的信息时发挥着关键的作用。很显然，前额叶负责的是"更高级"的"执行"功能，它协调和调制着大脑内部从系统发育学的角度来看"更加古老"的那些脑区的活动。

葛许温认为，大脑内部负责皮层各区域之间的联系——这种联系对物体的命名，从而也对语言及符号认知至关重要——是一个被称为角回（angular gyrus）的脑区。角回是顶叶的一部分，既与颞叶相邻，又与枕叶相近，这或许真的是协调大脑皮层各"叶"的理想位置。在人类的大脑，角回是相当大的一个脑区；而在所有其他灵长类动物的大脑中，角回很少或干脆完全观察不到。更加重要的是，最近的影像学研究还表明，角回在人们理解隐喻时明显激活，而在作为语言的基础的各种抽象联系中，隐喻正是很有代表性的一种。但是无论葛许温的观点是对还是错，令人无比沮丧的是，我们几乎肯定无法根据原始人类颅骨化石来确定他们的角回是从什么时候开始变大的。

在试图搞清楚究竟有什么东西使我们智人物种的大脑如此与众不同的时候，我们必须牢记，我们这个"总指挥"其实是一个相当凌乱的结构。在最初的时候，大脑是非常简单的，后来在长期的演化过程是"抓住一切机会"才发展成了现在这个样子。因此，也许我们不该过于执着地非要找到一块决定性的"拱心石"不可。很可能，我们人类大脑的"非凡性能"其实是一种涌现秩序的表现：某个相对来说几乎微不足道的"组成部件"被加到了原先就已经存在的、具有扩展适应性的、几乎立即就可以用于符号思维的脑部结构上之后，或者，当原来的脑结构出现了某种微小的变化之后（这些都完全可能是一种意外），一切就变得全然不同了。换句话说，由于原有结构出现了一个小小的调整，大脑各个组成部分之间的互动形式就焕然一新了，并使它的功能的复杂性上升到了前所未有的水平。

因此，如果我们不能确定哪个特定的"大脑组件"是我们现代人类的意识的基础，那么我们或许可以改问另外一个问题：哪个认知系统与此相关？许多学者最喜欢的系统是最近得到了深入研究的工作记忆系统。心理学家用工作记忆这个术语来表示我们在进行某项实际工作时，有意识地在心里记住相关信息的能力。如果没有工作记忆，那么我们就不可能完成任何涉及若干不同信息的工作。当然，说工作记忆是支持我们复杂的认知活动的最关键基础，这并不

224

是要否认早期原始人也需要并且拥有类似的工作记忆，但是我们与他们之间区别非常可观，而且非常重要（尽管这种区别很可能只是数量上的区别），因为工作记忆与前额叶皮层越来越细化、越来越复杂的"首席执行官职能"有关，包括做出决策、形成目标、制订计划，等等。正如我们在本书前面的章节中已经看到的，从用一块石头敲打另一块石头，制造出第一件石器以来，原始人类发展出来的各种技术一直在变得越来越复杂，越来越发散化，这是一个证据，证明他们的工作记忆也在逐步增加。一般推测，这一过程的最后一个重要步骤完成于距今 9 万年至 5 万年以前。

当然，这种解释与现有的考古记录也是一致的。但是，仍有一些问题悬而未决，例如，工作记忆是否只是我们的现代意识的必要条件，而不是充分条件？当我们思考我们智人物种是如何获得这种独特的心理能力的时候，我们可能会把工作记忆视为我们的独特性的关键，就像我们可能把能够调节体温、能够看得很远，或者便于带着东西四处走动等优点视为导致最早的双足直立行走的原始人类出现的关键因素一样。然而，现实情况是，一旦你获得了这种能力，你就拥有了一大堆优势，当然，它也会带来某些不利之处。已经双足直立行走的动物几乎肯定以站直身子的姿势最为自然。就符号思维而言，它很可能只不过是这样一些因素共同作用下涌现出来的一种现象：具有扩展适应性的大脑，对大脑结构的随机的小小修改，再加上一些喜欢玩游戏的孩子。当然，这个现象最终改变了整个世界。

尾　声

　　我在本书最后一章的结尾部分所说的那些话，并不意味着我们这个物种必定是有意图地改变我们这个星球。我们有充分理论认为，在一开始，人类是不可能有这种意图的。在这个世界上，我们的祖先是一些猎人和采集者，人们在很大程度上（如果不能说完全的话）融入了自己所在的生态系统中。事实上，最可能的是，从最初到现在，除了死亡之外，人类经验的唯一的"铁律"就是"非意图后果规律"（Law of Unintended Consequences）。我们的大脑实质上是一些非凡的机制，它们使我们能够完成一些令人惊叹的事情。但是，总体上看，我们仍然最多只擅长预见——或者关注——那些最明显的"直接后果"。我们评估风险，尤其是长期风险的能力非常糟糕。我们会相信一些也许极其疯狂的东西，例如，人牺牲自己能够感动上帝、许多人都被外星人绑架了；或者，我们的经济增长可以永远维持下去、即使我们完全不在意气候变化，也不会有什么不良后果，等等。如果说我们即使并不真信这些，那么至少从我们的行为上看，我们却似乎是相信的。

　　当然，所有这些，都响应了以下这个事实：我们的人类大脑是一个凌乱地堆砌而成的历史产物。在我们的颅腔内，既装入了鱼类、爬行动物、树栖动物的大脑，也装入了最高级的前额叶，它使我们能够以我们特有的方式整合信息。同时，我们大脑内部，一些较新的结构是通过一些非常古老的结构进行"交流互动"。我们的大脑似乎是一个临时建筑，不过是在几亿年间"机会主义"地组装起来的，其间经历了多种不同的生态环境。当我们认识到，我们的符号化能力是在非常晚近的时期（晚近程度几乎令人难以置信）才获得的，而且这种能力的获得，不仅是锦上添花，更是雪中送炭，我们也就很清楚，我们现在的大脑不可能是演化女神为了某种目的而精心微调的结果。我们今天之所以能够拥有如此惊人的心理能力，只是因为自远古以来，我们无数的祖先，在应对当时的环境时比他们的竞争对手做得更好一些。然后到了最后，这个新获得的东西给智人带来了巨大的变化（不过仍然是未曾预料到的）。在这漫长的过程中，只要任何一个时候的任何一件事情没有发生，你就不会读到我这本书了。

有一些学者认为，我们人类有时候的行事之所以会显得比较"怪异"，是因为我们的大脑的演化一直没能跟上社会快速转型的步伐；他们说，自从最后一个冰期结束、当人类开始过上定居生活时，这种情况就出现了。根据这种观点，我们的大脑，仍然在——有时相当不恰当地——对一个已经成为过去的"演化适应性环境"做出反应。这种观点有深厚的还原论色彩，看上去似乎相当吸引人，但是，在现实生活中，我们的大脑实际上是通用型的，而不可能是只"适应"任何东西的。是的，你确实可以在人类的行为中找到一些规律性，因为每个人的行为都无一例外地受大脑"总指挥"的控制，因而受这个器官的基本结构的限制。但所有这些"规律"都只是统计抽象意义上的规律，人们在现实生活中的行为是绝对不会完全与任何一个规律相同的。因此，如果可以说某一个统计现象"支配"了人类的生存条件，那也只是指它符合"正态分布"或"钟形曲线"（这类曲线是用来描述同一种特性的不同表达形式在一个种群中出现的频率）。钟形曲线的中间最高，那里集中了大多数人；然后基本对称地向两边延伸。正态分布反映了这样一个事实：任何一种特性的绝大多数观察结果都会落在平均值附近，偏离平均值很远的观察结果则很少（偏离得越远，就越罕见）。

你所关心的任何一种人类特性，无论是生理上的还是行为上的，其分布都可能满足钟形曲线。在我们所有人当中，只有几个是极其聪明的，极其愚蠢的也不多，大多数人都属于中间的某个地方。高大／矮小、关心他人的／冷漠无情的、强壮／瘦弱、纯洁／淫乱、高尚／卑鄙……你能想到的每一个特征，都是如此。这也正是我们不能僵化地看待人类境况的内在原因：无论你设想的行为有多极端，你总是很容易就可以在智人当中找到一个人，作为例子。有一个圣人，就有一个罪犯；有一个慈善家，就有一个小偷；有一个天才，就有一个白痴……从这个角度来看，世上存在坏蛋，只不过是因为这世上存在好人而付出的代价。换句话说，也许没有必要特意解释为什么会存在利他主义者，因为光谱的另一头，必定存在着利己主义者。而且，就人类个体来说，他们通常也是典型的悖论性的复合体，我们每个人身上都混合着值得崇拜的特性和令人唾弃的特性，甚至同一特性在不同时候的表现形式也会完全不同。我们是理性的动物，但是只有当荷尔蒙没有上脑的时候才是如此。

同样地，没有人会赞同弥漫在自己周围的全部疯狂的想法，尽管我们中的许多人确实会被其中一些想法吸引。其中的一个疯狂的想法是，人类的全部境况可以表述为一个长长的"人类共性清单"——每个人都共同拥有的、人类独有的心理和行为特点。但是，事实总会证明，清单上的所谓"共性"往往要么并不是人类特有的，要么并不是人类普遍共有的。事实上，除了在自己的心中重现世界这一最基本的能力之外，我们所有人都共同拥有的唯一其他"人类共性"就是大家都会表现出来的认知失调了。

由于其特有的认知特性，我们这个物种及其个体成员是完全不同类型的实体。因为，虽然每个人类个体基本上可以说是——尽管不完全是——他们自己的独特的基因组的产品，但是，作为整体的人类物种却并非如此。事实上，人类的总体境况之所以始终难以捉摸（并经常引发争论），就是因为它本质上是无法具体指明的。

那么，我们对自己的了解究竟有多少呢？在经历了一个漫长的演化历史后，人类已经来到了一个临界点上：我们无意之中获得的强大认知能力已经使我们有能力在不知不觉中改变我们所赖以生存的地球的面貌了。事实上，最近已经有学者建议（带着典型的人类中心主义的傲慢），我们应该把当前的地质年代全新世重新命名为"人类世"（Anthropocene，即"新人类时代"）。许多地质学家不赞同这个建议（它是一位生态学家和一位大气化学家的发明），因为以一个物种为标准去确定一个地质时期，这种做法是前所未有的。无论如何，人类的干预对自然界的巨大影响是毋庸置疑的，未来的地质学家发现的地质证据肯定会清楚地反映这一点。在此，只需要举一个例子。无数个威力强大的自然因素合在一起，每一百年才能使大陆的表面降低几十米；但是令人震惊的是，最近的研究表明，由于人类的活动，在第一个千年以来（即从公元后到现在），世界地表的侵蚀速度已经增加了十倍。

当然，这也许只是另一个统计抽象，也许不会对像我们人类这样的物种造成太大的直接影响。但是不可否认，我们人类对大陆地壳的"改造"，包括速度不断加快的内陆地表侵蚀和沿海沉积，已经造成了严重的现实后果。是的，我们确实在重塑我们所生活的地球。当智人刚刚出现时，人数非常有限，他们的任何行为造成的任何后果都可以被环境轻松地"化解"；但是，现在全球人口总数已经超过了 70 亿，同样的行为就可能会带来巨大的危害。而且，社会进步也是一柄双刃剑：人类各种事业发展得越好、规模越大，也就变得越脆弱。一场洪水，对于散居各地的狩猎—采集群体来说，可能只会带来少许不便，但是对于孟加拉国或美国密西西比河流域的密集居民来说，就可能演变成人间惨剧。通过各种非意图的和有意的方式，我们已经证明自己确实是地球的主人，但是，当这个星球的压力变得实在过于沉重时，难保它不会反咬一口。

很明显，我们身上令我们人类显得如此与众不同的一些特性已经开始威胁到了我们自己。因此，这也就很自然地提出了这样一个问题：演化"设计"的大脑是否已经注定，我们只能在这条自我毁灭的道路上走下去。幸运的是，对这个问题的答案是"否"（或者，至少在原则上肯定如此）。例如，虽然有证据表明，某些源于不寻常的大脑活动的暴力行为倾向很可能是可遗传的，但是同样有证据表明，适当的环境条件和教育可以改变这些倾向。更加重要的是，个体的缺陷不一定会映射到作为整体的社会上去。（当然，可悲的是，这种说法通常并不适用所谓的社会领袖。）事实上，社会是非常复杂的，有各种各样的规范、制度和程序，还有用来防范和惩罚坏人的、有时非常严厉的强制和制裁手段，它们能够从许多方面有效地弥补个体的缺陷，特别是位于钟形曲线的"不好的那一端"的那些个体的缺陷。这是因为，社会规范和法律法规的存在，保证我们在绝大部分时间内都只会做出合理的、负责任的行为。再者，如下这种说法也肯定不能说是完全不切实际的：如果大多数社会成员都清楚地认识到，我们面临的情况确实非常严重，那么社会是有能力做出艰难的决定的。是的，为了维持我们与这个星球之间的均衡，我们必须做出抉择。

231

尽管我们人类还算不上完美的造物，但是我们毕竟是长达700万年的演化的产物。不过，这是否意味着，在未来我们仍然可以被动地等待演化来完成它的工作？是不是只要有足够的耐心，让自然选择机制发挥作用，我们就会变得更加聪明，能够全方位地了解我们的行动的后果？不幸的是，这一次，答案也是否定的，如果现在的人口增长趋势一直持续下去的话。在我们的祖先生活的时期，地球上的原始人类的总人口很少，稀稀疏疏地散布在广阔的大地上，他们的群体规模很小，在遗传上很不稳定，因此变化频繁的环境压力和气候波动对他们的影响非常大。这些都是在新的种群和物种涌现并纳入显著的基因变异和生理创新的理想条件。事实上，这些非常不稳定的环境，再结合智人的文化倾向，才是包括智人在内的原始人类能够在更新世以非常快的速度演化的原因。

但是，过去是过去，现在是现在。自最后一个冰期结束以来，我们智人就开始在地球各地定居下来。随后，人类人口迅速增长，直到今天，世界几乎每个角落都挤满了人。这些新条件的出现，彻底改变了"游戏规则"。现代人类群体已经变得过于庞大和密集了，无法把任何显著的、能够使我们变得更加聪明、更能够保护我们自己的利益的遗传创新固定下来。只要我们的人口状况不发生巨大变化，我们就只能坚守现在的"阴暗的自我"。

232　　读者也许会觉得，前景似乎并不乐观，不过幸运的是，这幅画面并不是故事的全部。这是因为，尽管在生物层面发生变异的前景似乎相当暗淡（因为容易想象，不会出现足以改变人口结构的巨大灾难，正常的演化规律也不可能"重建"），但是在更广泛的意义上的人类创新则远远没有走到尽头。毫无疑问，我们的认知能力以及我们的解剖结构在很多方面都绝非完美，但是，我们的理性能力、我们的好奇心却似乎是无穷无尽的。自从智人群体中出现了符号思维的第一丝曙光以来，人类的创新潜力就被我们处理世界上信息的全新方法激发出来了，对这种潜力的有效利用，大大加快了技术进步和创新的历史脚步。归根结底，如果只有一件事情是确定无疑的，那就是我们对自己的潜力的利用还远远没有穷尽。事实上，我们甚至可以说，一切才刚刚开始。因此，尽管各种征兆表明，我们这个物种出现显著的生物学意义上的变化的机会不大，但是从文化的角度来看，我们的未来却是无限的。

致　谢

　　这本书是我漫长学术生涯的结晶。我要感谢很多同事，我从他们身上学到了很多。由于名单实在太长，我无法在这里一一致谢。尽管对我个人来说，本书意义非凡，但是从更广阔的学术视角来看，它可能只是一份研究进展报告。科学发展太快了，如果我在这里所表达的观点，已经被快速发展的研究所超越的话，我只会觉得欣慰。不过，我在差不多半个世纪前刚刚进入古人类学的殿堂时学到的东西，今天看上去已经变得非常古朴而动人了。我毫不怀疑，再过半个世纪来看今天的一切，也会同样令人觉得奇异而亲切。

　　我要感谢阿米尔·艾克塞尔（Amir Aczel），他介绍我认识了帕尔格雷夫·麦克米伦出版社（Palgrave Macmillan）的编辑卢巴·奥斯塔谢夫斯基（Luba Ostashevsky）。这本书是在卢巴鼓励下写成的。在写作过程中，他一直坚定地敦促我。我还要感谢帕尔格雷夫·麦克米伦出版社的劳拉·兰开斯特（Laura Lancaster）和唐娜·彻丽（Donna Cherry），本书得以问世，与她们的努力分不开。感谢瑞安·曼斯特勒（Ryan Masteller），他负责本书的清样。与克里斯蒂娜·卡塔里诺（Christine Catarino）和西沃恩·帕加内利（Siobhan Paganelli）共事也是一件赏心乐事。

　　我永远感激简·伊赛（Jane Isay）以及米歇尔出版社（Michelle Press）的同仁，他们使我明白，为普通读者写作是值得的。感谢所有参与了本书的摄影师和艺术家，特别是杰伊·玛特尼斯（Jay Matternes）和詹妮·斯特菲（Jenn Steffey）。当然，我最需要感谢的人是我的妻子珍妮（Jeanne），感谢她对我的写作的支持和宽容。

阅读书目和参考文献

　　下面先列出对人类演化问题感兴趣的读者可以阅读的一些著作。然后，我将分别给出每一章的参考文献。

Delson, E., I. Tattersall, J. A. Van Couvering, A. S. Brooks. 2000. *Encyclopedia of Human Evolution and Prehistory,* 2nd. ed. New York: Garland Press.

DeSalle, R., I. Tattersall. 2008. *Human Origins: What Bones and Genomes Tell Us About Ourselves.* College Station, TX: Texas A&M University Press.

Eldredge, N. 1995. *Dominion.* New York: Henry Holt. Gibbons, A. 2006. *The First Human: The Race to Discover Our Earliest Ancestors.* New York: Doubleday.

Hart, D., R. W. Sussman. 2009. *Man the Hunted: Primates, Predators, and Human Evolution.* Expanded ed. New York: Westview / Perseus.

Johanson, D. C., B. Edgar. 2006. *From Lucy to Language,* 2nd ed. New York: Simon and Schuster.

Klein, R. 2009. *The Human Career: Human Biological and Cultural Origins,* 3rd ed. Chicago: University of Chicago Press.

Klein, R., B. Edgar. 2002. *The Dawn of Human Culture.* New York: Wiley.

Sawyer, J. G., V. Deak, and E. Sarmiento. 2007. *The Last Human: A Guide to Twenty-Two Species of Extinct Humans.* New Haven, CT: Yale University Press.

Stringer, C. B., P. Andrews. 2005. *The Complete World of Human Evolution.* London and New York: Thames and Hudson.

Tattersall, I. 2009. *The Fossil Trail: How We Know What We Think We Know about Human Evolution,* 2nd ed. New York: Oxford University Press.

Tattersall, I. 2010. *Paleontology: A Brief History of Life.* Consohocken, PA: Templeton Foundation Press.

Tattersall, I., J. H. Schwartz. 2000. *Extinct Humans.* New York: Westview / Perseus.

Wade, N. 2006. *Before the Dawn: Recovering the Lost History of Our Ancestors.* New York: Penguin Press.

Wells, S. 2007. *Deep Ancestry: Inside the Genographic Project.* Washington, DC: National Geographic.

Zimmer, C. 2005. *Smithsonian Intimate Guide to Human Origins.* New York: HarperCollins.

第一章　参考文献

Brunet, M., F. Guy, D. Pilbeam, H. T. Mackaye, A. Likius, D. Ahounta, A. Beauvilain, C. Blondel, H. Bocherens, J.-R. Boisserie, L. De Bonis, Y. Coppens, J. Dejax, C. Denys, P. Duringer, V. Eisenmann, G. Fanone, P. Fronty, D. Geraads, T. Lehmann, F. Lihoreau, A. Louchart, A. Mahamat, G. Merceron, G. Mouchelin, O. Otero, P. P. Campomanes, M. Ponce de León, J.-C. Rage, M. Sapanet, M. Schuster, J. Sudre, P. Tassy, X. Valentin, P. Vignaud, L. Viriot, A. Zazzo, C. Zollikofer. 2002. A new hominid from the Upper Miocene of Chad, Central Africa. *Nature*: 145–151.

Brunet, M., F. Guy, D. Pilbeam, D. E. Lieberman, A. Likius, H. T. Mackaye, M. S. Ponce de León, C. P. E. Zollikofer, P. Vignaud. 2005. New material of the earliest hominid from the Upper Miocene of Chad. *Nature* 434: 752–754.

Haile-Selassie, Y. 2001. Late Miocene hominids from the Middle Awash, Ethiopia. *Nature* 412: 178–181.

Haile-Selassie, Y., G. Suwa, and T. D. White. 2004. Late Miocene teeth from Middle Awash, Ethiopia, and early hominid dental evolution. *Science* 303: 1503–1505.

Harcourt-Smith, W. E. H. 2007. The origins of bipedal locomotion. In *Handbook of Paleoanthropology, Volume 3.* W. Henke and I. Tattersall, eds. Heidelberg and New York: Springer, 1483–1518.

Harrison, T. 2010. Apes among the tangled branches of human origins. *Science* 327: 532–534.

Keith, A. 1915. *The Antiquity of Man.* London: Williams and Norgate.

Kimbel, W. H., C. A. Lockwood, C. V. Ward, M. G. Leakey, Y. Rak, D. Johanson. 2006. Was *Australopithecus anamensis* ancestral to *A. afarensis?* A case of anagenesis in the hominin fossil record. *Jour Hum. Evol.* 51: 134–152.

Köhler, M., S. Moyà-Solà. 1997. Ape-like or hominid-like? The positional behavior of *Oreopithecus* reconsidered. *Proc. Nat. Acad. Sci. USA* 94: 11747–11750.

Leakey, M. G., C. S. Feibel, I. McDougall, C. Ward, A. Walker. 1995. New four-million-year-old hominid species from Kanapoi and Allia Bay, Kenya. *Nature* 376: 565–571.

Leakey, M. G., C. S. Feibel, I. McDougall, C. Ward, A. Walker. 1998. New specimens and confirmation of an early age for *Australopithecus anamensis. Nature* 393: 62−66.

Moyà-Solà, S., M. Köhler, L. Rook. 1999. Evidence of hominid-like precision grip capability in the hand of the Miocene ape *Oreopithecus. Proc. Nat. Acad. Sci. USA* 96: 313−317.

Moyà-Solà, S., M. Köhler, D. M. Alba, I. Casanova-Vilar, J. Galindo. 2004. *Pierolapithecus catalaunicus,* a new Middle Miocene great ape from Spain. *Science* 306: 1339−1344.

Pickford, M. 1990. Uplift of the roof of Africa and its bearing on the origin of mankind. *Hum. Evol.* 5: 1−20.

Pickford, M. and Senut B. 2001. The geological and faunal context of Late Miocene hominid remains from Lukeino, Kenya. *C. R. Acad. Sci. Paris,* ser. IIa, 332: 145−152.

Pickford, M., B. Senut, D. Gommery, J. Treil. 2002. Bipedalism in *Orrorin tugensis* revealed by its femora. C. R. Palévol. 1: 191−203.

Rook, L., L. Bondioli, M Köhler, S. Moyà-Solà, R. Macchiarelli. 1999. *Oreopithecus* was a bipedal ape after all: Evidence from the iliac cancellous architecture. *Proc. Nat. Acad. Sci. USA* 96: 8795−8799.

Senut, B., M. Pickford, D. Gommery, P. Mein, K. Cheboi, Y. Coppens. 2001. First hominid from the Miocene (Lukeino Formation, Kenya). *C. R. Acad. Sci. Paris,* ser. IIa, 332: 137−144.

Tattersall, I. 2009. *The Fossil Trail: How We Know What We Think We Know about Human Evolution.* 2nd ed. New York: Oxford University Press.

Walker, A., P. Shipman. 2005 *The Ape in the Tree: An Intellectual and Natural History of Proconsul.* Harvard: Belknap Press.

Ward, C. V., M. G. Leakey, A. Walker. 2001. Morphology of *Australopithecus anamensis* from Kanapoi and Allia Bay, Kenya. *Jour. Hum. Evol.* 41: 255−368.

White, T. D., G. WoldeGabriel, B. Asfaw, S. Ambrose, Y. Bayene, R. L. Bernor, J.-R. Boisserie, and numerous others. 2006. Assa Issie, Aramis and the origin of *Australopithecus. Nature* 440: 883−889.

White, T. D. and numerous others. 2009. Special Issue on *Ardipithecus ramidus. Science* 326: 5−106.

Zollikofer, C. P. E., M. S. Ponce de León, D. E. Lieberman, F. Guy, D. Pilbeam, A. Likius, H. T. Mackaye, P. Vignaud, M. Brunet. 2005. Virtual cranial reconstruction of *Sahelanthropus tchadensis. Nature* 434: 755−759.

第二章　参考文献

Aiello, L., C. Dean. 1990. *An Introduction to Human Evolutionary Anatomy.* London and San Diego: Academic Press.

Alemseged, Z., F. Spoor, W. H. Kimbel, R. Bone, D. Geraads, D. Reed, J. G. Wynn. A juvenile early hominid skeleton from Dikika, Ethiopia. *Nature* 443: 296–301.

Aronson, J. L., M. Hailemichael, S. M. Savin. 2008. Hominid environments at Hadar from paleosol studies in a framework of Ethiopian climate change. *Jour. Hum. Evol.* 55: 532–550.

Asfaw, B., T. White, O. Lovejoy, B. Latimer, S. Simpson and G. Suwa. 1999. *Australopithecus garhi:* A new species of early hominin from Ethiopia. *Science* 284: 629–635.

Behrensmeyer, A. K. 2008. Paleoenvironmental context of the Pliocene A.L. 333 "First Family" hominin locality, Hadar Formation, Ethiopia. *Geol. Soc. Amer. Spec. Pap.* 446: 203–235.

deHeinzelin, J., J. D. Clark, T. White, W. Hart, P. Renne, G. WoldeGabriel, Y. Beyene, E. Vrba. 1999. Environment and Behavior of 2.5-million-year-old Bouri hominids. *Science* 284: 625–629.

Dominguez-Rodrigo, M., T. R. Pickering, S. Semaw, M. J. Rogers. 2005. Cutmarked bones from Pliocene archaeological sites at Gona, Ethiopia: Implications for the function of the world's earliest stone tools. *Jour. Hum. Evol.* 48: 109–121.

Haile-Selassie, Y, B. M. Latimer, M. Alene, A. L. Deino, L. Gibert, S. M. Melillo, B. Z. Saylor, G. R. Scott, and C. O. Lovejoy. 2010. An early *Australopithecus afarensis* postcranium from Woranso-Mille, Ethiopia. *Proc. Nat. Acad. Sci. USA* 107: 12121–12126.

Johanson, D. C., M. Edey. 1982: *Lucy: The Beginnings of Humankind.* New York: Warner Books.

Johanson, D. C., T. White. 1979. A systematic assessment of early African hominids. *Science* 203: 321–330.

Johanson, D. C., T. D. White, Y. Coppens. 1978. A new species of the genus *Australopithecus* (Primates: Hominidae) from the Pliocene of eastern Africa. *Kirtlandia* 28: 1–14.

Johanson, D. C., et al. 1982. Special Issue: Pliocene hominid fossils from Hadar, Ethiopia. *Amer. Jour. Phys. Anthropol.* 57: 373–724.

Jungers, W. L. Lucy's limbs: Skeletal allometry and locomotion in *Australopithecus afarensis. Nature* 297: 676–678.

Kimbel, W. H., Y. Rak, D. C. Johanson. 2004. *The Skull of* Australopithecus afarensis. Oxford and New York: Oxford University Press.

Leakey, M. D., J. M. Harris (eds.). 1987. *Laetoli: A Pliocene Site in Northern Tanzania.* Oxford: Clarendon Press.

Lovejoy, C. O. 1988. Evolution of human walking. *Scientific American* 259: 118–125.

McPherron, S., Z. Alemseged, C. W. Marean, J. G. Wynne, D. Reed, D. Geraads, R. Bobe, H. A. Béarat. 2010. Evidence for stone-tool-assisted consumption of animal tissues before 3.39 million years ago at Dikika, Ethiopia. *Nature* 466: 857–860.

Raichlen, D. A., A. D. Gordon, W. E. H. Harcourt-Smith, A. D. Foster, W. R. Haas. 2010. Laetoli footprints preserve earliest direct evidence of humanlike bipedal biomechanics. *PLoS One* 5 (3): e9769.

Rak, Y. 1991. Lucy's pelvic anatomy: its role in bipedal gait. *Jour. Hum. Evol.* 20: 283–290.

Schick, K., N. Toth, G. Garufi, E. S. Savage-Rumbaugh, D. Rumbaugh, R. Sevcik. 1999. Continuing investigations into the stone tool-making and tool-using capabilities of a bonobo (*Pan paniscus*). *Jour. Archaeol. Sci.* 26: 821–832.

Semaw, S. 2000. The world's earliest stone artifacts from Gona, Ethiopia: Their implications for understanding stone technology and patterns of human evolution between 2.6–1.5 million years ago. *Jour. Archaeol. Sci.* 27: 1197–1214.

Stern, J. T., R. L. Susman. 1983. The locomotor anatomy of *Australopithecus afarensis*. *Amer. Jour. Phys. Anthropol.* 60: 279–317.

Ungar, P. 2004. Dental topography and diets of *Australopithecus afarensis* and early *Homo*. *Jour. Hum. Evol.* 46: 605–622.

Ward, C. V. 2002. Interpreting the posture and locomotion of *Australopithecus afarensis:* Where do we stand? *Yrbk Phys. Anthropol.* 45: 185–215.

第三章　参考文献

Calvin, W. H. 1996. *How Brains Think: Evolving Intelligence, Then and Now.* New York: Basic Books.

Cavallo, J. A., R. J. Blumenschine. 1989. Tree-stored leopard kills: expanding the hominid scavenging niche. *Jour. Hum. Evol.* 18: 393–400.

Cerling, T. E., E. Mbua, F. M. Kirera, F. K. Manthi, F. E. Grine, M. G. Leakey, M. Sponheimer, K. T. Uno. 2011. Diet of *Paranthropus boisei* in the early Pleistocene of East Africa. Proc. *Nat Acad. Sci. USA* 108: 9337–9341.

Dart, R. A. 1953. The predatory transition from ape to man. *Intl Anthopol. Ling. Rev.* 1: 201–217.

Gallup, G. G. 1970. Chimpanzees: Self-recognition. *Science* 167: 86–87.

Gomes, C. M., C. Boesch. 2009. Wild chimpanzees exchange meat for sex on a long-term basis. *PLoS One* 4: e5116.

Hart, D., R. W. Sussman. 2009. *Man the Hunted: Primates, Predators, and Human Evolution.* Expanded edition. Boulder, CO: Westview Press.

Hoberg, E. P., N. L. Alkire, A. de Queiroz, A. Jones. 2001. Out of Africa: Origins of the *Taenia* tapeworms. *Proc. Roy. Soc. Lond. B.* 268: 781–787.

Mercader, J., H. Barton, J. Gillespie, J. Harris, S. Kuhn, R. Tyler, and C. Boesch. 2007. 4,300-year-old chimpanzee sites and the origins of percussive stone technology. *Proc. Nat. Acad. Sci. USA* 104: 3043–3048.

Mitani, J. C., D. P. Watts. Why do chimpanzees hunt and share meat? *Anim. Behav.* 61: 915–924.

Povinelli, D. J. 2004. Behind the ape's appearance: Escaping anthropocentrism in the study of other minds. *Daedalus* 133 (1): 29–41.

Pruetz, J. D., P. Bertolani. Savanna chimpanzees, *Pan troglodytes verus,* hunt with tools. *Curr. Biol.* 17: 412–417.

Seyfarth, R. M., Cheney, D. L. 2000. Social awareness in monkeys. *Amer. Zool.* 40: 902–909.

Sponheimer, M., J. Lee-Thorp. 2007. Hominin paleodiets: The contribution of stable isotopes. In W. Henke and I. Tattersall (eds,), *Handbook of Paleoanthropology.* Heidelberg: Springer, 555–585.

Stanford, C. B. 1999. *The Hunting Apes: Meat-eating and the Origins of Human Behavior.* Princeton: Princeton University Press.

Stanford, C. B. H. Bunn. 2001. *Meat-eating and Human Evolution.* New York: Oxford University Press.

Tattersall, I. 2011. Origin of the human sense of self. In W. van Huyssteen and E. B. Wiebe (eds.), *In Search of Self.* Chicago: Wm. B. Eerdmans, 33–49.

Walker, A. C., M. R. Zimmerman, R. E. F. Leakey. 1982. A possible case of hypervitaminosis A in *Homo erectus. Nature* 296: 248–250.

Watts, D. 2008. Scavenging by chimpanzees at Ngogo and the relevance of chimpanzee scavenging to early hominid behavioral ecology. *Jour. Hum. Evol.* 54: 125–133.

Wrangham, R. 2009. *Catching Fire: How Cooking Made Us Human.* New York: Basic Books.

第四章　参考文献

Berger, L. R., D. J. de Ruiter, S. E. Churchill, P. Schmid, K. J. Carlson, P. H. G. M. Dirks, J. M. Kibii. 2010. *Nature* 328: 195–204. Clarke, R. J. 2008. Latest information on Sterkfontein's *Australopithecus* skeleton and a new look at *Australopithecus. S. Afr.*

Jour. Sci. 104: 443–449.

Grine, F. E. (ed). 1988. *Evolutionary History of the "Robust" Australopithecines.* Hawthorne, NY: Aldine de Gruyter.

Herries, A. I. R., D. Curnoe, J. W. Adams. 2009. A multi-disciplinary seriation of early *Homo* and *Paranthropus* bearing palaeocaves in southern Africa. *Quat. Int.* 202: 14–28.

Howell, F. C. 1978. Hominidae. In V. J. Maglio and H. B. S. Cooke (eds.). *Evolution of African Mammals.* Cambridge, MA: Harvard University Press, 154–248.

Kuman, K. 2003. Site formation in the early South African Stone Age sites and its influence on the archaeological record. *S. Afr. Jour. Sci.* 99: 251–254.

Leakey, L. S. B., P. V. Tobias, J. R. Napier. 1964. A new species of genus *Homo* from Olduvai Gorge. *Nature* 202: 7–9.

Leakey, M. G., F. Spoor, F. H. Brown, P. N. Gathogo, L. N. Leakey, I. McDougall. 2001. New hominin genus from eastern Africa shows diverse middle Pliocene lineages. *Nature* 410: 433–440.

Scott, R. S., P. S. Ungar, T. S. Bergstrom, C. A. Brown, F. E. Grine, M. F. Teaford, A. Walker. 2005. Dental microwear texture analysis shows within-species diet variability in fossil hominins. *Nature* 436: 693–695.

Sloan, C. P. 2006. The origin of childhood. *National Geographic* 210 (5): 148–159.

Susman, R. L. 1994. Fossil evidence for early hominid tool use. *Science* 265: 1570–1573.

Suwa, G., B. Asfaw, Y. Beyene, T. D. White, S. Katoh, S. Nagaoka, H. Nakaya, K. Uzawa, P. Renne, G. WoldeGabriel. 1997. The first skull of *Australopithecus boisei. Nature* 389: 489–446.

Tobias, P. V. 1967. *Olduvai Gorge,* Vol. 2. Cambridge: Cambridge University Press.

Ungar, P., F. E. Grine, M. F. Teaford. 2008. Dental microwear and diet of the Plio-Pleistocene hominin *Paranthropus boisei. PLoS One* 3: e2044.

Walker, A. C., R. E. F. Leakey, J. M. Harris, F. H. Brown. 1986. 2.5-Myr *Australopithecus boisei* from west of Lake Turkana, Kenya. *Nature* 322: 517–522.

Wood, B. 1991. *Koobi Fora Research Project,* Vol. 4. Oxford: Clarendon Press.

Wood, B., M. Collard. The human genus. *Science* 284: 65–71.

第五章　参考文献

Alexeev, V. P. 1986. *The Origin of the Human Race.* Moscow: Progress Publishers.

Amunts, K., M. Lenzen, A. D. Friederici, A. Schleicher, P. Morosan, N. Palomero-Gallagher, K. Zilles. 2010. Broca's region: Novel organization principles and multiple receptor mapping. *PLoS Biol.* 8: e1000489.

Bennett, M. R., J. W. K. Harris, B. G. Richmond, D. R. Braun, E. Mbua, P. Kiura, D. Olago, M. Kibunjia, C. Omuombo, A. K. Behrensmeyer, D. Huddart, S. Gonzalez. 2009. Early hominin foot morphology based on 1.5 million-yearold footprints from Ileret, Kenya. *Science* 323: 1197–1201.

Coqueugniot, H., J.-J. Hublin, F. Veillon, F. Houët, T. Jacob. 2004. Early brain growth in *Homo erectus* and implications for cognitive ability. *Nature* 431: 299–302.

Dean, C., M. G. Leakey, D. Reid, F. Schrenk, G. T. Schwartz, C. Stringer, A. Walker. 2001. Growth processes in teeth distinguish modern humans from *Homo erectus* and earlier hominins. *Nature* 414: 628–631.

Dean, M. C., B. H. Smith. 2009. Growth and development of the Nariokotome Youth, KNM-WT 15000. In Grine, F. E. et al. (eds.). *The First Humans: Origin and Early Evolution of the Genus* Homo. Heidelberg: Springer, 101–120.

Dobzhansky, T. 1944. On species and races of living and fossil man. *Amer. Jour. Phys. Anthropol.* 2: 251–265.

Dubois, E. 1894. Pithecanthropus erectus, *eine menschenähnliche Uebergangsform aus Java.* Batavia: Landesdruckerei.

Eldredge, N. 1985. *Unfinished Synthesis: Biological Hierarchies and Modern Evolutionary Thought.* New York: Oxford University Press.

Goldschmidt, R. B. 1940. *The Material Basis of Evolution.* New Haven, CT: Yale University Press.

Graves, R. R., A. C. Lupo, R. C. McCarthy, D. J. Wescott, D. L. Cunningham. 2010. Just how strapping was KNM-WT15000? *Jour. Hum. Evol.* 59: 542–554.

Khaitovich, O., I. Hellmann, W. Enard, K. Nowick, M. Leinweber, H. Franz, G. Weiss, M. Lachmann, S. Pääbo. 2005. Parallel patterns of evolution in the genomes and transcriptomes of humans and chimpanzees. *Science* 309: 1850–1854.

Leakey, L. S. B., P. V. Tobias, J. R. Napier. 1964. A new species of *Homo* from Olduvai Gorge. *Nature* 202: 7–9.

Leakey, M. G., F. Spoor, F. H. Brown, P. N. Gathogo, L. N. Leakey, I. McDougall. 2001. New hominin genus from eastern Africa shows diverse middle Pliocene lineages. *Nature* 410: 433–440.

Leakey, R. E. F. 1973. Evidence for an advanced Plio-Pleistocene hominid from East Rudolf, Kenya. *Nature* 242: 447–450.

Leakey, R. E. F. 1976. Hominids in Africa. *Amer. Scientist* 64: 164–178.

Maclarnon, A. M., G. P. Hewitt. 1999. The evolution of human speech: The role of enhanced breathing control. *Amer. Jour. Phys. Anthropol.* 109: 341–363.

Mayr, E. 1950. Taxonomic categories in fossil hominids. *Cold Spring Harbor Symp. Quant. Biol.* 15: 109–118.

Oakley, K. P. 1949. *Man the Tool-Maker.* London: British Museum. Peichel, C. K., K. S. Nereng, K. A. Ohgl, B. L. E. Cole, P. F. Colosimo, C. A. Buerkle, D. Schluter, D. M. Kingsley. 2001. The genetic architecture of divergence between threespine stickleback species. *Nature* 414: 901–905.

Pilbeam, D. R., E. L. Simons. 1965. Some problems of hominid classification. *Amer. Scientist* 53: 237–259.

Robinson, J. T. 1965. *Homo 'habilis'* and the australopithecines. *Nature* 205: 121–124.

Schwartz, J. H., I. Tattersall. 2005. *The Human Fossil Record, Vol. 3: Genera* Australopithecus, Paranthropus, Orrorin, *and Overview.* New York: Wiley-Liss, 1634–1653.

Tattersall, I. 2007. *Homo ergaster* and its contemporaries. In W. Henke, I. Tattersall (eds.). *Handbook of Paleoanthropology, Vol. 3.* Heidelberg: Springer.

Tattersall, I. 2009. *The Fossil Trail: How We Know What We Think We Know about Human Evolution.* 2nd ed. New York: Oxford University Press.

Walker, A. C., R. E. F. Leakey. 1993. *The Nariokotome* Homo erectus *skeleton.* Cambridge, MA: Harvard University Press.

Wood, B., M. Collard. 1999. The human genus. *Science* 284: 65–71.

第六章　参考文献

Aiello, L., P. Wheeler. 1995. The expensive-tissue hypothesis: The brain and the digestive system in human and primate evolution. *Curr. Anthropol.* 36: 199–221.

Brain, C. K., A. Sillen. 1988. Evidence from the Swartkrans cave for the earliest use of fire. *Nature* 336: 464–466.

Braun, D. R., T. Plummer, P. Ditchfield, J. . Ferrari, D. Maina, L. C. Bishop, R. Potts. 2008. Oldowan behavior and raw material transport: Perspectives from the Kanjera Formation. *Jour. Archaeol. Sci.* 35: 2329–2345.

Cunnane, S. C., K. M. Stewart (eds.). 2010. *Human Brain Evolution: The Influence of Freshwater and Marine Food Resources.* Hoboken, NJ: Wiley-Blackwell.

Gowlett, J. A. J., J. W. K. Harris, D. Walton, B. A. Wood. 1981. Early archaeological sites, hominid remains and traces of fire from Chesowanja, Kenya. *Nature* 294: 125–129.

Plummer, T. 2004. Flaked stones and old bones: Biological and cultural evolution at the dawn of technology. *Yrbk Phys. Anthropol.* 47: 118–164.

Reed, D. L., J. E. Light, J. M. Allen, J. J. Kirchman. 2007. Pair of lice lost or paradise regained: The evolutionary history of anthropoid primate lice. *BMC Biol.* 5:7 doi:

10.1186/1741-7007-5-7.

Sandgathe, D. M., H. L. Dibble, P. Goldberg, S. P. McPherron, A. Turq, L. Niven, J. Hodgkins. 2011. Timing of the appearance of habitual fire use. *Proc. Natl Acad. Sci. USA,* doi/10.173/pnas.1106759108.

Silk, J. B., S. F. Brosnan, J. Vonk, D. J. Povinelli, A. S. Richardson, S. P. Lambeth, J. Mascaro, S. J. Schapiro. 2005. Chimpanzees are indifferent to the welfare of unrelated group members. *Nature* 437: 1357–1359.

Wrangham, R. 2009. *Catching Fire: How Cooking Made Us Human.* New York: Basic Books.

第七章　参考文献

Abbate, E., A. Albianelli, A. Azzaroli, M. Benvenuti, B. Tesfamariam, P. Bruin, N. Cipriani, R. J. Clarke, G. Ficcarelli, R. Macchiarelli, G. Napoleone, M. Papini, L. Rook, M. Sagri, T. M. Tecle, D. Torre, I. Villa. 1998. A one-million-year-old *Homo* cranium from the Danakil (Afar) Depression of Eritrea. *Nature* 393: 458–460.

Asfaw, B., W. H. Gilbert, Y. Beyene, W. K. Hart, P. R. Renne, G. WoldeGabriel, E. S. Vrba, T. D. White. 2002. Remains of *Homo erectus* from Bouri, Middle Awash, Ethiopia. *Nature* 416: 317–320.

Brown, P., T. Sutikna, M. J. Morwood, R. P. Soejono, Jatmiko, E. W. Saptomo, R. A. Due. 2004. A new small-bodied hominin from the Late Pleistocene of Flores, Indonesia. *Nature* 431: 1055–1061.

de Lumley, H., D. Lordkipanidze, G. Féraud, T. Garcia, C. Perrenoud, C. Falguères, J. Gagnepain, T. Saos, P. Voinchet. 2002. Datation par la méthode 40Ar/39Ar de la couche de cendres volcaniques (couche VI) de Dmanissi (Géorgie) qui a livré des restes d'hominidés fossils de 1.81 Ma. *C. R. Palévol.* 1: 181–189.

Gabounia, Léo, M-A. de Lumley, A. Vekua, D. Lordkipanidze, H. de Lumley. 2002. Découverte d'un nouvel hominidé à Dmanissi (Transcaucasie, Géorgie). *C. R. Palevol* 1: 243–253.

Gabunia L., Vekua A. 1995. A Plio-Pleistocene hominid from Dmanisi, east Georgia, Caucasus. *Nature* 373: 509–512.

Gabunia L., Vekua A., Lordkipanidze D. 2000a. The environmental contexts of early human occupations of Georgia (Transcaucasia). *Jour. Hum. Evol.* 38: 785–802.

Gabunia L., Vekua A., Lordkipanidze D., Swisher C. C., Ferring R., Justus A., Nioradze M., Tvalcrelidze M., Anton S., Bosinski G. C., Jöris O., de Lumley M. A., Majusuradze G., Mouskhelishvili A. 2000b. Earliest Pleistocene hominid cranial remains from

Dmanisi, Republic of Georgia: Taxonomy, geological setting and age. *Science* 288: 1019–1025.

Holloway, R. L., D. C. Broadfield, M. S. uan. 2004. *The Human Fossil Record, Vol. 3: Hominid Endocasts: The Paleoneurological Evidence.* New York: Wiley-Liss.

Jungers, W. L., K. Baab. 2009. The geometry of hobbits: *Homo floresiensi* and human evolution. *Significanc* 6: 159–164.

Klein, R. 2009. *The Human Career: Human Biological and Cultural Origins,* 3rd ed. Chicago: University of Chicago Press.

Lepre, C. J., H. Roche, D. V. Kent, S. Harmand, R. L. Quinn, J.-P. Brugal, P.-J. Texier, A. Lenoble, C. S. Feibel. 2011. An earlier age for the Acheulian. *Nature* 477: 82–85.

Lordkipanidze, D., A. Vekua, R. Ferring, G. P. Rightmire, J. Agusti, G. Kiladze, A. Mouskhelishvili, M. Ponce de Leon, M. Tappen, C. P. E. Zollikofer. 2005. The earliest toothless hominin skull. *Nature* 434: 717–718.

Lordkipanidze, D., T. Jashashvili, A. Vekua, M. Ponce de Leon, C. P. E. Zollikofer, G. P. Rightmire, H. Pontzer, R. Ferring, O. Oms, M. Tappen, M. Bukhsianidze, J. Agusti, R. Kahlke, G. Kiladze, B. Martinez-Navarro, A. Mouskhelishvili, M. Nioradze, L. Rook. 2007. Postcranial evidence from early *Homo* from Dmanisi, Georgia. *Nature* 449: 305–310.

Martin, R. D., M. MacLarnon, J. L. Phillips, W. B. Dobyns. 2006. Flores hominid: New species or microcephalic dwarf? *Anat. Rec.* 288A: 1123–1145.

Messager, E., V. Lebreton, L. Marquez, E. Russo-Ermoli, R. Orain, J. Renault-Miskovsky, D. Lordkipanidze, J. Despriée, C. Peretto, M. Arzarello. Palaeoenvironments of early hominins in temperate and Mediterranean Eurasia: New palaeobotanical data from Palaeolithic key-sites and synchronous natural sequences. *Quat. Sci. Revs* 30: 1439–1447.

Potts, R., A. K. Behrensmeyer, A. Deino, P. Ditchfield, J. Clark. 2004. Small mid-Pleistocene hominin associated with Acheulean technology. *Science* 305: 75–78.

Spoor, F., M. G. Leakey, P. N. Gathogo, F. H. Brown, S. C. Anton, I. McDougall, C. Kiarie, F. K. Manthi, L. N. Leakey. 2007. Implications of new early *Homo* fossils from Ileret, east of Lake Turkana, Kenya. *Nature* 448: 688–691.

第八章　参考文献

de Lumley H., Y. Boone. 1976. Les structures d'habitat au Paléolithique inférieur. In H de Lumley (ed.). *La Préhistoire française vol. 1.* Paris, CNRS, 635–643.

de Lumley, M-A., D. Lordkipanidze. 2006. L'homme de Dmanissi (*Homo georgicus*), il y a 1 810 000 ans. *Paléontologie humaine et Préhistoire* 5: 273–281.

Howell, F. C., G. H. Cole, M. R. Kleindienst, B. J. Szabo, K. P. Oakley. 1972. Uranium-series dating of bone from Isimila prehistoric site, Tanzania. *Nature* 237: 51–52.

Johnson, C. R., S. McBrearty. 2010. 500,000 year old blades from the Kapthurin Formation, Kenya. *Jour. Hum. Evol.* 58: 193–200.

Marshack, A. 1996. A Middle Paleolithic symbolic composition from the Golan Heights: The earliest depictive image. *Curr. Anthropol.* 37: 357–365.

Tattersall, I. 2009. *The Fossil Trail: How We Know What We Think We Know about Human Evolution.* 2nd ed. New York: Oxford University Press.

Thieme H. 1997. Lower Palaeolithic hunting spears from Germany. *Nature* 385: 807–810.

Wagner, G. A., M. Krbetschek, D. Degering, J.-J. Bahain, Q. Shao, C. Falguères, P. Voinchet, J.-M. Dolo, T. Garcia, G. P. Rightmire. 2010. Radiometric dating of the type-site for *Homo heidelbergensis* at Mauer, Germany. *Proc. Nat. Acad. Sci. USA,* doi/10.1073/pnas.1012722107.

第九章 参考文献

Andrews, P., Y. Fernadez Jalvo. 1997. Surface modifications of the Sima de los Huesos hominids. *Jour Hum. Evol.* 33: 191–217.

Arsuaga, J.-L., J. M. Bermudez de Castro, E. Carbonell (eds). 1997. Special Issue: The Sima de los Huesos hominid site. *Jour. Hum. Evol.* 33: 105–421.

Behrensmeyer, A. K., N. E. Todd, R. Potts, G. E. McBrinn. 1997. Late Pliocene faunal turnover in the Turkana Basin, Kenya and Ethiopia. *Science* 278: 1589–1594.

Bermudez de Castro, J. M. B, J. L. Arsuaga, E. Carbonell, A Rosas, I. Martínez, M. Mosquera. 1997. A hominid from the Lower Pleistocene of Atapuerca, Spain: Possible ancestor to Neandertals and modern humans. *Science* 276: 1392–1395.

Bischoff, J. L., R. W. Williams, R. J. Rosenbauer, A. Aramburu, J. L. Arsuaga, N. García, G. Cuenca-Bescós. 2007. High-resolution U-series dates from the Sima de los Huesos hominids yields 600 ± 66 kyrs: implications for the evolution of the early Neanderthal lineage. *Jour. Archaeol. Sci.* 34: 763–770.

Carbonell, E., M. Mosquera. 2006. The emergence of symbolic behaviour: The sepulchral pit of Sima de los Huesos, Sierra de Atapuerca, Burgos, Spain. *C.R. Palevol.* 5: 155–160.

Carbonell, E., I. Caceres, M. Lizano, P. Saladie, J. Rosell, C. Lorenzo, J. Vallverdu, R. Huguet, A. Canals, J. M. Bermudez de Castro. 2010. Cultural cannibalism as a paleoeconomic system in the European lower Pleistocene. *Curr. Anth.* 51: 539–549.

Carbonell, E., J. M. Bermudez de Castro, J. M. Pares, A. Perez-Gonzalez, G. Cuenca-Bescos, A. Olle, M. Mosquera, R. Huguet, J. van der Made, A. Rosas, R. Sala, J. Vallverdu, N. Garcia, D. E. Granger, M. Martinon-Torres, X. P. Rodriguez, G. M. Stock, J. M. Verges, E. Allue, F. Burjachs, I. Càceres, A. Canals, A. Benito, C. Diez, M. Lozanao, A. Mateos, M. Navazo, J. Rodriguez, J. Rosell, J. L. Arsuaga. 2008. The first hominin of Europe. *Nature* 452: 465–469.

Delson, E., I. Tattersall, J. A. Van Couvering, A. S. Brooks. 2000. *Encyclopedia of Human Evolution and Prehistory,* 2nd ed. New York: Garland Press.

EPICA community. 2004. Eight glacial cycles from an Antarctic ice core. *Nature* 429: 623–628.

Fernandez-Jalvo, Y., J. Carlos Diez, I. Càceres, J. Rosell. 1999. Human cannibalism in the Early Pleistocene of Europe (Gran Dolina, Sierra de Atapuerca, Burgos, Spain). *Jour. Hum. Evol.* 37: 591–622.

Garcia, N., J.-L. Arsuaga. 2010. The Sima de los Huesos (Burgos, northern Spain): Palaeoenvironment and habitats of *Homo heidelbergensis* during the Middle Pleistocene. *Quat. Sci. Revs.,* doi:10:1016/jquascirev.2010.11.08.

Gradstein, F., J. Ogg, A. G. Smith (eds). 2005. *A Geological Time Scale 2004.* Cambridge: Cambridge University Press.

McManus, J. F. 2004. A great grand-daddy of ice cores. *Nature* 429: 611–612.

Tattersall, I., J. H. Schwartz. 2009. Evolution of the genus *Homo. Ann. Rev. Earth Planet. Sci.* 37: 67–92.

Van Andel, T. H. 1994. *New Views on an Old Planet.* Cambridge: University of Cambridge Press.

Vrba, E. S. 1993. The pulse that produced us. *Natural History* 102 (5): 47–51.

Vrba, E. S. 1996. *Paleoclimate and Evolution, with Emphasis on Human Origins.* New Haven, CT: Yale University Press.

第十章　参考文献

Bocherens, H. D. G. Drucker, D. Billiou, M. Patou-Mathis, B. Vandermeersch. 2005. Isotopic evidence for diet and subsistence pattern of the Saint-Césaire I Neanderthal: review and use of a multi-source mixing model. *Jour. Hum. Evol.* 49: 71–87.

Briggs, A. W., J. M. Good, R. E. Green, J. Krause, T. Maricic, U. Stenzel, C. Lalueza-Fox and numerous others. 2009. Targeted retrieval and analysis of five Neanderthal mtDNA genomes. *Science* 325: 318–321.

Cohen, J. 2010. *Almost Chimpanzee: Searching for What Makes us Human in Rainforests, Labs, Sanctuaries and Zoos.* New York: Times Books.

Dean, D., J.-J. Hublin, R. Holloway, R. Ziegler. 1998. On the phylogenetic position of the pre-Neandertal specimen from Reilingen, Germany. *Jour. Hum. Evol.* 34: 485–508.

Evans, P. D., M. Mekel-Bobrov, E. J. Vallender, R. R. Hudson, B. T. Lahn. 2006. Evidence that the adaptive allele of the brain size gene *microcephalin* introgressed into *Homo sapiens* from an archaic *Homo* lineage. *Proc. Nat. Acad. Sci. USA* 103: 18178–18183.

Green, R. E., J. Krause, A. W. Briggs, T. Maricic, U. Stenzel, M. Kirchner, N. Patterson and 49 others. 2010. A draft sequence of the Neanderthal genome. *Science* 328: 710–722.

Gunz, P., S. Neubauer, B. Maureille, J.-J. Hublin. 2010. Brain development after birth differs between Neanderthals and modern humans. *Curr. Biol.* 20 (21): R921–R922.

Henry, A. G., A. S. Brooks, D. R. Piperno. 2010. Microfossils in calculus demonstrate consumption of plants and cooked foods in Neanderthal diets (Shanidar III, Iraq; Spy I and II, Belgium). *Proc. Nat. Acad. Sci. USA,* doi/10.1073/pnas.101686108.

Johnson, W. E., E. Eizirik, J. Pecon-Slattery, W. J. Murphy, A. Antunes, E. Teeling, S. J. O'Brien. 2006. The late Miocene radiation of modern Felidae: A genetic assessment. *Science* 311: 73–77.

Jolly, C. J. 2001. A proper study for mankind: Analogies from the papionin monkeys and their implications for human evolution. *Yrbk Phys. Anthropol.* 44: 177–204.

Krause J., Orlando L., Serre D., Viola B., Prüfer K., Richards M. P., Hublin J. J., Hänni C., Derevianko A. P., Pääbo S. 2007. Neanderthals in central Asia and Siberia. *Nature* 449: 1–3.

Lalueza-Fox, C., A. Rosas, A. Estalrrich, E. Gigli, P. F. Campos, A. Garcia-Tabernero, S. Garcia-Vargas and 9 others. 2010. Genetic evidence for patrilocal mating behavior among Neandertal groups. *Proc. Nat. Acad. Sci. USA,* doi/10.1073/pnas.1011533108.

Lalueza-Fox, C., H. Rompler, D. Caramelli, C. Staubert, G. Catalano, D. Hughes, N. Rohland and 10 others. 2007. A melanocortin 1 receptor allele suggests varying pigmentation among Neanderthals. *Science* 318: 1453–1455.

Patou-Mathis, M. 2006. Comportements de subsistance des Néandertaliens d'Europe. In B. Demarsin and M. Otte (eds.). *Neanderthals in Europe* Liege, ERAUL, 117: 9–14.

Pearson, O. M., R. M. Cordero, A. M. Busby. 2006. How different were the Neanderthals' habitual activities? A comparative analysis with diverse groups of recent humans.

In K. Harvati and T. Harrison (eds.). *Neanderthals Revisited: New Approaches and Perspectives.* Berlin: Springer, 135−156.

Ponce de León, M. S. and C. P. E. Zollikofer. 2001. Neanderthal cranial ontogeny and its implications for late hominid diversity. *Nature* 412: 534−538.

Reich, D., R. E. Green, M. Kirchner, J. Krause, N. Patterson, E. Y. Durand, B. Viola and numerous others. 2010. Genetic history of an archaic hominin group from Denisova Cave in Siberia. *Nature* 468: 1053−1060.

Schulz, H.-P. 2000/2001. The lithic industry from layers IV-V, Susiluola Cave, Western Finland. *Prehist. Europ.* 16/17: 43−56.

Schwartz, J. H., I. Tattersall. 2002. *The Human Fossil Record, Vol. 1: Terminology and Craniodental Morphology of Genus* Homo *(Europe).* New York: Wiley-Liss.

Slimak, L, J. I. Svendsen, J. Mangerud, H. Plisson, H. P. Heggen, A Brugère, P. Y. Pavlov. 2011. Late Mousterian persistence near the Arctic Circle. *Science* 332: 841−845.

Stiner, M., S. Kuhn. 1992. Subsistence, technology, and adaptive variation in Middle Paleolithic Italy. *Amer. Anthropol.* 94: 306−339.

Tattersall, I., Schwartz, J. H. 2006. The distinctiveness and systematic context of *Homo neanderthalensis.* In K. Harvati and T. Harrison (eds.). *Neanderthals Revisited: New Approaches and Perspectives.* Berlin: Springer, 9−22.

Trinkaus, E., S. Milota, R. Rodrigo, G. Mircea, O. Moldovan. 2003. Early modern human remains from the Pes, tera cu Oase, Romania. *Jour. Hum. Evol.* 45: 245−253.

Vallverdú, J., M. Vaquero, I. Cáceres, E. Allué, J. Rosell, P. Saladié, G. Chacón, A. Ollé, A. Canals, R. Sala, M. A. Courty, E. Carbonell. 2010. Sleeping Activity Area within the Site Structure of Archaic Human Groups: Evidence from Abric Romaní Level N Combustion Activity Areas. *Curr. Anthropol.* 51: 137−145.

Van Andel, T. H., W. Davies. 2003. *Neanderthals and Modern Humans in the European Landscape during the Last Glaciation* (McDonald Institute Monographs). Oxford, UK: Oxbow Books.

Verna, C., F. D'Errico. 2010. The earliest evidence for the use of human bone as a tool. *Jour. Hum. Evol.* 60: 145−147.

Zilhao, J., E. Trinkaus (eds.). 2002. Portrait of the artist as a child: The Gravettian human skeleton from the Abrigo do Lagar Velho and its Archeological Context. *Trab. Arqueol.* 22: 1−604.

Zimmer, C. 2010. Bones give peek into the lives of Neanderthals. *New York Times,* 20 December.

第十一章 参考文献

Bar-Yosef, O., J.-G. Bordes. 2010. Who were the makers of the Châtelperronian culture? *Jour. Hum. Evol.* 59: 586–593.

Finlayson, C. 2009. *The Humans Who Went Extinct: Why Neanderthals Died Out and We Survived.* Oxford, UK: Oxford University Press.

Higham, T., R. Jacobi, M. Julien, F. David, L. Basell, R. Wood, W. Davies, C. B. Ramsey. 2010. Chronology of the Grotte du Renne (France) and implications for the context of ornaments and human remains within the Châtelperronian. *Proc. Nat. Acad. Sci. USA* 107: 20234–20239.

Hublin, J.-J., F. Spoor, M. Braun, F. Zonneveld, and S. Condemi. 1996. A late Neanderthal associated with Upper Palaeolithic artefacts. *Nature* 381: 224–226.

Klein, R. 2009. *The Human Career,* 3rd ed. Chicago: University of Chicago Press.

Pinhasi, R., T. F. G. Higham, L. V. Golubova, V. B. Doronichev. 2011. Revised age of late Neanderthal occupation and the end of the Middle Paleolithic in the northern Caucasus. *Proc Nat. Acad. Sci. USA* 108: 8611–8616.

Soressi, M., F. D'Errico. 2007. Pigments, gravures, parures: Les comportements symboliques controversés des Néandertaliens. In B. Vandermeersch, B. Maureille (eds.). *Les Néandertaliens: Biologie et Cultures.* Paris: Editions du CTHS, 297–309.

第十二章 参考文献

Ambrose, S. H. 1998. Late Pleistocene human population bottlenecks, volcanic winter, and differentiation of modern humans. *Jour. Hum. Evol.* 34: 623–651.

Ambrose, S. H. 2003. Did the super-eruption of Toba cause a human population bottleneck? Reply to Gathorne-Hardy and Harcourt-Smith. *Jour. Hum. Evol.* 45: 231–237.

Balter, M. 2011. Was North Africa the launch pad for modern human migrations? *Science* 331: 20–23.

Bar-Yosef, Y. 1998. The chronology of the Middle Paleolithic of the Levant. In T. Akazawa, K. Aoki, O. Bar-Yosef (eds.). *Neandertals and Modern Humans in Western Asia.* New York: Plenum Press, 39–56.

Campbell, M., S. A. Tishkoff. 2010. The evolution of human genetic and phenotypic variation in Africa. *Curr. Biol.* 20: R166–R173.

Clark, J. D., Y. Beyene, G. WoldeGabriel, W. K. Hart, P. R. Renne, H. Gilbert, A. Defleu,

G. Suwa, S. Katoh, K. R. Ludwig, J.-R. Boisserie, B. Asfaw, T. D. White. 2003. Stratigraphic, chronological and behavioural contexts of Pleistocene *Homo sapiens* from Middle Awash, Ethiopia. *Nature* 423: 747–752.

Coppa, A., R. Grün, C. Stringer, S. Eggins, R. Vargiu. 2005. Newly recognized Pleistocene human teeth from Tabūn Cave, Israel. *Jour. Hum. Evol.* 49: 301–315.

DeSalle, R., I. Tattersall. 2008. *Human Origins: What Bones and Genomes Tell Us about Ourselves.* College Station, TX: Texas A&M University Press.

Drake, N. A., R. M. Blench, S. J. Armitage, C. S. Bristow, K. H. White. 2010. Ancient watercourses and biogeography of the Sahara explain the peopling of the desert. *Proc. Nat. Acad. Sci. USA* 108: 458–462.

Garcea, E. A. A. (ed.). 2010. *South-Eastern Mediterranean Peoples between 130,000 and 10,000 Years Ago.* Oxford, UK: Oxbow Books.

Gathorne-Hardy, F. J., W. E. H. Harcourt-Smith. 2003. The super-eruption of Toba, did it cause a human bottleneck? *Jour. Hum. Evol.* 45: 227–230.

Gibbons, A. 2009. Africans' deep genetic roots reveal their evolutionary story. *Science* 324: 575.

Grün, R., C. Stringer, F. McDermott, R. Nathan, N. Porat, S. Robertson, L. Taylor, G. Mortimer, S. Eggins, M. McCulloch. 2005. U-series and ESR analyses of bones and teeth relating to the human burials from Skhūl. *Jour. Hum. Evol.* 49: 316–334.

Harpending, H., A. R. Rogers. 2000. Genetic perspectives on human origins and differentiation. *Ann. Rev. Genom. Hum. Genet.* 1: 361–385.

Hublin, J. J., S. McPherron. 2011. *Modern Origins: A North African Perspective.* New York: Springer.

Klein, R. 2009. *The Human Career,* 3rd ed. Chicago: University of Chicago Press.

Liu, W., C.-Z. Jin, Y.-Q. Zhang, Y.-J. Cai, S. Zing, X.-J. Wu, H. Cheng and 6 others. 2010. Human remains from Zhirendong, South China, and modern human emergence in East Asia. *Proc. Nat. Acad. Sci. USA* 107: 19201–19206.

McDougall, I., F. H. Brown, J. G. Fleagle. 2005. Stratigraphic placement and age of modern humans from Kibish, Ethiopia. *Nature* 433: 733–736.

Pitulko, V. V., P. A. Nikolsky, E. Y. Girya, A. E. Basilyan, V. E. Tumskoy, S. A. Koulakov, S. N. Astakhov, E. Y. Pavlova, M. A. Anisimov. 2004. The Yana RHS site: Humans in the Arctic before the Last Glacial Maximum. *Science* 303: 52–56.

Scheinfeldt, L. B., S. Soi, S. A. Tishkoff. 2010. Working toward a synthesis of archaeological, linguistic and genetic data for inferring African population history. *Proc. Nat. Acad. Sci. USA* 107 (Supp. 2): 8931–8938.

Schwartz, J. H., I. Tattersall. 2010. Fossil evidence for the origin of *Homo sapiens. Yrbk.*

Phys. Anthropol. 53: 94–121.

Tishkoff, S. A., F. A. Reed, F. B. Friedlander, C. Ehret, A. Ranciaro. A. Froment, J. B. Hirbo and numerous others. 2009. The genetic structure and history of Africans and African Americans. *Science* 324: 1035–1044.

White, T. D., B. Asfaw, D. DeGusta, H. Gilbert, G. D. Richards, G. Suwa, F. C. Howell. 2003. Pleistocene *Homo sapiens* from Middle Awash, Ethiopia. *Nature* 423: 742–747.

第十三章　参考文献

Ambrose, S. H. 1998. Chronology of the later Stone Age and food production in East Africa. *Jour. Archaeol. Sci.* 25: 377–392.

Bouzouggar, A., N. Barton, M. Vanhaeren, F. d'Errico, S. Colcutt, T. Higham, E. Hodge and 8 others. 2007. 82,000-year-old shell beads from North Africa and implications for the origins of modern human behavior. *Proc. Nat. Acad. Sci. USA* 104: 9964–9969.

Brown, K. S., C. W. Marean, A. I. R. Herries, Z. Jacobs, C. Tribolo, D. Braun, D. L. Roberts, M. C. Meyer, J. Bernatchez. 2009. Fire as an engineering tool of early modern humans. *Science* 325: 859–862.

Deacon, H., J. Deacon. 1999. *Human beginnings in South Africa: Uncovering the Secrets of the Stone Age.* Cape Town: David Philip.

d'Errico, F., M. Vanhaeren, N. Barton, A. Bouzouggar, H. Mienis, D. Richter, J.-J. Hublin, S. P. McPherron, P. Lozouet. 2009. Additional evidence on the use of personal ornaments in the Middle Paleolithic of North Africa. *Proc. Nat. Acad. Sci. USA* 106: 16051–16056.

d'Errico, F., H. Salomon, C. Vignaud, C. Stringer. 2010. Pigments from Middle Paleolithic leves of es-Skhūl (Mount Carmel, Israel). *Jour. Archaeol. Sci.* 37: 3099–3110.

Henshilwood, C., F. d'Errico, M. Vanhaeren, K. van Niekerk, Z. Jacobs. 2004. Middle Stone Age shell beads from South Africa. *Science* 304: 404.

Henshilwood, C. S., F. d'Errico, R. Yates, Z. Jacobs, C. Tribolo, G. A. T. Duller, N. Mercier and 4 others. 2002. Emergence of modern human behavior: Middle Stone Age engravings from South Africa. *Science* 295: 1278–1280.

Kuhn, S., M. C. Stiner, D. S. Reese, E. Gulec. 2001. Ornaments of the earliest Upper Paleolithic: New Insights from the Levant. *Proc. Nat. Acad. Sci. USA* 98: 7641–7646.

Marean, C. W., M. Bar-Matthews, J. Bernatchez, E. Fisher, P. Goldberg, A. I. R. Herries, Z. Jacobs and 7 others. 2007. Early use of marine resour and pigment in South Africa during the Middle Pleistocene. *Nature* 449: 905–908.

Mellars, P. 2006. Going east: New genetic and archaeological perspectives on the modern human colonization of Eurasia. *Science* 313: 796–800.

Mourre, V., P. Villa, C. S. Henshilwood. 2010. Early use of pressure flaking on lithic artifacts at Blombos Cave, South Africa. *Science* 330: 659–662.

Texier P. J., G. Porraz, J. Parkington J.-P. Rigaud, C. Poggenpoel, C. Miller, C. Tribolo, C. Cartwright, A. Coudenneau, R. Klein, T. Steele, C. Verna. 2010. A Howiesons Poort tradition of engraving ostrich eggshell containers dated to 60,000 years ago at Diepkloof Rock Shelter, South Africa. *Proc. Nat. Acad. Sci. USA.* 107: 6180–6185.

Vanhaeren, M., F. d'Errico, C. Stringer, S. L. James, J. A. Todd, H. K. Mienis. 2006. Middle Paleolithic shell beads in Israel and Algeria. *Science* 312: 1785–1788.

第十四章　参考文献

Atkinson, Q. D. 2011. Phonemic diversity supports a serial founder effect model of language expansion from Africa. *Science* 332: 346–349.

Balter, M. 2010. Did working memory spark creative culture? *Science* 328: 160–163.

Coolidge, F. L., T. Wynn. 2009. *The Rise of* Homo sapiens: *The Evolution of Modern Thinking.* New York: Wiley-Blackwell.

DeSalle, R., I. Tattersall. 2011. *Brains: Big Bangs, Behavior and Beliefs.* New Haven, CT: Yale University Press.

Dunbar, R. I. M. 2004. *The Human Story: A New History of Mankind's Evolution.* London: Faber & Faber.

Geschwind, N. 1964. The development of the brain and the evolution of language. *Monogr. Ser. Lang. Ling.* 17: 155–169.

Jorde, L. B., M. Bamshad, A. R. Rogers. 1998. Using mitochondrial and nuclear DNA markers to reconstruct human evolution. *BioEssays* 20: 126–136.

Kegl, J., A. Senghas, M. Coppola. 1999. Creation through contact: Sign language emergence and sign language change in Nicaragua. In M. deGraaf (ed.). *Comparative Grammatical Change: The Intersection of Language Acquisition, Creole Genesis and Diachronic Syntax.* Cambridge, MA: MIT Press, 179–237.

Klein, R. 2009. *The Human Career,* 3rd ed. Chicago: University of Chicago Press.

Krause, J., C. Lalueza-Fox, L. Orlando, W. Enard, R. E. Green, H. A, Burbano, J.-J. Hublin and 6 others. 2007. The derived *FOXP2* variant of modern humans was shared with Neandertals. *Curr. Biol.* 17: 1908–1912.

Lai, C. S., S. E. Fisher, J. A, Hurst, F. Vargha-Khadem, A. P. Monaco. 2001. A forkhead-domain gene is mutated in a severe speech and language disorder. *Nature* 413: 519–523.

Lieberman, D. E. 2011. *The Evolution of the Human Head*. Cambridge, MA: Harvard University Press.

Lieberman, P. 2007. The evolution of human speech: Its anatomical and neural bases. *Curr. Anthropol.* 48: 39–66.

Ohnuma, K., K. Aoki, T. Akazawa. 1997. Transmission of tool-making through verbal and non-verbal communication: Preliminary experiments in Levallois flake production. *Anthropol. Sci.* 105 (3): 159–168.

Schaller, S. 1991. *A Man without Words*. New York: Summit Books.

Schwartz, J. H., I. Tattersall. 2003. *The Human Fossil Record, Vol 2: Craniodental Morphology of Genus* Homo *(Africa and Asia)*. New York: Wiley-Liss.

Tattersall, I. 2008. An evolutionary framework for the acquisition of symbolic cognition by *Homo sapiens. Comp. Cogn. Behav. Revs* 3: 99–114.

Taylor, J. B. 2006. *My Stroke of Insight: A Brain Scientist's Personal Journey*. New York: Viking.

尾声　参考文献

Crutzen, P. 2002. Geology of mankind. *Nature* 415: 23. Marcus, G. 2008. *Kluge: The Haphazard Evolution of the Human Mind*. New York: Houghton Mifflin.

Meyer-Lindburg, A., J. W. Buckholtz, B. Kolachana, A. R. Hariri, L. Pezawas, G. Blasi, A. Wabnitz and 6 others. 2006. Neural mechanisms of genetic risk for impulsivity and violence in humans. *Proc. Nat. Acad. Sci. USA* 103: 6269–6274.

Wilkinson, B. H. 2005. Humans as geologic agents: A deep-time perspective. *Geology* 33 (3): 161–164.

索引

（索引中的数字为原书页码，即本书边码）

I

译后记

人是怎么来的？可能每个人都问过（或被问过）这个问题。

与地球 50 多亿年的历史相比，人类的历史可谓微不足道。人类起源的故事开始于距今大约 2 900 万年以前东非大裂谷的出现，那是中新世时期，也是"猿类的黄金时代"。在那之后，率先登场的"演员"是最早失去了尾巴的原康修尔猿和能够站直身体的皮尔劳尔猿（距今大约 1 300 万年以前），但是它们都不是原始人类（人科动物）。最古老的原始人类名叫"图迈"，属于乍得沙赫人属（距今近 700 万年以前），紧随其后的是地猿（距今 440 万年以前）。接下来的是南方古猿、巧人、鲁道夫人、直立人、匠人、海德堡人、尼安德塔人和克罗马侬人……在本书作者伊恩·塔特索尔的娓娓讲述当中，我们明白了南方古猿为何双足直立行走、匠人怎样驯化了火并学会了烹煮食物，尼安德特人如何捕猎凶猛的猛犸象，克罗马侬人怎样进行符号化思维，智人如何"接管"了整个世界，等等。

塔特索尔强调，演化并不是一个不断趋向完美的微调过程，他明确指出，现代人类所属的智人，很可能在距今大约 8 万年以前，因为一场突变（这可能是小小的"基因修饰"导致的涌现），突然之间就拥有了全新的以符号化方式处理信息的能力，包括抽象思维和语言能力，形成了人类特有的语言、符号与大脑之间的相互促进的演化机制，最终使人类成了整个"地球的主人"。

考古学本身就是包含了不同学科的知识和研究方法的综合性学科。作者知识渊博如海，对各种工具的运用更是如臂使指。这使本书的论证既有力又流畅，但是同时也给翻译提出了很高的要求。译者面对如此佳构，敢不尽力？然而译事艰难，译文中词不达意和词不尽意之处必定不少，敬请读者批评指正！

感谢妻子傅瑞蓉对我的鼓励和帮助，作为译稿的第一读者和初校者，她对本书的贡献丝毫不下于我。儿子贾岚晴也付出了很多，虽然他希望我能有更多的时间陪伴他，但是总是尽力克制自己，不来打扰我。从开始翻译到交稿，他又长大了不少。他的健康成长和快乐是我最大的动力。

感谢汪丁丁教授、叶航教授和罗卫东教授的教诲，感谢陈叶烽、李欢、罗俊、王国梁、纪云东、何志星、张弘、邹铁钉、郑恒、李燕、陈姝、郑昊力、黄达强、应理建等学友的鼓励，同时还要感谢好友何永勤、虞伟华、余仲望、鲍玮玮、傅晓燕、傅锐飞、傅旭飞、陈贞芳等朋友的帮助。感谢岳父傅美峰、岳母蒋仁娟对儿子贾岚晴的悉心照料。

本书是"跨学科社会科学译丛"之一，也是国家社科基金重点项目"关于新兴经济学理论创新的综合研究"（13AZD061）的阶段性成果。

贾拥民　于杭州

图书在版编目（CIP）数据

地球的主人：探寻人类的起源 /（美）塔特索尔著；
贾拥民译 . —杭州：浙江大学出版社，2015. 9
（跨学科社会科学译丛）
书名原文：*Masters of the Planet: The Search*
for Our Human Origins
ISBN 978-7-308-14993-8

I.①地… II.①塔… ②贾… III.①人类起源—研
究 IV.①Q981. 1

中国版本图书馆CIP数据核字（2015）第186456号

地球的主人：探寻人类的起源

[美]伊恩·塔特索尔 著 贾拥民 译

责任编辑	叶 敏
文字编辑	宋先圆
责任校对	周红聪
装帧设计	罗 洪
出版发行	浙江大学出版社
	（杭州天目山路148号 邮政编码310007）
	（网址：http:// www.zjupress.com）
制 作	北京大观世纪文化传媒有限公司
印 刷	北京中科印刷有限公司
开 本	635mm×965mm 1/16
印 张	20.5
字 数	276千
版 印 次	2015年9月第1版 2019年5月第2次印刷
书 号	ISBN 978-7-308-14993-8
定 价	62.00元